全国高等职业院校食品类专业第二轮规划教材

（供食品检验检测技术、食品质量与安全、食品智能加工技术等专业用）

食品加工技术概论

第2版

主　编　康彬彬

副主编　李　晶　胡梦红　黄海英

编　者　（以姓氏笔画为序）

李　晶（山东药品食品职业学院）

沈　娟（吉林省经济管理干部学院）

林娇芬（厦门海洋职业技术学院）

郑秀丽（福州大世界天然食品有限公司）

胡梦红（湖南食品药品职业学院）

倪志华（福建生物工程职业技术学院）

黄海英（内蒙古农业大学职业技术学院）

康彬彬（福建生物工程职业技术学院）

中国健康传媒集团

中国医药科技出版社

内 容 提 要

本教材为"全国高等职业院校食品类专业第二轮规划教材"之一，系根据本套教材的编写指导思想和原则要求，结合本课程的教学目标、内容与任务要求编写而成。内容涵盖果蔬产品加工技术、饮料加工技术、乳制品加工技术、粮食制品加工技术、肉制品加工技术、水产品加工技术、酒类加工技术七大类食品加工技术，以及十二个实训项目。具有突出职业性，理论知识与实际应用相结合的特点。本教材为书网融合教材，即纸质教材有机融合电子教材、教学配套资源（PPT、微课、视频、图片等）、题库系统、数字化教学服务（在线教学、在线作业、在线考试）。

本教材主要供高职高专食品检验检测技术、食品质量与安全、食品智能加工技术等专业师生使用，也可作为食品工作者的参考用书。

图书在版编目（CIP）数据

食品加工技术概论/康彬彬主编. —2 版. 北京：中国医药科技出版社，2024.6
（全国高等职业院校食品类专业第二轮规划教材）
ISBN 978 – 7 – 5214 – 4718 – 7

Ⅰ. TS205

中国国家版本馆 CIP 数据核字第 2024B4R569 号

美术编辑　陈君杞
版式设计　友全图文

出版　**中国健康传媒集团** | 中国医药科技出版社
地址　北京市海淀区文慧园北路甲 22 号
邮编　100082
电话　发行：010 – 62227427　邮购：010 – 62236938
网址　www. cmstp. com
规格　889mm×1194mm $\frac{1}{16}$
印张　14 $\frac{3}{4}$
字数　421 千字
初版　2019 年 1 月第 1 版
版次　2024 年 6 月第 2 版
印次　2024 年 6 月第 1 次印刷
印刷　天津市银博印刷集团有限公司
经销　全国各地新华书店
书号　ISBN 978 – 7 – 5214 – 4718 – 7
定价　**49. 00 元**

获取新书信息、投稿、为图书纠错，请扫码联系我们。

为了贯彻党的二十大精神，落实《国家职业教育改革实施方案》《关于推动现代职业教育高质量发展的意见》等文件精神，对标国家健康战略、服务健康产业转型升级，服务职业教育教学改革，对接职业岗位需求，强化职业能力培养，中国健康传媒集团中国医药科技出版社在教育部、国家药品监督管理局的领导下，通过走访主要院校，对2019年出版的"全国高职高专院校食品类专业'十三五'规划教材"进行广泛征求意见，有针对性地制定了第二轮规划教材的修订出版方案，并组织相关院校和企业专家修订编写"全国高等职业院校食品类专业第二轮规划教材"。本轮教材吸取了行业发展最新成果，体现了食品类专业的新进展、新方法、新标准，旨在赋予教材以下特点。

1. 强化课程思政，体现立德树人

坚决把立德树人贯穿、落实到教材建设全过程的各方面、各环节。教材编写将价值塑造、知识传授和能力培养三者融为一体。深度挖掘提炼专业知识体系中所蕴含的思想价值和精神内涵，科学合理拓展课程的广度、深度和温度，多角度增加课程的知识性、人文性，提升引领性、时代性和开放性。深化职业理想和职业道德教育，教育引导学生深刻理解并自觉实践行业的职业精神和职业规范，增强职业责任感。深挖食品类专业中的思政元素，引导学生树立坚持食品安全信仰与准则，严格执行食品卫生与安全规范，始终坚守食品安全防线的职业操守。

2. 体现职教精神，突出必需够用

教材编写坚持"以就业为导向、以全面素质为基础、以能力为本位"的现代职业教育教学改革方向，根据《高等职业学校专业教学标准》《职业教育专业目录 (2021)》要求，进一步优化精简内容，落实必需够用原则，以培养满足岗位需求、教学需求和社会需求的高素质技能型人才，体现高职教育特点。同时做到有序衔接中职、高职、高职本科，对接产业体系，服务产业基础高级化、产业链现代化。

3. 坚持工学结合，注重德技并修

教材融入行业人员参与编写，强化以岗位需求为导向的理实教学，注重理论知识与岗位需求 相结合，对接职业标准和岗位要求。在不影响教材主体内容的基础上保留第一版教材中的"学习目标""知识链接""练习题"模块，去掉"知识拓展"模块。进一步优化各模块内容，培养学生理论联系实践的综合分析能力；增强教材的可读性和实用性，培养学生学习的自觉性和主动性。在教材正文适当位置插入"情境导入"，起到边读边想、边读边悟、边读边练的作用，做到理论与相关岗位相结合，强化培养学生创新思维能力和操作能力。

4.建设立体教材，丰富教学资源

提倡校企"双元"合作开发教材，引入岗位微课或视频，实现岗位情景再现，激发学生学习兴趣。依托"医药大学堂"在线学习平台搭建与教材配套的数字化资源(数字教材、教学课件、图片、视频、动画及练习题等)，丰富多样化、立体化教学资源，并提升教学手段，促进师生互动，满足教学管理需要，为提高教育教学水平和质量提供支撑。

本套教材的修订出版得到了全国知名专家的精心指导和各有关院校领导与编者的大力支持，在此一并表示衷心感谢。希望广大师生在教学中积极使用本套教材并提出宝贵意见，以便修订完善，共同打造精品教材。

数字化教材编委会

主　编　康彬彬

副主编　李　晶　胡梦红　黄海英

编　者　（以姓氏笔画为序）

李　晶（山东药品食品职业学院）

沈　娟（吉林省经济管理干部学院）

林娇芬（厦门海洋职业技术学院）

郑秀丽（福州大世界天然食品有限公司）

胡梦红（湖南食品药品职业学院）

倪志华（福建生物工程职业技术学院）

黄海英（内蒙古农业大学职业技术学院）

康彬彬（福建生物工程职业技术学院）

前言

食品加工技术概论是高等职业院校食品类专业学生必修的一门专业课程。食品加工技术作为推动食品工业转型发展的重要力量，在促进产业升级、提高食品质量和安全、推动绿色发展和增强国际竞争力等方面起着巨大的作用。

本教材是在第一版教材的基础上进行修订，以"德技并修"教学理念为指导，结合区域经济及职业岗位需求，遵循理论"必需、够用"、突出技能培训的原则，以工作过程为导向，围绕学生关键能力的培养构建教材内容体系，将教学内容化繁为简，重整组合，突出重点。设计与挖掘职业岗位工作中蕴含的道德元素，将思政教育融入教材内容，让学生在学习知识的同时培养优秀的职业素养。

本教材遵循职业教育人才培养规律，结合高职学生的学习特点，以典型产品为载体，按照典型产品实际加工过程介绍各种食品生产技术。内容主要涵盖果蔬产品加工技术、饮料加工技术、乳制品加工技术、粮食制品加工技术、肉制品加工技术、水产品加工技术、酒类加工技术等，以及十二个实训项目，其特色主要体现在以下几个方面。

第一，在突出内容系统性与实用性的基础上，紧跟行业或产业领域的发展变化，力求将食品加工领域的新知识、新技术、新标准、新规范等编入教材。

第二，强化实践技能训练。教材中设置了青梅蜜饯的加工、复合果蔬汁饮料的加工、蓝莓果酒制品的加工等十二个实训项目，涉及传统食品加工的基础性实验以及培养学生自主学习和创新探索能力的拓展性实验，方便各院校根据本校的实践教学条件选用。

第三，注重学生职业素养的提升。通过情境导入、知识链接、练习题等模块，引导学生树立正确的职业道德观、价值观，培养学生的社会责任感、科学素养和创新精神。

第四，将纸质教材与数字平台有机融合，丰富学习资源，满足学生的不同学习需求。

本教材由康彬彬担任主编，具体编写分工如下：绪论由康彬彬编写；第一章由郑秀丽、康彬彬编写；第二章由倪志华编写；第三章由胡梦红编写；第四章由沈娟编写；第五章由黄海英编写；第六章由林娇芬编写；第七章由李晶编写；第八章由郑秀丽、康彬彬、倪志华、胡梦红、沈娟、黄海英、林娇芬、李晶编写。

本教材主要供全国高等职业院校食品检验检测技术、食品质量与安全、食品智能加工技术等专业师生教学使用，也可作为食品行业工作者的参考用书。

本书中难免存在一些不足之处，恳请广大读者批评指正，以便进一步修订和完善。

编 者

2024 年 2 月

绪　论 微课

学习目标

知识目标

1. **掌握** 食品、保健食品、绿色食品、有机食品和特殊医学用途配方食品的概念。
2. **熟悉** 食品工业发展现状及趋势。
3. **了解** 预包装食品、方便食品、新资源食品、转基因食品的概念。

能力目标

通过学习食品加工常见概念和食品工业发展现状及趋势，能在实践中应用概念知识，并能够把食品加工现状及趋势知识用于指导食品研发、经营等工作。

素质目标

通过本章的学习，树立自信感、幸福感和认同感，厚植爱国主义精神；增强对未来职业发展的信心与决心；培养社会责任感和使命感，关注社会发展，践行使命担当。

情境导入

情景 2017年在河北省秦皇岛市出现了全国首家无人饺子工厂，在生产车间里，完全看不到一线员工。靠着先进的机器设备，工厂每小时可生产10万只饺子，从和面、放馅、包捏到水饺的包装、运输等重要环节，全都不需要人工。工厂的人员不到20名，他们的工作都在控制室和实验室进行，车间里真正做到了全自动化，空无一人，就连饺子投入市场前最终的检测，都由机器来完成。无人工厂不仅提高了生产效率和产品质量，也让食品生产更加智能化和可持续化，为人类社会的可持续发展做出了重要贡献。

思考 1. 谈谈人工智能技术给人类生活带来的影响。
　　　　2. 请分析智能制造在食品工业中的应用与未来趋势。

食品是人类赖以生存的物质基础，也是提高人口素质的重要条件。《中华人民共和国食品安全法》（以下简称《食品安全法》）对食品的定义：食品，指各种供人食用或者饮用的成品和原料以及按照传统既是食品又是药品的物品，但是不包括以治疗为目的的物品。《食品工业基本术语》对食品的定义：可供人类食用或饮用的物质，包括加工食品、半成品和未加工食品，不包括烟草或只作药品用的物质。即食品的外延不仅包括经过加工制作的能够直接食用的食物，还包括未经加工制作的原料，囊括了农田到餐桌的整个食物链中的食品。

一、食品的分类

食品品种繁多、范围广，名称多种多样，很难对其做出精确而概括全面的分类。按常规或习惯对食品的分类有下列几种方法。

1. 按原料分类 可分为果蔬制品，如果蔬罐头、果脯蜜饯、果蔬腌制品等；粮食制品，包括面包、蛋糕、饼干、方便面等；肉禽制品，如肉干、香肠、火腿、冷鲜肉等；水产制品，如虾干、鱼干、冷冻水产品等；乳制品，如巴氏杀菌乳、超高温灭菌乳、酸奶等；蛋制品，如卤蛋、鸡蛋干、蛋粉等。

2. 按保藏方法分类 可分为罐头食品、脱水干制食品、冷冻食品或冷制食品、腌渍食品、烟熏食品、辐照保藏食品等。

3. 按加工方法分类 可分为生鲜食品（农产品、畜产品、水产品等）和加工食品（焙烤食品、膨化食品、油炸食品等）。

4. 按食用人群分类 一般包括婴幼儿食品、中小学生食品、妊娠妇女、哺乳期妇女及恢复产后生理功能等特殊食品；适用于特殊人群需要的特殊营养食品（如适用于运动员、宇航员、高温高寒等条件下工作人群等的食品）。

二、食品加工常见概念

1. 食品加工 指直接以农、林、牧、渔业产品为原料，将其进行物理技术、化学技术或生物技术处理，使其更适合食用、烹调及储存的活动。在食品加工过程中所涉及的各种技术和方法称为食品加工技术。食品加工的主要目的是延长食品的储存时间，防止食品发生腐烂变质，同时也可以提高食品的口感和营养价值。另外，食品加工还可根据不同人群的需求进行个性化定制，增加产品的多样性，以满足不同人群的需求。如老年人需要低盐、低脂肪、高纤维的食品，而儿童需要高蛋白、高维生素的食品。

食品加工通常是由一系列不同的单元操作（独立的操作过程）组成，包括物料输送、清洗、粉碎、加热、干燥、浓缩、冷却、冷冻、杀菌、包装等操作过程。这些操作的目的都是使食品更加卫生、美味、方便和易于储存。在食品加工过程中，这些单元操作需要按照一定的顺序和方式进行组合，以达到最佳的加工效果。

2. 预包装食品 指预先定量包装或者制作在包装材料和容器中的食品，包括预先定量包装以及预先定量制作在包装材料和容器中，并且在一定量限范围内具有统一的质量或体积标识的食品。目前市场上出售的食品大部分都属于预包装食品。

3. 保健食品 中国对保健食品的定义，是指具有特定功能的食品，适宜于特定人群食用，可调节机体的功能，又不以治疗为目的。它必须符合下面4条要求。

（1）保健食品首先必须是食品，必须无毒、无害，符合应有的营养要求。

（2）保健食品又不同于一般食品，它具有特定保健功能。这里的"特定"是指其保健功能必须是明确的、具体的，而且经过科学验证是肯定的。同时，其特定保健功能并不能取代人体正常的膳食摄入和对各类必需营养素的需要。

（3）保健食品通常是针对需要调整某方面机体功能的特定人群而研制生产的，不存在对所在人群都有同样作用的所谓"老少皆宜"的保健食品。

（4）保健食品不以治疗为目的，不能取代药物对患者的治疗作用。

4. 方便食品 指把食品做成半成品或成品，用时简单加工后食用或者是即食食品，如方便面、奶粉、速溶咖啡、罐头食品、牛肉干、八宝粥等。方便食品食用简单、携带方便、易于贮藏、种类繁多、风味各异，具有大众化，是推广性很强的食品。

5. 新资源食品 指在中国新研制、新发现、新引进的无食用习惯的，符合食品基本要求，对人体无毒无害的物品，如叶黄素酯、嗜酸乳杆菌等。《新食品原料安全性审查管理办法》规定新资源食品具有以下特点。

（1）在我国无食用习惯的动物、植物和微生物。

（2）在食品加工过程中使用的微生物新品种。

（3）因采用新工艺生产导致原有成分或者结构发生改变的食品原料。

新资源食品应当符合《食品安全法》及有关法规、规章、标准的规定，对人体不得产生任何急性、亚急性、慢性或其他潜在性健康危害。

新资源食品和保健食品的区别在于：保健食品是指具有特定保健功能的食品，申请审批时必须明确指出具有哪一种保健功能，并且需要在产品包装上进行保健功能标示及限定，而新资源食品具有一种或者多种功能则不在产品介绍中详细标示；新资源食品和保健食品的适用人群不同，前者适用于任何人群，而后者适用于特定人群食用。

6. 有机食品　也叫生态或生物食品等。有机食品是国际上对无污染天然食品比较统一的提法。有机食品通常来自有机农业生产体系，根据国际有机农业生产要求和相应的标准生产加工。有机食品通常指在生产过程中不使用农药、化肥、生长调节剂、抗生素、转基因技术的食品。有机食品侧重于天然的生产方式，但并不代表更加营养，许多研究表明，有机食品的营养价值与普通食品相差无几。

7. 绿色食品　指产自优良生态环境、按照绿色食品标准生产、实行全程质量控制，并获得绿色食品标志使用权的安全、优质食用农产品及相关产品。绿色食品的认证依据农业农村部绿色食品行业标准。

绿色食品在生产过程中允许使用农药和化肥，但对用量和残留量的规定通常比无公害标准要严格。

8. 转基因食品　又称基因修饰食品，是利用基因工程技术改变基因组构成，将某些生物的基因转移到其他物种中去，改造其生物的遗传属性，并使其性状、市场价值、物种品质向人们所需要的目标转变。主要分为 3 类：①转基因植物食品，如转基因的大豆、玉米、番茄、水稻等；②转基因动物食品，如转基因鱼、肉类等；③转基因微生物食品，如利用转基因微生物发酵而制得的葡萄酒、啤酒、酱油等。

9. 食品安全　指食品无毒、无害，符合应当有的营养要求，对人体健康不造成任何急性、亚急性或者慢性危害。

"食品安全"一词是 1974 年由联合国粮食及农业组织（FAO）提出的，其主要内容包括三个方面：①从食品安全性角度看，要求食品应当"无毒无害"。"无毒无害"是指正常人在正常食用情况下摄入可食状态的食品，不会对人体造成危害。但无毒无害也不是绝对的，允许少量含有，但不得超过国家规定的限量标准。②符合应当有的营养要求。营养要求不但应包括人体代谢所需要的蛋白质、脂肪、碳水化合物、维生素、矿物质等营养素的含量，还包括该食品的消化吸收率和对人体维持正常的生理功能应发挥的作用。③对人体健康不造成任何危害，包括急性、亚急性或者慢性危害。

10. 食品添加剂　《食品安全法》中规定："食品添加剂，指为改善食品品质和色、香、味以及为防腐、保鲜和加工工艺的需要而加入食品中的人工合成或者天然物质。"在我们每天吃的主食和副食里，几乎都含有食品添加剂，尤其是副食品的加工生产更离不开食品添加剂的环节。例如，小麦粉中加入的面粉处理剂，油脂中加入的抗氧化剂，豆制品中加入的凝固剂和消泡剂，酱油中加入的防腐剂，糕点、糖果和饮料中加入的着色剂和甜味剂等。

食品添加剂的使用对食品产业的发展起着重要的作用，它可以改善风味、调节营养成分、防止食品变质，从而提高质量，使加工食品丰富多彩，满足消费者的各种需求。根据《食品安全国家标准 食品添加剂使用标准》（GB 2760—2024）的规定，我国允许使用的食品添加剂共分 23 类，主要有：①为防止食品的污染、预防食品腐败变质的发生而添加的防腐剂、抗氧化剂等；②为改善食品的外观性状而添加的着色剂、漂白剂、乳化剂、稳定剂等；③为改善食品的风味而添加的增味剂、香料等；④为满足食品加工工艺的需要，而采用的酶制剂、消泡剂和凝固剂等；⑤为增加食品的营养价值而使用的营养强化剂；⑥其他，如为满足糖尿病患者而使用的无糖的甜味剂。

食品添加剂使用时应符合以下基本要求：①不应对人体产生任何健康危害；②不应掩盖食品腐败变质；③不应掩盖食品本身或加工过程中的质量缺陷或以掺杂、掺假、伪造为目的而使用食品添加剂；④不应降低食品本身的营养价值；⑤在达到预期效果的前提下尽可能降低在食品中的使用量。

11. 食品保质期　即通常所说的最佳食用期，是指预包装食品在标签指明的贮存条下保持品质的期限。在此期限内，食品完全适于销售，并保持标签中不必说明或已经说明的特有品质。一般食品的保质期不仅仅涉及时间这一单一维度，还涉及食品的储存环境，应在具体保存状态下分析食品的保质期。超过保质期的食品，色、香、味、营养价值等都会有所减少，是禁止销售的。

12. 特殊医学用途配方食品　简称医用食品，是为了满足由于完全或部分进食受限、消化吸收障碍或代谢紊乱人群的每天营养需要，或满足由于某种医学状况或疾病而产生的对某些营养素或日常食物的特殊需求加工配制而成，且必须在医生或临床营养师指导下使用的配方食品。该类食品可以与普通食品或其他特殊食品共同使用。

三、食品工业发展历史及现状

食品工业是指以农业、渔业、畜牧业、林业以及工业的产品或半成品为原料，制造、提取、加工成食品或半成品，具有连续而有组织的经济活动工业体系，它是一个最古老而又永恒的常青产业，伴随着人类文明的演进而发展，历史悠久。

（一）食品工业的发展历史

自人类生产有剩余以来，人们便开始将食物进行加工和保存，推动了食品工业的形成与发展。近代意义的食品工业与欧洲的工业革命相伴而生，可以追溯到 18 世纪末 19 世纪初，1810 年法国人尼古拉·阿佩尔提出用排气、密封和杀菌的方法保存食品，1829 年建成了世界上第一个工业化规模生产的罐头厂；1872 年美国发明了喷雾式奶粉生产工艺，1885 年乳制品生产正式成为工业生产的一部分。19 世纪 40 年代之后，伴随英国工业革命带来的科学技术进步与制造业大发展，特别是工业化带动城市化，城市化发展驱动传统农业发生革命，实现由传统农业向现代农业的历史性转变，广义的现代食品工业得以迅速发展，连同相关的社会服务业共同组成为经济学意义上现代农业的主体、标志和特征，食品加工的范围和深度也在不断扩展，成为世界制造业，也是中国制造业中的重要支柱产业之一。

中国自古就有"民以食为天"的古训，食品生产受到历朝历代的高度重视。中国近代意义的食品工业，始于清末进口制粉机械进行的面粉加工业，发展速度缓慢。直到中华人民共和国成立以后，中国才开始了比较系统且稳定的食品工业发展；尤其是改革开放以来，伴随着中国社会快速工业化、城市化发展的历史进程，中国的现代食品工业得到迅猛发展。20 世纪初至今，中国食品工业进入了现代化的发展阶段，创新和发展速度大幅增加。食品行业不断涌现出新的产品和技术，如速冻食品、即食食品、微波加热技术、无人超市等，为人们的日常生活提供了更加便捷和多样化的选择。

（二）食品工业的发展现状

1. 食品工业经济运行平稳　2022 年，规模以上食品工业（包含农副食品加工业、食品制造业、酒饮料和精制茶制造业三大行业）企业数量占全国规模以上工业企业数量的 8.5%，资产占 5.1%，营业收入占 7.1%，利润总额占 8.1%，是我国经济增长的重要驱动力。2022 年，全国规模以上食品工业企业（不含烟草）实现利润比上年增长 9.6%，高出规模以上工业利润增速 13.6 个百分点。其中，农副食品加工业、食品制造业、酒饮料和精制茶制造业利润分别增长 0.2%、7.6% 和 17.6%，在全国规模以上工业企业利润整体下降4%的情况下，食品工业三个行业利润总额均比上年增长，其中酒、饮料、精制茶制造业保持了较快增长。2022年，规模以上食品工业企业实现营业收入比上年增长5.6%；发生营业成本增长5.9%；营业收入利润率为7.0%，比上年提高0.3个百分点。

2023年上半年，国际环境复杂严峻，世界经济复苏乏力，出口下降、传统消费放缓。全国规模以上食品工业增加值同比实际增长0.5%。农副食品加工业增长-0.8%，食品制造业增长2.7%，酒饮料和精制茶制造业增长0.2%。

食品工业投资规模继续扩大，2024年一季度，全国固定资产投资（不含农户）同比增长4.5%，制造业投资增长9.9%。分行业看，农副食品加工业、食品制造业、酒饮料和精制茶制造业投资同比分别增长17.4%、19.0%、28.3%，均保持两位数增长，增速均大幅高于制造业9.9%的平均增长水平和去年行业水平。

2. 食品深加工程度逐渐提高　新型工业技术在食品生产中获得积极应用，支持了食品工业深加工发展，食品工业产值与农业产值的比例已经由2004年的0.5∶1提高到2020年的1.2∶1。例如，在马铃薯主食方面，国内企业已经突破薯泥、薯浆、面条类和米制品类产品的关键加工技术，创建了马铃薯中式主食系列生产线，提高了马铃薯主食的利用率。

3. 食品科技自主创新和产业支撑能力增强　中国食品行业正积极推动科技创新，通过运用高科技手段提高生产效率、保障食品安全和品质，实现从"三跑并存""跟跑"为主向"并跑""领跑"为主的转变。在中华传统食品工业化、食品生物工程、营养健康食品加工、大宗粮食转化、食品装备制造等方向取得了一批科技创新成果。食品产业标准化、连续化、工程化技术水平不断提高。2020年，我国规模以上食品企业科技活动经费支出总额达到538.9亿元，其中，企业资金投入比例达95.6%，多年来企业资金投入一直占据90%以上，科技创新及科技投入已越来越为企业所重视。

4. 食品智能制造逐渐兴起　随着大数据、人工智能、物联网、云计算、区块链等新一代数字技术的快速应用，食品工业从研发、生产到销售的全产业链发展模式正在发生深刻变革，新技术、新产品、新业态、新模式不断涌现，数字技术在推动食品工业转型升级，实现高质量发展方面的作用日益显现。2017年中国首个食品无人工厂在河北省秦皇岛市投入运行，由装备了智能芯片的机器人对从生产到包装的环节进行控制，以智能机械化代替手工生产，整个过程无须工人参与，极大地节约了成本，提高了生产效率。

5. 高新技术提高食品行业效益　多种高新技术引入食品工业，用于改造升级传统食品产能，拓展新兴市场发展空间，增强食品工业的可持续发展能力。

食品工业的不同子行业，其技术密集程度差异明显，一些子行业对高新技术敏感度高、引入和应用积极，使得技术进步快速，行业竞争力增强。受技术进步驱动，在食品工业的53个子行业中，包括饮料、营养食品、发酵食品在内的26个子行业实现了利润总额增长。

6. 食品质量安全水平整体提升　国家高度重视食品质量安全工作，确立了一系列相关法律制度，并在此基础上进行科学、严格、规范化的监督管理，推进食品安全社会共治，坚持齐抓共管、共同发力，构建食品安全多元共治体系，我国食品安全水平得到较大提升。同时着力提高食品质量安全保障能力，推动食品诚信体系、食品追溯体系、食品安全标准体系等建设。目前，食品质量安全法律体系建设已持续完善，食品管理认证体系建设稳步开展，涵盖食品安全管理体系（FSMS）、危害分析的临界控制点（HACCP）等。

四、食品工业未来发展趋势

随着经济快速发展、居民生活水平不断提高，我国食品消费结构正由生存型消费转向健康型、享受型消费；消费者对食品的要求不再局限于"吃饱吃好"，而是希望食品营养价值丰富，具有养生保健作用。这些积极变化，反映了国民经济发展和大众消费升级，体现了居民生活质量改善。展望中国食品工业未来发展，将呈现以下特征。

1. 在发展目标方面 食品工业将继续保持中高速增长，预计2024—2029年，中国食品工业总产值将保持在6%~7%的年均增速，到2029年将达到30万亿元。工业食品的消费比重全面提升，形成一批具有较强国际竞争力的知名品牌、跨国公司和产业集群。

2. 在科技创新方面 自主创新能力和产业支撑能力显著提高，实现从"三跑并存""跟跑"为主向"并跑""领跑"为主的转变，食品生物工程、绿色制造、食品安全、中式主食工业化、精准营养、智能装备等领域科技水平进入世界前列，科技对食品产业发展的贡献率超过60%。

3. 在供给与消费方面 食品工业已进入营养健康升级转型加速期，向营养、健康、安全、多样、方便、美味的方向发展。食品消费由生存性消费向健康性、享受型消费转变，由过去的吃饱、吃好、吃得安全，向从根本上保障了食物营养健康、满足食品消费多样化和个性化需求转变，食品消费日益呈现营养化、健康化、风味化、休闲化、高档化、多样化、个性化的发展趋势。

4. 在产业结构方面 绿色生产、智能加工等创新发展能力显著提高，新旧动能转化加快，推动食品产业从注重数量增长向提质增效转变、从粗放增长向更加注重集约发展转变、从开放引进向更加注重自主创新转变、从高污染高消耗向更加注重保护环境和节约资源转变。

5. 在产业形态方面 工业云、大数据、互联网、物联网、智能机器人等新一代工业革命的技术在食品工业研发设计、生产制造、流通消费等领域深度应用，食品工业与教育、体育、文化、健康、养生、生态、科普、农业、医药、养老、社区与农村建设等行业深度融合，催生一批农业观光、生态旅游、休闲娱乐、农事体验、创意创业、科普基地、田园综合体、特色小镇、农家餐饮、民俗文化、乡风乡愁等一、二、三产业融合发展的新业态、新产业、新模式、新经济体系和新格局。

🔗 知识链接

培育传统优势食品产区 + 推动地方特色食品产业

2023年，国家工业和信息化部等十一部门联合发布了《关于培育传统优势食品产区和地方特色食品产业的指导意见》。该指导意见明确了传统优势食品产区和地方特色食品产业的发展目标，到2025年基本形成"百亿龙头、千亿集群、万亿产业"的地方特色食品发展格局，培育5个以上年营业收入超过1000亿元的传统优势食品产区，25个以上年营业收入超过100亿元的龙头骨干企业，打造一批全国知名地方特色食品品牌和地方特色小吃工业化典型案例。加快推动传统优势食品产区和地方特色食品产业发展，能够推动各地传统饮食文化和加工工艺传承发展，助力乡村振兴和共同富裕。

练习题

答案解析

一、单选题

1. 绿色食品、有机食品、无公害农产品标准对产品的要求由高到低依次排列为（   ）。

   A. 绿色食品、有机食品、无公害食品　　　B. 有机食品、绿色食品、无公害食品

   C. 绿色食品、无公害食品、有机食品　　　D. 无公害食品、有机食品、绿色食品

2. 食品的保质期是指它的（　　）。

  A. 生产日期   B. 最终食用期   C. 最佳食用期   D. 出厂日期

3. 目前我国现行《食品添加剂使用标准》版本是（　　）。

  A. GB 2760—2007 B. GB 2760—2001 C. GB 2760—2011 D. GB 2760—2024

4. 下列关于保健食品的说法，正确的是（　　）。

  A. 保健食品对人体健康有益，人人都应服用

  B. 保健食品对人体具有特定的保健功能，可以代替药物的治疗作用

  C. 保健食品的包装上印有蓝色标志，标志下面注明批准生产的日期和批准文号

  D. 所有的保健食品都有调节免疫、延缓衰老、改善记忆等功能

二、简答题

1. 食品加工的目的是什么？

2. 绿色食品和有机食品有何区别？

3. 根据食用食品的经历，自己尝试预测一下未来食品加工业的发展趋势。

（康彬彬）

书网融合……

本章小结   微课   题库

第一章

果蔬产品加工技术

知识目标

1. **掌握** 果蔬产品的加工工艺和操作要点；果蔬产品加工过程中常见的质量问题及控制措施。
2. **熟悉** 果蔬糖制品、干制品、罐藏制品、速冻制品等果蔬产品的基本加工方法。
3. **了解** 果蔬产品的特点及质量标准。

能力目标

1. 能运用糖制、速冻、干制、腌制、罐藏等生产技术进行果蔬产品的加工。
2. 具备烫漂、去皮、干制、腌制、速冻等单元操作能力。
3. 能初步判断分析果蔬产品加工过程中常见的质量问题，并提出控制措施。

素质目标

通过本章的学习，树立食品加工产品安全生产意识、质量意识和环保意识；培养认真负责、科学严谨的工作作风和学习态度。

情境导入

情景 水果、蔬菜含水量高，容易腐烂，且存在较强的季节性、区域性等问题，旺季容易造成滞销，导致腐烂损失严重，而淡季供不应求的局面。外观、品质稍差的果蔬更是销售困难，往往被丢弃浪费，大大挫伤了农户的种植积极性。将果蔬加工成各种食品不仅可以延长果蔬产品的供应期，还能大大增加食品种类，满足市场多样化需求。我国果蔬加工历史源远流长，古代水果加工制品主要包括果干、果酱、果酒、果饼和蜜饯等，蔬菜加工制品则主要有干菜、泡菜、腌菜、酱菜等。随着科学的发展，果蔬加工已成为我国食品工业的重要组成部分。

思考 1. 引起果蔬腐败变质的原因有哪些？
2. 列举一些能有效延长果蔬贮藏期的方法并阐述理由。

第一节 果蔬糖制品加工技术

PPT

果蔬糖制技术是以果蔬为原料，利用高浓度糖液的渗透和扩散作用，使糖液渗入组织内部，从而降低果蔬原料的水分活度，提高渗透压，有效地抑制微生物的生长繁殖，防止腐败变质，达到长期保藏不坏的目的。果蔬糖制品具有高糖、高酸的特点，这不仅改善了原料的食用品质，赋予产品良好的色泽和风味，而且提高了产品的耐贮藏性能。

一、糖制品的分类

糖制品按其加工方法和产品形态，可分为蜜饯和果酱两大类。

1. 蜜饯类 能保持原料形状的全部或一部分的糖制品，大多含糖量在50%～70%。这种类型包括湿态蜜饯、干态蜜饯和凉果类。

2. 果酱类 指原料经过破碎、软化后加糖煮制，制品形成凝胶状态，制品中可保留一定数量的果块，含糖量多在40%～65%，含酸量约在1%以上。这类制品包括如果酱、果泥、果糕等。

> **知识链接**
>
> ### 食糖的浓度与其保藏作用的关系
>
> 糖液达到一定的浓度（>50%）后，具有强大的渗透压，微生物在高渗环境中发生生理干燥直至质壁分离，其生命活动受到了抑制。一般认为，50%糖液即可抑制多数酵母菌和细菌的生长；但到65%～70%，才能抑制许多霉菌的活动。因此，传统的糖制品中糖分含量要求达到60%～65%以上，可溶性固形物含量为68%～75%以上。
>
> 对于低糖果蔬糖制品应综合采用提高酸度、添加防腐剂、罐藏或真空包装等措施。

二、糖的特性与作用

果蔬糖制加工中所用的糖主要是砂糖，其特性与加工条件控制和制品品质密切相关。

1. 甜度 指糖的甜味高低，以味感阈值（能感觉到甜味的最低含糖量）来表示。按甜度的高低，排列顺序如下：果糖＞砂糖＞蜂蜜＞葡萄糖＞麦芽糖＞饴糖＞乳糖＞α-葡萄糖＞β-葡萄糖＞β-果糖＞α-果糖。

2. 溶解度和晶析 当糖制品中液态部分的糖在某一温度下浓度达到饱和时，即可呈现结晶现象，称为晶析也称返砂。一般来讲，返砂降低了糖的保藏作用，有损于制品的品质和外观。但果脯蜜饯加工中也有利用这一性质的，适当地控制过饱和率，给有些干态蜜饯上糖衣，如冬瓜条、糖核桃仁等。

糖制加工中，为防止返砂，常加入部分饴糖、蜂蜜或淀粉糖浆，或者加入少量果胶、蛋清等非糖物质，可抑制结晶。也可在糖制过程中促使蔗糖转化，防止制品结晶。

3. 蔗糖的转化 蔗糖适当的转化可以提高砂糖溶液的饱和度，增加制品含糖数量，抑制晶析，防止返砂。

当溶液中转化糖含量达30%～40%时就不会返砂。蔗糖的转化还可增加渗透压，减少水分活度，提高制品的保藏性，增加风味与甜度。但一定要防止过度转化而增加制品的吸湿性，致回潮变软，甚至返砂。糖液中有机酸含量为0.3%～0.5%时，足以使糖部分转化。

4. 吸湿性 糖制品吸湿以后降低了糖浓度和渗透压，削弱了糖的保藏作用，容易引起制品败坏和变质。糖的种类不同，吸湿性不同，其中果糖吸湿性最大，葡萄糖和麦芽糖次之，蔗糖为最小。各种结晶糖吸水达15%以后，便开始失去结晶状而成为液态。纯结晶蔗糖的吸湿性很弱，商品砂糖因含有少量灰分等非糖杂质，因而吸湿性增强。当砂糖中灰分含量低于0.02%、空气相对湿度低于60%时，砂糖呈不潮解的结晶状。利用果糖、葡萄糖吸湿性强的特点，糖制品中含有适量的转化糖有利于防止制品返砂；但含量过高又会使制品吸湿回软，造成霉烂变质。

5. 糖液的沸点温度 随糖液浓度的增加而升高，随海拔高度的增加而降低。此外，浓度相同而种类不同的糖液，沸点也不相同。通常在糖制果蔬过程中，需利用糖液沸点温度的高低，掌握糖制品所含的可溶性固形物的含量，判断煮制浓缩的终点，以控制时间的长短。

三、蜜饯类制品加工工艺

（一）基本工艺流程

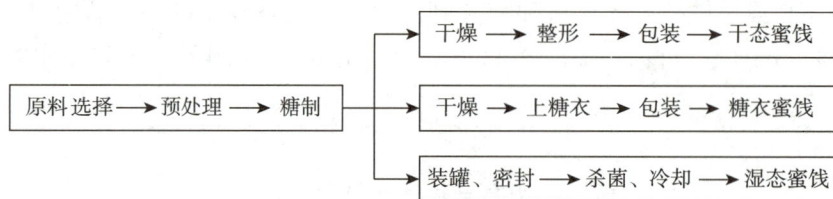

```
                                    ┌─→  干燥 ─→ 整形 ─→ 包装 ─→ 干态蜜饯
                                    │
原料选择 ─→ 预处理 ─→ 糖制 ───────────┼─→  干燥 ─→ 上糖衣 ─→ 包装 ─→ 糖衣蜜饯
                                    │
                                    └─→  装罐、密封 ─→ 杀菌、冷却 ─→ 湿态蜜饯
```

（二）工艺要点

1. 原料选择　糖制品的质量主要取决于其外观、风味、质地及营养成分。选择优质原料是制成优质产品的关键之一。原料质量的优劣主要在于品种、成熟度和新鲜度等几个方面。选择适合加工果脯蜜饯类的原料时，因需保持果实或果块形态，所以要求原料肉质紧密，耐煮性强，一般不能太过成熟，以水分量较低、固形物含量较高、果核小、肉厚的品种为佳；且原料的成熟度一般在绿熟至坚熟时采收为宜。

2. 预处理　原料预处理包括清洗、分级、去皮、去核、切分、盐腌、烫漂、硬化、护色、染色等工艺。总体来说，在进行糖煮或浸糖之前的处理都属于预处理。不同的原料和不同的产品需要进行的预处理工艺和程序各有不相同。

（1）清洗、分级、切分、划缝、刺孔　为了保证产品卫生安全，原料必须清洗干净。分级按大小、成熟度等进行，以便采用相同的加工工艺条件。含有种子的果实需要去除种子，否则影响食用。对果皮较厚或果皮含粗纤维较多的原料应去皮，以保证产品可食性和渗糖的均匀一致性。对于大形果实，如苹果、梨，需要切成一定形状的小块状，以便于提高渗透效率。对于不需要去皮或切分的小型果，肉质和表皮致密的果实需要刺孔或划缝，以加速糖液的渗透。

（2）盐腌　对于凉果制品加工，通常先用食盐或加少量明矾或石灰将原料腌渍成盐坯（果坯），盐腌既是一种有效的半成品保存方式，也是凉果加工工艺所必需的。盐腌还有利于去除许多不良风味（如苦味、涩味、异味及过酸等）。盐坯腌渍包括盐腌、暴晒、回软和复晒四个过程。盐腌有干盐和盐水两种：干盐法适用于果汁较多或成熟度较高的原料，用盐量依种类和贮存期长短而异，一般为原料重的14%～18%；盐水法适于果汁稀少或未熟果或酸涩苦味浓的原料。盐腌结束，可作水坯保存，或经晒制成干坯长期保藏。

（3）硬化处理　原料的硬化处理是为了提高果肉的硬度，增加耐煮性，防止软烂。常用的硬化剂有消石灰、氯化钙、明矾、亚硫酸氢钙、葡萄糖酸钙等稀溶液。其原理是上述物质中的金属离子能与果蔬中的果胶物质生成不溶性的果胶酸盐类，使果肉组织致密坚实，耐煮制。硬化剂使用时要防止过量引起部分纤维素的钙化，导致制品质地粗糙。根据需要，在糖煮前应加以漂洗，除去剩余的硬化剂。

（4）硫处理　为了使糖制品色泽明亮，常在糖煮之前进行硫处理，既可防止制品氧化变色，又能促进原料对糖液的渗透。方法是用0.1%～0.2%的硫黄熏蒸处理，或使用0.1%～0.15%的亚硫酸溶液浸泡处理数分钟即可。

经硫处理的原料在糖煮前应充分漂洗，以除去剩余的亚硫酸溶液，防止过量腐蚀金属。

（5）染色　某些蜜饯类和作为配色用的制品（如青红丝、红云片等），常需人工染色，以增进制品的感官品质。染色的方法是将原料浸于色素液中着色，或将色素溶于稀溶液中，在糖煮的同时完成染色。为增加染色效果，常用明矾作为媒染剂。

（6）漂洗和预煮　经亚硫酸盐保藏、盐腌、染色及硬化处理的原料，在糖制前均需漂洗或预煮，除去残留的 SO_2、食盐、染色剂、石灰或明矾，避免对制品外观和风味产生不良影响。预煮还具有排氧和钝酶，防止氧化变色，利于渗入和脱苦、脱涩等作用。

3. 糖制　果脯蜜饯加工的主要工序。糖制过程是果蔬原料排水吸糖的过程，糖液中糖分依赖扩散作用先进入组织细胞间隙，再通过渗透作用进入细胞内，最终达到要求的含糖量。

（1）糖渍（蜜制）　是一种冷制的方法，指用糖液进行糖渍，使制品达到要求的糖度，如糖青梅、樱桃蜜饯、无花果蜜饯、多数凉果等。此法特点在于分次加糖，不用加热，能很好地保持原料的色、香、味及完整的果形，产品中的维生素 C 损失较少，但腌制时间较长。适用于组织柔嫩不耐煮的原料。

（2）糖煮　适合组织较紧密耐煮制的原料。糖煮分为常压煮制和减压煮制两种。常压煮制又分为一次煮制、多次煮制和快速煮制三种。减压煮制分为减压煮制和扩散煮制两种。糖煮的方法加工速度快，但色、香、味差，维生素损失较多。

（3）糖制终点的判断　确定制品含糖量是否达到成品的要求，可以通过对糖液浓度的判断来进行。

1）相对密度法测糖度：一定浓度的溶液都有一定的密度或相对密度。通过相对密度法来测定糖液的浓度，常用的仪器是糖密度计，它是以蔗糖溶液质量百分比浓度为刻度，单位用°Bé 表示。由于糖液体积会随温度变化而发生改变，若测定温度不在标准温度（20℃），则需查表进行温度校正。

2）折光法测糖度：不同浓度的糖液在光线下的折射率是不同的。通过折光法来测定糖液浓度，常用的仪器是手持糖度仪，所测数据也要查表进行温度校正。

3）温度计测糖度：利用糖液的沸点随浓度上升而升高的特点，通过温度计来测糖液浓度。一般糖液温度达 103 ~ 105℃时可结束煮制。

4）经验法：利用不同浓度溶液黏度大小不同的特点来进行经验判断。如挂片法，将木片蘸上糖液，不断翻转木片不让热糖液滴下，冷却后，根据其形成糖液薄片的速度和形状来判断糖液浓度。

A. 手捏法：手指蘸取少许糖液，通过手感的黏滑程度、糖液能否形成拉丝及拉丝长短来判断糖液浓度。

B. 滴凝法：将糖液滴在瓷盘上，冷却后用手指按压，通过手指对糖块韧性的感觉来判断糖液浓度。

C. 自流法：根据糖液自然下滴的速度来判断。

4. 干燥　糖制完成后，湿态蜜饯即可连同糖液进行罐装、密封、杀菌等工艺处理成为成品，其操作同罐头生产。

干态果脯在糖制后则需进行干燥，除去部分水分，干燥前先从糖液中取出坯料，沥去多余糖液。由于糖制后产品表面残留糖液多，沥糖困难，干燥时间较长。可以将制品在 20 ~ 30°Bé 稀热糖液中轻轻晃动下，涮去表面黏稠的浓糖浆；或用 0.1% 羧甲基纤维素钠溶液（CMC）冲洗果坯，使果脯表面干爽，还能增加产品的透明度和光泽。必要时可将表面糖液擦去，然后置于烘盘中烘烤或在日光下晾晒。烘烤温度宜在 50 ~ 60℃，不宜过高，以防糖分结块或焦化。烘后的果脯应保持完整的饱满状态，不皱缩、不结晶、质地致密柔软。水分含量降至 18% ~ 20%。

5. 上糖衣　生产糖衣果脯，可在干燥后进行上糖衣。所谓上糖衣，就是干燥后用过饱和糖液浸泡一下取出冷却，使表面形成一层晶亮的糖衣薄膜。过饱和糖液配比为蔗糖：淀粉糖浆：水 =3：2：1，混合后熬煮至 113 ~ 114℃，离火冷却到 93℃，将干燥后的蜜饯浸入糖液约 1 分钟，立即取出晾干即可。还可以将蜜饯浸入 1.5% 的果胶溶液中，取出在 50℃干燥 2 小时，可形成一层透明的胶质薄膜。

在干燥快结束的蜜饯表面，撒上结晶糖粉或白砂糖，拌匀，筛去多余糖粉即成晶糖蜜饯。

四、果酱类制品加工工艺

(一) 基本工艺流程

原料选择及处理 → 软化打浆 → 配料 → 浓缩 → 装罐 → 密封 → 杀菌 → 冷却 → 成品

(二) 工艺要点

1. 原料选择及处理　制造果酱的原料应具有良好的色、香、味，并含有丰富的有机酸和果胶物质。常见的大部分果品（如草莓、苹果、杏子、猕猴桃等）和部分蔬菜（如胡萝卜、番茄、南瓜等）都可以制作果酱。果酱的原料不需要分级，只需挑出腐烂和不能食用的果实，进行洗涤和除去不可食部分即可。

2. 软化打浆　软化的目的是破坏酶的活性，防止变色和果胶水解；便于打浆或糖液渗透；促使果肉中果胶渗出。软化用水按果肉重的 20% ~ 50%，也可用糖水软化，糖水浓度为 10% ~ 30%，软化时间 10 ~ 20 分钟。软化程度要适中，软化不足，果肉内溶出的果胶少，制品凝胶不良，且有不透明的硬块，影响风味及外观；若软化过度，则果肉中的果胶因水解而损失，同时，果肉长时间加热，使色泽变深，风味变差。

3. 配料　果酱的配方按原料分类及产品标准要求而异，一般要求果肉占总原料量的 40% ~ 55%，砂糖占 45% ~ 60%。必要时配料中可适量添加柠檬酸及果胶。柠檬酸补加量一般以控制成品含酸量为 0.5% ~ 1%，果胶补加量以控制成品含果胶量 0.4% ~ 0.9% 为宜。

注意配料使用前应配成浓溶液过滤后备用。白砂糖配成 70% ~ 75% 的溶液；柠檬酸配成 50% 的溶液；果胶粉不易溶于水，可先与其质量 4 ~ 6 倍的白砂糖充分混合均匀，再以 10 ~ 15 倍的水在搅拌下加热溶解。

4. 浓缩　加热浓缩是制作果酱类糖制品的关键工序。浓缩过程要采用严格的投料顺序，否则成品易出现变色、液体分泌和酱体流散等现象。投料顺序为浓缩过程中分次加糖，这样有利于水分蒸发，缩短浓缩时间，接近终点时加入果胶或其他增稠剂，最后加酸，在搅拌下浓缩至终点，判断方法是将果酱挑起，果酱能成片状下落即可出锅。加热浓缩的方法主要有常压浓缩和真空浓缩两种。

(1) 常压浓缩　浓缩过程中，糖液应分次加入，糖液加入后要不断搅拌。浓缩初期，可加少量冷水或植物油，以消除泡沫，保证正常蒸发。需添加柠檬酸、果胶或淀粉糖浆的制品，当浓缩至可溶性固形物为 60% 以上时再按次加入。增稠剂应分次加入以避免果酱发生结块，且有利于增稠剂溶解。浓缩时间要掌握恰当，过长直接影响果酱的色、香、味，造成转化糖含量高，以致发生焦糖化和美拉德反应；过短转化糖生成量不足，在贮藏期间易产生蔗糖的结晶现象，且酱体凝胶不良。浓缩时通过火力大小或其他措施控制浓缩时间。

(2) 真空浓缩　又称减压浓缩，分单效、双效两种浓缩装置。真空浓缩时，待真空度达到 53.32kPa 以上开启进料阀，待浓缩的物料靠锅内的真空吸力进入锅内。浓缩时，真空度保持在 86.66 ~ 96.00kPa 之间，料温 60℃ 左右，当浓缩至接近终点时，关闭真空泵开关，破坏锅内空气，在搅拌下将果酱加热升温至 90 ~ 95℃，然后迅速关闭进气阀，出锅。浓缩过程若泡沫上升激烈，可开启锅内的空气阀，使空气进入锅内抑制泡沫上升，待正常后再关闭。浓缩过程应保持物料超过加热面，以防焦锅。

5. 装罐、密封　热装罐，一般装罐温度在 85℃ 以上，保持顶隙 3 ~ 8mm，拧紧罐口。

6. 杀菌冷却　果酱类产品在加热浓缩过程中，酱体中的微生物绝大部分被杀死。而且由于果酱是高糖高酸制品，一般装罐密封后残留的微生物是不易繁殖的。在生产卫生条件好的情况下，可在封罐后倒置数分钟，利用酱体的余热进行罐盖消毒即可。但为了安全，在封罐后或者封袋后可进行杀菌处理（5~10分钟，100℃）。

杀菌方法可采用沸水或蒸汽杀菌。杀菌温度及时间依品种及罐形的不同，一般以100℃温度下杀菌5~10分钟为宜。杀菌后冷却至30~40℃，擦干罐身的水分，贴标装箱。

五、糖制品生产常见的质量问题及控制措施

（一）返砂与流汤

在生产中，如果条件掌握不当，成品表面或内部易出现返砂或流汤现象。

1. 返砂 即糖制品经糖制、冷却后，成品表面或内部出现晶体颗粒的现象，使其口感变粗，外观质量下降。

2. 流汤 即蜜饯类产品在包装、贮存、销售过程中容易吸湿，出现表面发黏等现象。

成品中蔗糖和转化糖之间的比例不合适是造成果蔬糖制品出现返砂和流汤现象的主要原因。转化糖比例不够，返砂越重；相反，若转化糖比例偏大，蔗糖越少，流汤越重。当转化糖含量达40%~50%，即占总糖含量的60%以上时，在低温、低湿条件下保藏，一般不返砂。因此，防止糖制品返砂和流汤，最有效的办法是控制原料在糖制时蔗糖与转化糖之间的比例。影响转化的因素是糖液的pH及温度。pH在2.0~2.5，加热时就可以促使蔗糖转化。另外，环境温度太低也容易引起返砂，特别是低于10℃。

（二）煮烂与皱缩

蜜饯生产过程中常常出现煮烂与皱缩的问题。

1. 煮烂 一方面与果实的成熟度有关，果实偏成熟，容易造成煮烂；另一方面，煮制温度过高或煮制时间过长也是导致蜜饯类产品煮烂的一个重要原因。因此，糖制时应延长浸糖的时间，缩短煮制时间和降低煮制温度。经过前处理的果实，可以先控制在较低温度的糖液中浸泡，等果坯达到一定的糖度，再按工艺煮制，也可在煮制时用 $CaCl_2$ 溶液或其他硬化剂浸泡果实，起到硬化的作用。对于容易煮烂的产品，最好采用真空渗糖或多次煮制等方法。

2. 皱缩 产生的主要原因是初始糖液浓度太高。所以在糖制过程中掌握分次加糖，开始煮制时糖液浓度不宜过高，使糖液浓度逐渐提高，延长浸渍时间。

（三）成品颜色褐变

果蔬糖制品颜色褐变包含酶促褐变和非酶褐变。

1. 酶促褐变 主要是果蔬组织中的酚类物质在多酚氧化酶的作用下氧化褐变，一般发生在加热糖制前。可通过热烫和护色等方法抑制引起酶变的酶活力，从而抑制酶变反应。

2. 非酶褐变 包括羰氨反应和焦糖化反应，另外，还有少量维生素C的热褐变。这些反应主要发生在糖制品的煮制和烘烤过程中，尤其是在高温条件下，最易致使产品色泽加深。通过适当降低温度和缩短时间，可有效阻止非酶褐变。

生产过程中常采用低温真空糖制技术来抑制褐变。

（四）微生物败坏

糖制品在贮藏期间最易出现的微生物败坏是长霉和发酵产生酒精味。这主要是由于制品含糖量没有达到要求的浓度（65%~70%）。一般情况下，控制成品中总糖含量达65%以上，并降低含水量，可以防止微生物败坏。但对于低糖制品一定要采取防腐措施，如添加防腐剂、真空包装、必要时加入一定的抗氧化剂、保证较低的贮藏温度等。对于罐装果酱一定要注意封口严密，以防止表层残氧过高为霉菌提供生长条件，另外，杀菌要彻底。

（五）果酱类产品的流液

果酱类产品的流液现象在生产不当的情况下也十分常见，由于果块软化不充分、浓缩时间短、果酱含糖量低等原因都有可能导致产品汁液分泌。解决的办法有充分软化，增加果胶的溶出率，添加果胶或者其他增稠剂来增强凝胶作用。

六、果蔬糖制品加工实例

（一）李子蜜饯

1. 工艺流程

原料选择 → 刺孔 → 护色处理 → 清洗 → 糖煮 → 糖渍 → 烘干 → 成品

2. 原料辅料　李子、NaHSO₃、白砂糖、麦芽糖浆、山梨酸钾。

3. 加工工艺

（1）原料选择　加工的李子七成成熟度，剔除坏、烂及病虫害果。

（2）刺孔　对李子进行刺孔处理，并放入 0.2% 的 $NaHSO_3$ 溶液中浸泡 10 分钟后，水洗，漂去 $NaHSO_3$ 的残液。

（3）糖煮、糖渍

第一次糖煮及糖渍：煮沸浓度为 35%～40% 的糖液（连续生产时也可以使用上批第二次糖煮时的剩糖液），倒入李子煮 5 分钟左右，待果实肉质有点微软，即可倒入缸内，并加入山梨酸钾进行糖渍，糖渍 24 小时，糖渍的糖液需浸没果实。

第二次糖煮：把糖水抽出来，置于锅内加热，并加白砂糖调整糖液含糖量为 50%，冷却后倒入果坯中，进行第二次浸泡，时间 24 小时。

第三次糖煮：糖液浓度为 65%，煮制时间为 10～15 分钟。当糖液浓度达到 70% 以上时，浸泡 24 小时。

（4）烘干　第二天将李子捞出，沥干糖液，均匀放于竹匾或烘盘中，晾晒或烘制。待干燥至不黏手时，即成李子蜜饯。

4. 产品质量要求　深黄色，色泽较一致，略透明。组织饱满，质地软硬适度。具有李子的风味，无异味。含水量 25%～35%，含糖量 60%～65%。

（二）枇杷酱

1. 工艺流程

原料选择 → 清洗 → 去皮 → 切分去籽 → 护色 → 预煮 → 打浆 →

→ 调配 → 浓缩 → 装罐、封口 → 杀菌 → 冷却 → 成品

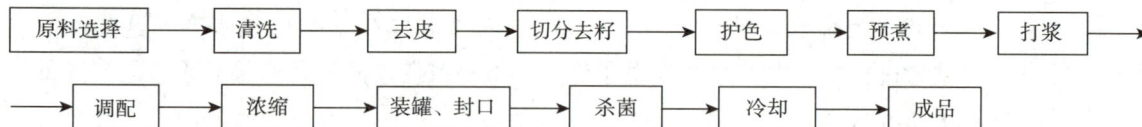

2. 原料辅料　枇杷、砂糖、葡萄糖浆、柠檬酸。

3. 加工工艺

（1）原料选择　要求选择八成以上的成熟度、含果胶及果酸多、芳香味浓的枇杷。

（2）原料处理　用清水将果面洗净后去皮、切分去籽，将枇杷切成两半，并及时用 0.01%～0.05% 的维生素 C 溶液进行护色。

（3）预煮　将小果块倒入不锈钢锅内，加果质量 10%～20% 的水，煮沸 20～30 分钟，要求果肉煮透，使之软化兼防变色，不能产生糊锅、变褐、焦化等不良现象。

（4）打浆　用孔径 8～10mm 的打浆机或使用捣碎机来破碎。

（5）调配　按果肉重量的 70%～80% 加入糖，其中葡萄糖浆占总糖量的 20%～30%。有时为了降低糖度可加入适量的增稠剂。

（6）浓缩　先将果浆打入锅中，分 2～3 次加入砂糖，在可溶性固形物达到 60% 时加入柠檬酸调节果酱的 pH 为 2.5～3.0，待加热浓缩至 105%～106%、可溶性固形物达 65% 以上时出锅。

（7）装罐、封口　装罐前容器需先清洗消毒。大多用玻璃瓶或防酸涂料铁皮罐为包装容器，也可使用塑料盒小包装。出锅后立即趁热装罐，封罐时酱体的温度不低于 85℃。

（8）杀菌、冷却　封罐后立即按 10～20 分钟、95～100℃ 进行杀菌，杀菌后分段冷却到 38℃，每段温差不能超过 20℃。然后用布擦去罐外水分和污物，送入仓库保存。

4. 产品质量要求　酱体呈深黄色；黏胶状，不流散，不流汁，无糖结晶；无异味，具有枇杷酱的良好风味；可溶性固形物不低于 65%（外销）或 55%（内销）。

（三）山楂果糕

1. 工艺流程

原料选择 → 清洗 → 加热软化 → 打浆 → 调配 → 浓缩 → 成形 →

→ 烘制 → 包装 → 成品

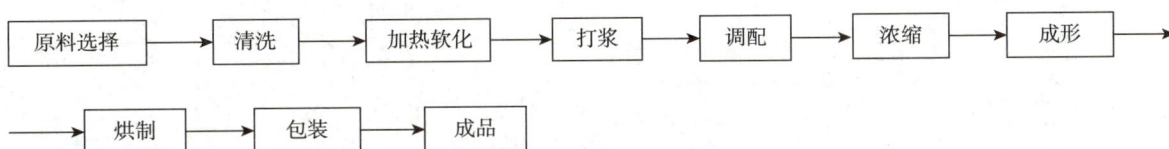

2. 原料辅料　山楂、白砂糖、1% 果胶。

3. 加工工艺

（1）原料选择、清洗　选择果胶含量高、八九成熟度的果实，或利用山楂罐头的下脚料，剔除病虫、腐烂果及杂质，除去果柄果核，清洗干净后备用。

（2）加热软化、打浆　山楂果肉紧密少汁，为了溶出更多的果胶物质，加入软水煮至果肉变软。果肉与水的比例为 5:4，煮沸 5 分钟。加热软化后的原料用打浆机打成均匀细腻的浆体。

（3）调配、浓缩　浆料与白砂糖配比为 1:1。入锅熬煮时，要不断搅拌。煮沸成浓浆状即可起锅。若要生产低糖山楂果糕，除减少糖用量外，还要加入增稠剂增加胶凝强度。

（4）成形、烘制　熬煮好的浆料置于浅烘盘中摊成厚度约 1.5cm 的薄层，室温下放置 1～2 小时，使其冷却凝结。将烘盘放入烘干机中以 65℃ 烘 4 小时，翻面再烘至半干状态。

（5）包装　冷却后切成小块，用玻璃纸包装；也可用玻璃罐密封保存。

4. 产品质量要求　颜色鲜艳，呈鲜亮的红棕色；质地均匀，口感细腻；切面光滑，外观有光泽，半透明；含水量不超过 8%。

第二节　果蔬腌制品加工技术

PPT

一、腌制品的分类

果蔬腌制是利用食盐以及其他添加物质渗入蔬菜组织内，降低水分活度，提高结合水含量及渗透压，有选择地控制有益微生物的活动和发酵，抑制腐败菌的生长，从而防止蔬菜败坏的保藏方法。蔬菜腌制品分类方法很多，按照加工原料和腌制方法的不同，可分为发酵性腌制品和非发酵性腌制品两大类。

1. 发酵性腌制品　又可分湿态发酵腌渍品（如泡菜、酸白菜）和半干态发酵腌渍品（如榨菜、冬菜等）和干态腌制菜三种。

2. 非发酵性腌制品　又可分咸菜类、酱菜类、糖醋菜类和酒糟渍品等。

二、腌制品加工工艺

（一）基本工艺流程

1. 发酵性腌制品

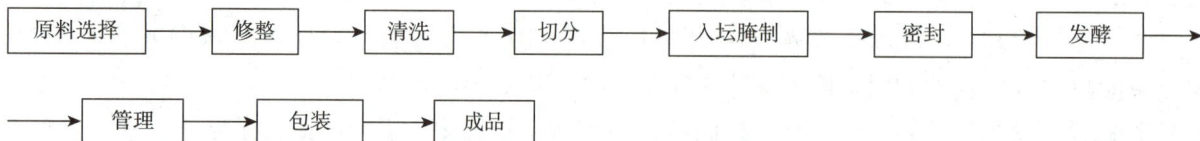

原料选择 → 修整 → 清洗 → 切分 → 入坛腌制 → 密封 → 发酵 →

→ 管理 → 包装 → 成品

2. 非发酵性腌制品（以酱菜类为例）

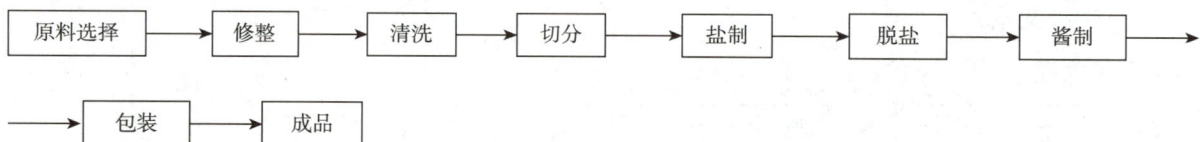

原料选择 → 修整 → 清洗 → 切分 → 盐制 → 脱盐 → 酱制 →

→ 包装 → 成品

（二）工艺要点

1. 原料选择　并非所有蔬菜均适合制作腌制菜，制作腌制品以根菜类（萝卜、大头菜、芜菁、胡萝卜）和茎菜类（青菜头、莴笋、大蒜、生姜）为主，尚有部分叶菜类（白菜、雪里蕻、紫苏）和果菜类（菜瓜、黄瓜、辣椒、苦瓜）。腌制用的蔬菜新鲜而没有被微生物污染，符合卫生要求。且原料组织紧密，质地脆嫩，肉质肥厚而不易软化，纤维含量少。

2. 切分　根据不同的蔬菜，进行切分处理，以便后续更好地发酵、入味。

3. 入坛腌制　腌器一般以选用陶瓷或搪瓷器皿为好，切忌使用金属制品。根据产品类别、数量和腌制时间的不同，选择不同的容器。腌制数量大、保存时间长的，一般应用缸腌。腌制半干态蔬菜的，如五香萝卜等以及需要密封的，一般用坛腌。制作泡菜，应用坛口边沿有水槽的泡菜坛子。腌制数量较少、时间又短的咸菜，也可用小盆、盖碗等。

盐腌有干腌和盐水腌制两种。

（1）干腌法　一般一层蔬菜、一层盐，分批拌盐，用盐量依种类和贮存期长短而异。

（2）盐水腌制法　是将原料直接浸泡到一定浓度的盐溶液中腌制。配制盐水最好使用井水、矿泉水等饮用水，如果水质硬度较低，可加入 0.05% 的 $CaCl_2$，盐水浓度一般为 6% ~ 8%，对于有经过预腌处理的原料用盐量要相对减少。

蔬菜腌制过程中要注意按时倒缸，倒缸就是将腌器里的制品上下翻倒。这样可使蔬菜不断散热，受盐均匀，并可保护蔬菜原有的颜色。倒缸能迅速溶化食盐，使腌制品的每一个部位都能较快地接触盐分，不至于发生霉烂。

4. 发酵、管理　将腌器密封并置于阴凉处发酵。腌制咸菜温度不宜过高，一般不能超过 30℃。需乳酸发酵的腌制品，以适于乳酸菌活动的温度 26 ~ 30℃ 为宜，在此温度范围内，发酵作用快。

在腌制初期腌器必须开盖，以利散热，防止腐烂变质。特别注意，要将腌器放在通风良好的地方，但要防止太阳直接照射到菜上，以避免温度升高。进行乳酸发酵腌制蔬菜时，隔绝空气是一个重要条件。乳酸菌是厌氧性菌，只在缺氧时才能发生乳酸发酵，同时还能减少氧化造成维生素 C 的损失。因此，在进行这类蔬菜的腌制时，必须装满容器，压紧。湿腌时需装满盐水，将蔬菜浸没，然后将容器密封，形成缺氧环境。

5. 脱盐   生产非发酵性腌制品时需脱除腌制品的多余盐量，析出部分盐分以利于吸收酱液。腌制好的咸菜用清水泡，并多次换水。有的半成品盐分高不容易吸收酱液，同时带有苦味。一般泡 1~3 天，每天换水 1~3 次。浸泡过程中，注意不要浸泡过度，必须保留部分盐分，一般在 2% 以下，以防止微生物侵入，降低质量。脱盐后要适当挤干水分，咸菜坯含水量保持在 50%~60% 即可，以利于酱制。水分过少，酱渍时菜坯膨胀过程较长或根本膨胀不起来，会造成酱渍菜外观不饱满。

6. 酱制   酱菜用的酱分为豆酱与面酱两种。酱制时，将上述经脱盐和脱水的咸坯装入空缸内酱制。体形较大或韧性较强的可直接放入酱中。有些体形小的或质地脆的易折断的蔬菜，需装入布袋或丝袋内，用细麻线扎住袋口，再放入酱缸中进行酱制。在酱制期间，每天需要打耙几次，打耙不仅可以使缸内的菜均匀地吸收酱液，着色均匀，提高酱渍速度，还可以避免因温度过高出现变质现象。打耙方法，即用酱耙在酱缸内上下搅动，使缸内的菜（或袋）随着酱耙上下更替旋转，把缸底的翻到上面，把上面的翻到缸底。酱制后的产品可以直接销售，但由于这种产品没有经过杀菌处理，其货架期有限，因此难以实现规模化销售和生产。需加入山梨酸钾等防腐剂，延长酱菜的保质期。也可采用玻璃瓶或蒸煮袋包装，进行杀菌等处理来延长产品的保质期。

三、腌制品生产常见的质量问题及控制措施

（一）常见的质量问题

1. 腌菜色泽变黑   部分蔬菜腌制品颜色要求为翠绿色或黄褐色，生产过程控制不好，腌菜容易变成黑褐色，从而影响产品的感官质量及商品价值。以下几个因素容易造成蔬菜腌制品变黑。

（1）腌制时食盐的分布不均匀，含盐多的部位正常发酵菌的活动受到抑制，而含盐少的部位有害菌又迅速繁殖。

（2）腌菜暴露于腌制液面之上，致使产品严重氧化和受到有害菌的侵染。

（3）腌制时使用了铁质器具，由于铁和原料中的单宁物质作用而使产品变黑。

（4）有些原料中的氧化酶活性较高且原料中含有较多的易氧化物质，长期腌制会使产品色泽变深。

2. 腌菜质地变软或太硬   腌制菜质地太硬，主要可能是硬化过度引起。而质地变软主要是蔬菜中不溶性的果胶被分解为可溶性果胶造成的，有以下四个原因。

（1）腌制时用盐量太少，乳酸形成快而多，过高的酸性环境使腌菜易于软化。

（2）腌制初期温度过高，使蔬菜组织破坏而变软。

（3）腌制器具不洁，兼以高温，有害微生物的活动使腌菜变软。

（4）腌菜表面有酵母菌和其他有害菌的繁殖，导致腌菜变软。

3. 亚硝酸盐产生过多   腌制菜在腌制过程中若控制不当，会产生过量的亚硝酸盐，不符合产品质量要求。主要原因是和腌制液的温度偏高或 pH 偏高有关。

4. 其他劣变现象   当腌菜未被盐水淹没并与空气接触时，红酵母菌的繁殖，会使腌菜的表面生成桃红色或深红色。由于植物乳杆菌、某些霉菌、酵母菌等会产生一些黏性物质，而使腌菜变黏。另外，在腌制时出现长膜、生霉、腐烂、变味等现象都与微生物的活动有关，这些败坏现象与腌制前原料的新鲜度、清洁度差和腌制器具不洁、腌制时用盐量不当以及腌制期间的管理不当等因素有关。

（二）控制蔬菜腌制品劣变的措施

1. 防止腌制前原辅料的微生物污染   腌制品的劣变很多都与微生物的污染有关。具体措施：①原料应新鲜脆嫩，成熟度适宜，无损伤且无病害虫；②腌制前要将原料进行认真清洗，以减少原料的带菌量；③使用的容器、器具必须清洁卫生，同时要搞好环境卫生；④腌制用水必须符合国家生活饮用水的

卫生标准。

2. 注意腌制用盐的质量 不纯的食盐不仅会影响腌制品的品质，使制品发苦，组织硬化或产生斑点，而且可能含有对人体健康有害的化学物质。因此，腌制用盐必须是符合国家卫生标准的食用盐，最好用精制食盐。

3. 腌制用容器应符合要求 即容器应便于封闭以隔离空气，便于洗涤，杀菌消毒，对制品无不良影响并无毒无害。

4. 加强工艺管理 在腌制过程中会有各种微生物的存在，要严格控制腌制小环境，促进有益乳酸菌的活动，抑制有害菌的活动。

5. 正确使用防腐剂 目前，我国允许在酱腌菜中使用的食品防腐剂主要有山梨酸及其钾盐、苯甲酸及其钠盐、脱氢醋酸钠等，使用剂量一般在 0.05% ~ 0.3% 的范围。

四、果蔬腌制品加工实例

（一）四川泡菜

1. 工艺流程

原料 → 选别 → 修整 → 洗涤 →（盐水配制）→ 入坛泡制 → 发酵成熟 → 成品

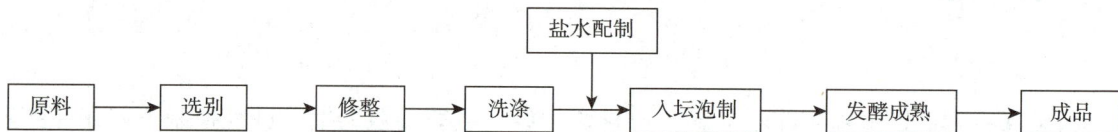

2. 原料辅料 腌制蔬菜、黄酒、白酒、醪糟汁、红糖或白糖、红辣椒、香料（香料组成为25%小茴香、20%花椒、15%八角、5%甘草、5%草果、10%桂皮、5%丁香、5%豆蔻）。

3. 加工工艺

（1）原料选择 凡是组织致密、质地嫩脆、肉质肥厚而不易软化的新鲜蔬菜均可作泡菜原料，如藕、胡萝卜、红皮萝卜、青菜头、菊芋、子姜、大蒜、蘑头、豇豆、辣椒、蒜薹、苦瓜、草石蚕、甘蓝、花椰菜等，要求剔除病虫、腐烂蔬菜。可根据不同季节采取适当保藏手段，周年生产加工。

（2）修整、清洗 去除粗皮、老筋、飞叶、黑斑等不宜食用的部分，用清水淘洗干净，适当切分、整理，晾干，稍萎蔫。用3% ~4%食盐或8% ~10%食盐水腌制蔬菜，达到预腌出坯作用。

（3）泡菜坛选择 泡菜坛一般以陶土为原料两面上釉烧制而成。泡菜坛子在使用前要进行认真清洗和检查，检查内容主要是看坛子是否漏气，是否有裂纹。槽缘稍低于坛口，坛口上放一菜碟作为假盖以防生水进入。把这一圈水槽灌满水，盖与水结合就可以达到密封的目的。

（4）泡菜盐水配制 配制盐水应用硬水，硬度在16°H以上，如井水、矿泉水含矿物质较多，有利于保持菜的硬度和脆度。自来水硬度在25°H以上，可以用来配制泡菜水，且不必煮沸，否则会降低硬度。水应澄清透明，无异味和无臭味。软水、塘水和湖水均不适宜作泡菜水。盐以井盐为好，如四川自贡盐、五通盐。海盐因含镁而味苦，焙炒后方可使用。配制比例：以水为准，加入食盐6% ~8%，为了增进色香味，还可加入2.5%黄酒、0.5%白酒、1%醪糟汁、2.5%红糖或白糖、3% ~5%红辣椒以及0.1%香料。香料组成为25%小茴香、20%花椒、15%八角、5%甘草、5%草果、10%桂皮、5%丁香、5%豆蔻等。香料混合后磨成粉，用白布包好，密封放入泡菜水中。

（5）入坛泡制 新盐水的装坛方法：先把经预处理的原料，有次序地装入洗净的坛内，一半时放入香料包，继续装菜至坛口5~8cm，菜要装得紧实，坛口用竹片卡住，加入盐水淹没原料，切不可让原料露出液面，否则原料会因接触空气而氧化变质，盐水也不要装得过满，以距离坛口3~5cm为宜。1~2天后原料因水分渗出而下沉，可补加原料，让其发酵。若是老盐水，在盐水中补加食盐、调味料或香料后，直接装菜入坛泡制。

（6）泡制过程中的管理　蔬菜原料入坛后，其乳酸发酵过程，也称为酸化过程，根据微生物的活动和乳酸积累的多少，可分为三个阶段。

1）发酵初期：以异型乳酸发酵为主，原料入坛后原料中的水分渗出，盐水浓度降低，pH较高。此阶段可以看出坛沿水有间歇性的气泡冲出，坛盖有轻微的碰撞声，乳酸积累为 0.2% ~ 0.4%。

2）发酵中期：主要是正型乳酸发酵，由于乳酸积累，pH降低，大肠埃希菌、腐败菌、丁酸菌受到抑制，而乳酸菌活动加快，进行正型乳酸发酵，含酸量可达 0.7% ~ 0.8%。坛内缺氧，形成一定的真空状态，霉菌因缺氧而受到抑制。

3）发酵末期：正型乳酸发酵继续进行，乳酸积累逐渐超过 1.0%，当含量超过 1.2% 时，乳酸菌本身活动也受到抑制，发酵停止。

泡制中注意坛沿水的清洁卫生，首先要用清洁的饮用水或 10% 的食盐水注入坛沿。坛内发酵后常出现一定的真空度，即坛内压力小于坛外压力。坛沿水可能倒灌入坛内，如果坛沿水不清洁就会带进杂菌，使泡菜水受到污染，可能导致整坛泡菜烂掉。即使是清洁的无菌的水吸入后也会降低盐水浓度，所以以加入 10% 的盐水为好。坛沿水还要注意经常更换，换水时不要揭开坛盖，以小股清水冲洗，直至旧坛沿水完全被冲洗出为止。发酵期中，揭盖 1 ~ 2 次，使坛内外压力保持平衡，避免坛沿水倒灌。注意坛沿内清洁，严防水干，定期换水，切忌油脂入内引起起漩、变质、变软。

（7）泡菜的成熟期　定期取样检查测定乳酸含量和 pH，待原料的乳酸含量达 0.4% 为初熟，0.6% 为成熟，0.8% 为完熟，其 pH 为 3.4 ~ 3.9。一般来说，泡菜的乳酸含量为 0.4% ~ 0.6% 时，品质较好，0.6% 以上则酸。一般夏秋天情况下，青菜头、胭脂萝卜、红心萝卜、红皮萝卜泡制 1 ~ 2 天即可达到初熟，品质最佳；蒜薹、洋姜等 2 ~ 3 天为好；姜、大蒜、刀豆等 5 ~ 7 天即可。春冬季时间延长。

泡菜成熟后，应及时取出包装，品质最好，不宜久贮坛内，品质变劣。每坛菜必须一次性取完，再加入预腌新菜泡制。若无新菜泡制，则加盐调整其含量在 10% 左右，倒坛将泡菜水装入一个坛内，稍微满，距离坛口 20 ~ 30cm，并酌加白酒及老蒜梗，盖严坛盖，便可保存盐水不变质。

4. 产品质量要求　产品色泽美观（具有原料本色），无霉斑，香气浓郁，质地清脆，组织细腻，酸咸适口，微有甜味和鲜味，尚能保持原料原有风味，含盐量 2% ~ 4%，含酸量（以乳酸计）0.4% ~ 0.8%。

（二）糖醋蒜

1. 工艺流程

原料选择 → 整理 → 浸洗 → 晾干 → 贮存 → 糖醋卤浸渍 → 成品

2. 原料辅料　蒜头、食醋、红糖、食盐等。

3. 加工工艺

（1）原料选择　选择鳞茎整齐、肥厚色白、鲜嫩干洁的蒜头原料。成熟度在八九成，直径在 3.5cm 以上，一般在小满前后 1 周内采收。如果蒜头成熟度低，则蒜瓣小、水分大；成熟度高，蒜皮呈紫红色，辛辣味太浓，质地较硬，都会影响产品质量。

（2）整理　先将蒜的外皮剥 2 ~ 3 层。与根须扭在一起，然后与蒜根一起用刀削去，要求削 3 刀，使鳞茎盘呈倒三棱锥状。蒜假茎过长部分也要去除，留 1cm 左右，要求不露蒜瓣，不散瓣。同时挑除带伤、过小等不合格的蒜头。

（3）浸洗　将整理好的蒜头放入瓦质大缸内，用自来水浸泡，每缸 200kg 左右。一般的浸洗原则是"三水倒两遍"，即将整理好的蒜头放入缸内，加水浸没，第 2 天早上（用铁捞耙捞出）倒缸，放掉脏水，重换自来水，继续浸泡1天，第3天重复第2天的操作，第4天早上就可捞出，可基本达到浸泡效果。

（4）晾干　将蒜头捞出，摊放于大棚下等阳光不能直射到的竹帘上，沥干水分，自然晾干阴干。晾干时要进行1～2次翻动，以便加快晾干速度，一般2～3天就可以达到效果。

（5）贮存　将干燥的大缸放于空气流通的阴凉处（阳光不能直射），地面上铺少许干燥细沙，盛满晾好的蒜头（冒尖），在缸沿上涂抹一层封口灰，用另一同样的缸口对口倒扣在上面，合口处外面用麻刀灰密封，防止大缸受到日晒和雨淋。

（6）糖醋卤的配制　先将食醋的酸度控制在2.6%，放入容器内。若高于2.6%，则加入煮沸过的水；若低于2.6%，则可加热蒸发浓缩，调至要求酸度。然后将红糖加入，食盐、糖精等各以少许醋液溶解，再加入容器内，轻轻搅动，使之加速溶解。

（7）糖醋卤浸渍　将配制好的糖醋卤注入盛蒜的大缸内浸渍，由于此时卤汁尚没有浸入蒜体组织内，密度较卤汁小，呈悬浮态，有部分蒜头浮在液面上。若上浮则不能浸到卤汁，易变黏，要每天压缸一次，直至都沉到液面以下为止，大约要15天，以后就可以2～3天压缸一次直到成熟。

4. 产品质量要求　成品呈红棕色和乳黄色或乳白色，有光泽感；味甜酸适宜，富有糖醋大蒜应有的蒜香，无异味；蒜头完整，大小均匀，肉质脆嫩，无蒜蒂、虫蛀及霉烂蒜头；总糖含量达25%，总酸含量达1.2%～1.4%。

第三节　果蔬干制品加工技术

PPT

果蔬干制是指在自然条件或人工控制条件下，利用一定技术脱除果蔬中的一定水分，将水分活度降低到微生物难以生存和繁殖的程度，同时使产品具有良好的保藏性，如柿饼、葡萄干、龙眼干、香菇、木耳、笋干、芒果干、榴莲干等。

> **知识链接**
>
> **果蔬的干制过程**
>
> 果蔬在干制过程水分的蒸发主要依靠水分的外扩散和内扩散作用。当原料受热时，首先是原料表面水分的蒸发，称为外扩散。随着表面水分的蒸发，原料内部的较多水分向表面较少水分处移动，称为内扩散。干制过程中所选用的工艺条件，必须使外扩散和内扩散的速度协调，否则原料表面会因过度干燥而形成硬壳（称为"结壳"现象），阻碍水分继续蒸发，甚至出现表面焦化和干裂，降低产品质量。可以通过降低干燥温度和提高相对湿度或减小风速等措施来控制。

一、果蔬干制工艺

（一）基本工艺流程

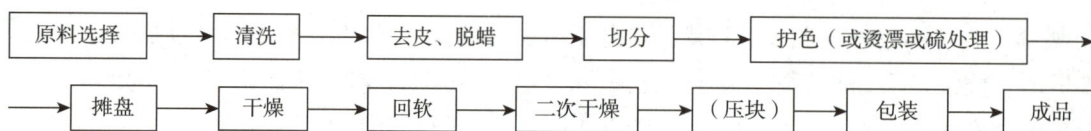

原料选择 → 清洗 → 去皮、脱蜡 → 切分 → 护色（或烫漂或硫处理）→

→ 摊盘 → 干燥 → 回软 → 二次干燥 → （压块）→ 包装 → 成品

（二）工艺要点

1. 原料选择　果蔬干制对原料的要求是干物质含量高、水分少、皮薄、果心（种核）小、粗纤维和废弃物少、可食率高、成熟度适宜、新鲜、风味好，无腐烂和严重损伤等。如苹果应肉质致密、皮薄、单宁含量少，干物质含量高、充分成熟；杏则应果大、颜色深浓、含糖量高、水分少、纤维少、充分成熟。

2. 清洗　根据果蔬的特性，进行手工清洗或者机械清洗，洗去泥沙、杂质、农药以及微生物，以符合脱水加工产品的工艺要求。如对于质地较硬且表面不怕机械损伤的原料，一般选择滚筒式清洗机；对于质地较软且不耐磕碰的原料，可选择喷淋式清洗机；对质地较硬且泥沙较多的硬物料，一般采用桨叶式清洗机。

3. 去皮　外皮粗糙的果品需进行去皮，以改进制品品质和利于水分蒸发。常用的去皮方法有手工去皮、机械去皮、化学去皮（碱液）、热力去皮、酶法去皮、冷冻去皮等。

（1）手工去皮　手工去皮干净，损失较少，但费工、费时，生产效率低。

（2）机械去皮　常用的去皮机主要有旋皮机、擦皮机和特种去皮机等。机械去皮具有效率高、节省劳力等优点。但也存在着一些缺点，如需要一定的机械设备，投资大；表皮不能完全除净，还需要人工修整；去除的果皮中还带有一定的果肉，因而原料消耗较高；皮薄肉质软的果蔬不适合使用。

（3）碱液去皮　将果蔬原料在一定浓度和温度的强碱溶液中处理一定的时间，果蔬表皮内的中胶层受碱液的腐蚀而溶解，取出搅动、摩擦去皮、漂洗即成。使用此法时，要控制好碱液的浓度、温度和作用时间这三要素。增强任何一个要素的程度，都能加速去皮作用；相反，则降低作用效果。要求达到原料表面不留皮的痕迹，皮层下肉质不腐蚀，用水冲洗稍加搅拌或搓擦即可脱皮。几种果蔬的碱液去皮条件见表1-1。

表1-1　几种果蔬的碱液去皮条件

果蔬种类	NaOH溶液浓度（%）	溶液温度（℃）	处理时间（秒）
桃	2.0~6.0	90以上	36~60
李	2.0~8.0	90以上	60~120
橘囊	0.8	60~75	15~30
杏	2.0~6.0	90以上	30~60
胡萝卜	4.0	90以上	60~120
马铃薯	10~11	90以上	约120

碱处理后的果蔬应立即投入流动水中彻底漂洗，以漂净果蔬表面的余碱，必要时可用0.1%~0.3%的盐酸中和，以防果蔬变色。目前碱液去皮的设备很多，除了简单的夹层锅外，还有形式多样的全自动、半自动碱液去皮机。

（4）热力去皮　一般用高压蒸汽或沸水将原料作短时加热后迅速冷却，果蔬表皮因突然受热软化膨胀，果皮与果肉间的原果胶发生水解失去胶黏性，果皮与果肉组织分离而脱落。此法适用于成熟度高的桃、杏、番茄等。

（5）酶法去皮　在果胶酶的作用下，使果胶水解，脱去外皮。

（6）冷冻去皮　将果蔬与冷冻装置的冷冻表面接触片刻，其外皮冻结于冷冻装置上，当果蔬离开时，外皮即被剥离。

果皮的综合利用

果皮作为果蔬食品加工的副产物，含有多种活性成分且具有特殊的多孔结构和巨大的比表面积，对其多种活性成分进行提取和加工利用，可变废为宝，提高原料的利用率。如利用柑橘皮可提取香精油、果胶、黄酮；从香蕉皮里提取黑色素，不仅可以作为天然食品色素，而且具有保护肝脏、促进免疫等功能；把橘皮粉碎发挥其吸附能力，用于制备水处理器；通过发酵生产酶制剂、乙醇、沼气等。在科技创新的引领下，越来越多的企业和个人不断探索废弃物资源化利用的新路径，助力食品行业可持续高质量发展。

4. 脱蜡　有些果实如李、葡萄等，在干制前要进行浸碱脱蜡。其作用是去除果皮上的蜡质层，以利于水分蒸发，促进干燥，同时使果实易于吸收 SO_2。碱可用 $NaOH$、Na_2CO_3 或 $NaHCO_3$，碱处理时间和浓度依果实蜡质层的厚度而异，葡萄一般用 1.5% ~ 4.0% 的 $NaOH$ 处理 1 ~ 5 秒，李子用 0.25% ~ 1.5% 的 $NaOH$ 处理 5 ~ 30 秒。浸碱良好的果实，果面上蜡质被溶去，并出现微细的裂纹。浸碱处理时，碱液应保持沸腾状态，每次浸渍的果实不宜过多。浸碱后，立即用清水冲洗，以除去残留的碱液。

5. 切分　对于体积较大的果蔬原料在干制加工时，需要适当地切分成条、块、片、丝等形状，以便于后续工序的进行。

6. 护色　对于去皮或者切分后容易褐变的果蔬，如橄榄、苹果、梨，需要进行护色处理。一般护色均从排除氧气和抑制酶活性两方面着手，常用的护色方法主要有烫漂护色、食盐溶液护色、亚硫酸盐溶液护色、有机酸溶液护色、抽空护色等。其中烫漂护色和硫处理是果蔬干制加工中常用的护色方法。

（1）烫漂　将果蔬原料用热水或蒸汽进行短时间加热处理，是最常用的控制酶促褐变的方法。绿色蔬菜要保持其绿色，可在热水中加入 0.5% 的碳酸氢钠使水呈中性或微碱性。热烫的温度和时间应根据原料种类、品种、成熟度及切分大小不同而异，一般情况下热烫温度为 80 ~ 100℃，时间为 2 ~ 8 分钟，热烫过度使组织腐烂，影响质量；相反，如果热处理不彻底，反而会促进褐变。热烫的终点通常以果蔬中的过氧化物酶完全失活为准。果蔬热烫后必须急速冷却，以停止热作用。一般采用流动水漂洗冷却。

（2）硫处理　是果蔬干制中一个重要工序，可起到抑制褐变、促进干燥、防止虫害、杀菌等作用。样品烫漂处理后，冷却沥干，喷以 0.1% ~ 0.2% 亚硫酸钠溶液，或按每吨果蔬切分原料，0.1% ~ 0.4% 硫黄粉燃烧处理 0.5 ~ 5 小时。

7. 干制　干制方法可分为自然干制和人工干制两类。

（1）自然干制　利用自然条件如太阳辐射热、风等使果蔬干燥，分为晒干和风干两种方法，原料直接接受阳光暴晒的称为晒干或日光干制；原料在通风良好的室内、棚下以热风吹干的，称为阴干或晾干。自然干制方法简便，设备简单，但受气候条件影响大。

（2）人工干制　是人工控制干燥条件的干燥方法。人工干制要求有良好的加热装置和保温设备，保证通风良好、卫生，便于操作管理。果蔬干制技术主要有热风干燥、微波干燥、真空冷冻干燥、变温压差膨化干燥等。

1）热风干燥：具有操作简单、物料处理量大和成本低等优点，除热敏性物料外，大多数物料可采用热风干燥。普通热风干燥所用的设备比较简单的有烘灶和烘房；规模较大的有隧道式干制机和带式干制机等。

2）真空干燥：利用降低压力，使水的沸点降低，从而在较低温度下干燥食品，适于干燥含热敏性物质的食品。

3）微波干燥：微波是一种频率在 300～3000MHz 的电磁波，利用微波电磁场的作用使待干食品分子间产生剧烈的摩擦，微波能被食品分子吸收转换为热能，水分子逸出，达到干燥的目的。

> **知识链接**
>
> ### 真空干燥与微波干燥技术的结合
>
> 微波能穿透产品，采用微波干燥时热传递比其他形式更为有效；而真空干燥温度低，产品膨化性能提高，口感酥脆，由此微波真空干燥技术应运而生。它表现出两者的优点，既降低了干燥温度，又加快了干燥速度，产品的口感风味和复水性都较佳，可用于农副产品、保健品、食品、药材等的干燥。该项技术最有可能在食品干燥中部分代替真空冷冻干燥，大幅度降低生产成本，节约能源。

4）冷冻干燥：又称为冷冻升华干燥、升华干燥等，是将食品中的水分先冻结成冰，然后在较高真空度下，将冰直接转化为蒸汽而除去，以达到干燥目的。真空冷冻干燥的相平衡温度低，且处于真空状态，适用于热敏性及易氧化物料的干燥，能最大限度地保留物料的色泽、风味物质等营养成分；干燥后的产品不失原有固体框架结构，可保持原有形状，且疏松多孔，具有良好的复水性，便于后续处理或食用。

5）变温压差膨化干燥：物料经过预处理和预干燥等前处理工序后，将物料放入膨化罐中，通过不断改变罐内的压差、温度，使被加工物料内部的水分瞬间汽化蒸发，依靠气体的膨胀带动组织中物质的结构变性，使物料形成均匀的多孔状结构，并具有一定膨化度和脆度。

6）太阳能干燥：利用热箱原理建造太阳能干燥室，将太阳的辐射能转变成热能，用以干燥物料中的水分。

7）远红外线干燥：红外线是波长在 0.72～1000μm 范围的电磁波，一般把 5.6～1000μm 区域的红外线称为远红外线，而把 5.6μm 以下的称为近红外线。远红外线和可见光一样，照射到物料表面时，可被吸收、折射和反射。被吸收的部分则转化为热能，使物料的温度升高，从而引起水分蒸发而得到干燥。远红外线干燥具有干燥速度快、干燥质量好、生产效率高等优点，适用于大面积、薄层物料的加热干燥，已被用于果蔬干制中。

8. 包装前处理　干制品在包装前通常需要进行分级、回软、压块等处理，以提高干制品的质量，延长贮存期，降低包装和运输费用等。

（1）筛选、分级　干燥后的干制品在包装前应利用振动筛等分级设备或人工进行筛选分级，剔除过湿、结块等不合标准的产品。

（2）回软　又称均湿或水分的平衡，其目的是使干制品变软，水分均匀一致。回软的方法是在产品干燥后，剔除过湿、过大、过小、结块的物料及细屑，待冷却后，将筛选、分级后的干燥产品立即堆集起来或放在密闭容器中，使水分达到平衡。回软期间，过干的产品吸收尚未干透制品的水分，使所有干制品的含水量均匀一致，呈适宜的柔软状态，便于产品处理和包装运输。回软所需的时间视干制品的种类而定。一般菜干 1～3 天，果干 2～5 天。

（3）压块　果蔬干制后，干制品膨松，不利于包装运输，在包装前需压缩处理，称为压块。对一些质脆易碎的干制品，在压块前常需用蒸汽加热 20～30 秒，促使其软化，以便压块，减少破碎率。

9. 包装　经过必要处理和分级后的果蔬干制品应尽快包装。包装应达到以下要求：①干制品的包装材料和包装容器应符合食品卫生要求，密封、防潮、遮光、防虫。要求包装材料在 90% 的相对湿度中，每袋干制品水分增加量不超过 2%。一般内包装多采用防潮的材料，如聚乙烯、聚丙烯、复合薄膜、防潮纸等；外包装起支撑保护及遮光作用，一般用金属罐、木箱、纸箱等；②能密封，防止外界虫、鼠、微生物及灰尘等侵入；③不透光；④容器经久牢固，在贮藏、搬运、销售过程中不易破损；⑤包装的大小、形态及外观设计应有利于商品的推销；⑥包装费用合理。

二、果蔬在干燥过程中的变化

（一）干缩

食品在干燥时，因水分被除去而导致体积缩小，组织细胞的弹性部分或全都丧失的现象称为干缩。干缩的程度与食品的种类、干燥方法及条件等因素有关。一般情况下，含水量多、组织脆嫩者干缩程度大，而含水量少、纤维质食品的干缩程度较轻。与常规干燥制品相比，冷冻干燥制品几乎不发生干缩。在热风干燥时，高温干燥比低温干燥所引起的干缩更严重；缓慢干燥比快速干燥引起的干缩更严重。

（二）表面硬化

表面硬化是指干制品外表干燥而内部仍然软湿的现象。有两种原因会造成表面硬化：①食品干燥时，由于其内部的溶质随水分不断向表面迁移和积累而在表面形成结晶所造成；②由于食品表面干燥过于强烈，内部水分向表面迁移的速度滞后于表面水分汽化速度，从而使表层形成一层干硬膜所造成。前者常见于含糖或含盐多的食品的干燥，比如水果的干燥和盐干品中；后者与干燥条件有关，是可以调控的，比如可以通过降低干燥温度和提高相对湿度或减小风速来控制。

（三）色泽的变化

果蔬在干制过程中（或在干制品贮藏中），易发生褐变，常变成黄色、褐色或黑色，一般称为褐变。按产生的原因不同，可分为酶促褐变和非酶褐变。酶促褐变是在多酚氧化酶（PPO 酶）和过氧化物酶（POD 酶）的作用下，果蔬中单宁等多酚物质被氧化成醌类及其聚合物而呈现褐色。干燥温度一般不足以钝化酶活性，因此，在干制前进行热烫或加化学抑制剂（如抗坏血酸、亚硫酸氢钠等）处理，能有效抑制酶促褐变和色素物质（如叶绿素、胡萝卜素）褪变。

（四）营养成分的变化

果蔬经干制后，水分大量减少，糖分及维生素损失较多，而矿物质和蛋白质则较稳定。

三、果蔬干制品加工实例

（一）柿子干制

1. 工艺流程

选果 → 击蒂、去皮 → 护色处理 → 烘干 → 回软 → 涂膜 → 包装 → 成品

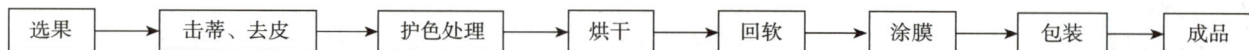

2. 原料辅料　柿子、亚硫酸氢钠、食盐、柠檬酸、果胶等。

3. 加工工艺

（1）选果　选个头中等、立桩或扁圆形、沟纹少、质地坚硬、致密、含糖量高、种子少（最好没有籽）的品种。宜选用50g左右的柿果，过大的果实要适当切分。

（2）去蒂、去皮、去萼片　先将柿子清洗干净后，晾干，然后用不锈钢刀去萼片，剪短果柄。

（3）护色处理　将削净皮的柿子立即投入1%食盐与8.5%柠檬酸的混合液中，然后再浸于0.5%亚硫酸氢钠溶液中30分钟，捞出后进行烘干。

（4）烘干　经过护色处理过的果实排列在烘盘内，送入烘房烘干。温度控制在60℃左右，时间控制在36小时左右，注意排湿通风，直至果肉含水量达25%为止。当干燥至果面皱缩时，进行揉捏、整

形，使果实厚薄一致，形状整齐。

（5）回软　将干燥后的柿子于通风处晾半天再装入塑料袋中，密封放在荫凉处 35 天进行回软，使果实内部水分均匀一致。

（6）涂膜　在柿干表面均匀涂布一层 2% 果胶溶液，保持柿干表面金黄透亮，防止在储藏中吸水返潮出霜。涂膜后再烘干 2 小时，以表面不黏手为止。

（7）包装　涂膜烘干后，可按 500g/袋（或盒）包装，密封，而后置冷凉仓库中储存。

4. 产品质量要求　果面呈棕红色或红褐色，色泽基本一致，果实完整，成软固体态。具有柿果固有的甜香味，无异味、无虫蛀、无霉变、无染色。水分含量 ≤35g/100g，总酸 ≤6g/100g。

（二）脱水胡萝卜粒

1. 工艺流程

原料选择 → 清洗 → 整理、去皮 → 切分 → 烫漂 → 脱水 → 回软 →

→ 挑选 → 包装 → 成品

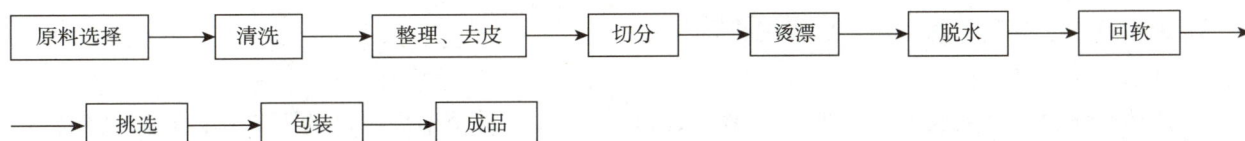

2. 原料辅料　胡萝卜、碳酸氢钠等。

3. 加工工艺

（1）选料　加工脱水胡萝卜粒的原料应选择表皮光滑、颜色为鲜橘红色的新鲜胡萝卜。

（2）清洗、整理　用清水洗去泥沙等杂质，然后去除表皮，切去青头和芯子，做到肉中无芯。去皮方法有手工去皮、机械去皮和化学去皮。化学去皮是采用 3%~6% 的碱液，温度为 80~90℃，浸渍 2~4 分钟使其表皮软化，但勿使碱液进入内层组织。

（3）切分　将整理好的原料切成 0.6~0.8cm 见方的胡萝卜颗粒，再用清水清洗干净。

（4）烫漂　将胡萝卜放置于 0.1% 的碳酸氢钠的沸水溶液中烫漂 1.5~2 分钟，具体按原料颗粒大小、鲜度而定。烫漂后应迅速用清洁的冷水冷却。沥去原料表面水滴或用离心机甩干。

（5）脱水　将处理好的物料均匀摊在烘筛上，迅速放入干燥机脱水。烘房温度控制在 65~75℃，不得超过 75℃。烘至产品含水量在 6% 时，即迅速取出。

（6）回软　待冷却后立即堆积起来，使水分达到整体平衡。

（7）挑选　筛去碎屑，拣去杂质和变色的产品。操作要迅速，防止产品吸潮。

（8）包装　装箱时的产品含水量一般不超过 7.5%。外包装用纸箱，衬复合袋密封。

4. 产品质量要求　系引用中华人民共和国农业行业标准《脱水蔬菜 根菜类》（NY/T 959—2006）。

（1）感官指标　见表 1-2。

表 1-2　脱水蔬菜根菜类感官指标

项目	指标
色泽	与原料固有的色泽相近或一致
形态	各种形态产品的规格应均匀一致，无黏结
气味和滋味	具有原料固有的气味和滋味，无异味
复水性	95℃热水浸泡 2 分钟，基本恢复脱水前的状态
杂质	无
霉变	无

（2）理化指标　见表1-3。

表1-3　脱水蔬菜根菜类理化指标

项目	指标
水分（%）	≤8.0
总灰分（以干基计）（%）	≤6.0
酸不溶性灰分（以干基计）（%）	≤1.5

（三）果蔬粉

1. 工艺流程

原料选择 → 清洗 → 打浆 → 干燥 → 粉碎 → 包装 → 检验 → 成品

2. 原料辅料　果蔬、氯化钠、抗坏血酸等。

3. 加工工艺

（1）原料选择　选无病虫害的新鲜水果、去果柄。如原料采用罐头制品的下脚料，则需剔除腐烂、变质部分。

（2）清洗　选好的原料先用1%氯化钠水溶液浸泡，再清洗干净。

（3）打浆　原料采用破碎设备，制成浆状物，为防止原料在打浆过程中褐变，可加入0.02%的抗坏血酸护色。

（4）干燥　打好的浆状物采用真空干燥技术，脱去水分，制成颗粒物，干燥结束时进行超高温瞬时杀菌（35℃，3~5秒），以延长产品保质期。

（5）粉碎　干燥后的颗粒物放入粉碎机粉碎成粒度20目以下的小颗粒。

（6）包装　按重量规定，用复合塑料包装袋包装，并密封。

4. 产品质量要求　系引用中华人民共和国农业行业标准《绿色食品 果蔬粉》（NY/T 1884—2021）。

（1）感官指标　见表1-4。

表1-4　果蔬粉感官指标

项目	指标
色泽	具有该产品固有的色泽，且均匀一致
组织形态	呈疏松、均匀一致的粉状
滋味、气味	具有该产品固有滋味和气味，无焦糊、酸败味及其他异味，无纤维感
杂质	无肉眼可见的外来杂质
复水性	复水性较好，无结块，分散均匀

（2）理化指标　见表1-5。

表1-5　果蔬粉理化指标

项目	指标		
	水果粉	蔬菜粉	复合果蔬粉
水分（g/100g）	≤6.00	≤6.00	≤8.00
灰分（g/100g）	≤8.0	≤10.0（≤12.0[a]）	≤10.0
酸不溶性灰分（g/100g）	≤0.80	≤1.0	—
总酸（g/100g）	≤10.00	(5.00~9.00)[a]	—
番茄红素（mg/100g）	—	≥100[a]	—

注：[a]仅适用于番茄粉。

第四节　果蔬速冻制品加工技术 📱微课

PPT

速冻果蔬属冷冻食品，是利用人工制冷技术将经过处理的果蔬原料以很低的温度（−35℃左右），在极短的时间内采用快速冷冻的方法使之冻结，然后在−20～−18℃的低温中保藏的方法。

一、果蔬速冻工艺

（一）基本工艺流程

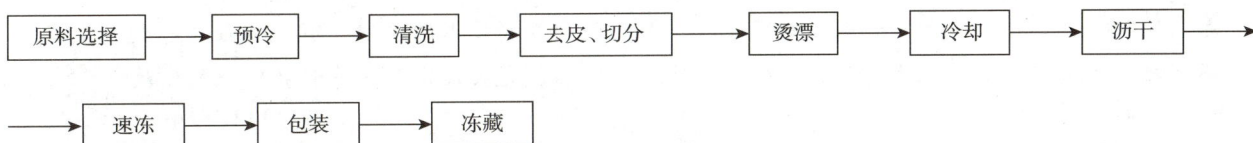

原料选择 → 预冷 → 清洗 → 去皮、切分 → 烫漂 → 冷却 → 沥干 →

→ 速冻 → 包装 → 冻藏

（二）工艺要点

1. 选料　原料要新鲜、充分成熟，色、香、味能充分显现，质地坚脆，无病虫害、无腐烂、无老化枯黄、无机械损伤。最好当日采收，及时加工，以保证产品质量。

2. 预冷　刚采收的果蔬，一般都带有大气热及释放的呼吸热。为最大限度保证果蔬原料的新鲜度和原有品质，采收后要尽快用人工方法帮助释放田间热，其方法有空气冷却和冷水冷却。

3. 清洗　洗涤方法可采用手工清洗或机械清洗。

4. 去皮、切分　速冻果蔬有的需要去皮、去果柄或根须以及不能用的籽、筋等，并将较大的果蔬切分成大小均匀的小块，便于后续的冷冻。切分可采用手工或机械进行，一般可切成块、片、条、丁、段、丝等形状，要求薄厚均匀，长短一致。浆果类的品种一般不切分，只能整果冻，以防果汁流失。

5. 烫漂　主要用于蔬菜的速冻加工，目的是抑制其酶活性、软化纤维组织，去掉辛、辣、涩等味，以便烹调加工。一般来说，含纤维较多或习惯于炖、焖等烹调方式的蔬菜，如豆角、菜花、蘑菇等，经过烫漂后食用效果较好。有些品种如青椒、黄瓜、菠菜、西红柿等，含纤维较少，质地脆嫩。则不宜烫漂，否则会使菜体软化，失去脆性，影响口感。烫漂的基本方法有热水烫漂和蒸汽烫漂。

6. 冷却、沥水　烫漂完成后应快速冷却，否则余热会使速冻蔬菜色泽变化、品质下降。冷却方法有水冷却、冰水或碎冰冷却、冷风冷却。

7. 速冻　是指在30分钟或更短时间内将果蔬原料的中心温度通过冰晶最大生成带（−5～−1℃的温度范围），使得原料中80%以上的水分尽快冻结成冰晶。一般将预处理好的原料，及时放入−35～−25℃的低温下迅速冻结。果蔬冻结根据其产品的特点，主要采用空气冻结。

（1）气流冻结　利用低温空气（如−35℃）在鼓风机推动下形成一定速度的气流对食品进行冻结。气流的方向可与产品方向同向、逆向或垂直方向。常用设备有带式连续速冻装置、螺旋带式连续冻结装置、隧道式冻结装置等。

（2）流化床冻结　又称悬浮式冻结，即使用高速的冷风从下而上吹送，将物料吹起成悬浮状态，在此状态下，产品能与冷空气全面接触，冻结速度极快。这种方法一般适用于颗粒状、小片状、短段状、圆柱状的原料。使用流化床冻结装置时，由于传送带的带动，原料向前移动，在彼此不黏结成堆的情况下完成冻结，因此称为"单体速冻"（individually quick freezing，IQF）。

知识链接

冻结速度对产品质量的影响

果蔬缓慢冻结时，由于细胞间隙的溶液浓度低于细胞内的，故首先产生冰晶。随着冻结继续进行，形成了主要存在于细胞间隙的体积大且数目少的冰晶体分布状态，易造成细胞的机械损伤和脱水损伤。解冻后，往往造成汁液流失、组织变软、风味劣变等现象。

当快速冻结时，细胞内外几乎同时形成冰晶，其形成的冰晶体分布广、体积小、数量多，对组织结构几乎不造成损伤。

流化床冻结技术的发明实现了单体产品的快速冻结，既保证了食品质量，又有利于留住营养。同时结合近年来我国冷链装备的不断改进及物联网等新技术的运用，有效加强了冷链物流各环节之间的沟通，食品从出厂到销售终端始终保持低温，大大促进了冷冻食品行业的发展。

8. 包装　可以有效控制果蔬在冻藏中因冰晶升华而引起的表面失水干燥，防止氧化变色及污染，便于运输、销售和食用。包装分为冻前包装和冻后包装，一般蔬菜多采用冻后包装，而果品可采用冻前包装。必须保证在 -5℃ 以下的低温进行，温度在 -4 ~ -1℃ 以上时速冻果蔬易发生重结晶现象，而降低产品品质。

9. 冻藏　速冻果蔬要求在 -18℃ 或更低的温度下进行冻藏，以保持其冻结状态。冻藏过程要注意保持冻藏温度的稳定，速冻产品的冻藏期一般可达到 10 ~ 12 个月，甚至 2 年。

二、速冻制品生产常见的质量问题及控制措施

（一）重结晶

由于冻藏过程中冻藏温度的波动，引起速冻产品反复解冻和再冻结，造成组织细胞间隙的冰晶体积增大，速冻产品的组织结构被破坏，产生严重的机械损伤。单位时间内冻藏温度波动幅度越大，次数越多，重结晶的程度就越深。

控制措施：采用深温冻结方式，提高产品的冻结率；保持冻藏温度的相对恒定，尤其避免 -18℃ 以上的温度变动。

（二）干耗

食品在冷却、冻结和冻藏过程中，其水分会不断向环境空气蒸发而逐渐减少，造成干耗。干耗主要是由于表面冰晶直接升华所造成的，通常空气流速越快，冻藏时间越长，干耗就越大。

控制措施：对速冻产品采用严密包装；保持冻藏库温与冻品温度一致性；给冻品镀上一层冰衣。

（三）变色

由于酶的活性在低温下不能被完全抑制，所以凡是常温下发生的变色现象，在长期的冻藏过程中同样会发生，只是进行速度减慢而已，冻藏温度越低，变色速度越慢。

控制措施：在速冻前原料应进行烫漂等护色处理。

（四）汁液流失

缓慢冻结容易造成果蔬组织细胞的机械损伤，解冻后，会造成大量汁液流失，组织变得软烂，口感、风味、品质严重下降。

控制措施：提高冻结速度，减少机械损伤。

三、果蔬速冻制品加工实例

（一）速冻草莓

1. 工艺流程

原料验收 → 挑选 → 洗涤 → 消毒 → 漂洗 → 分级 → 护色 → 冻结 →

→ 称量 → 包装 → 检验 → 冻藏

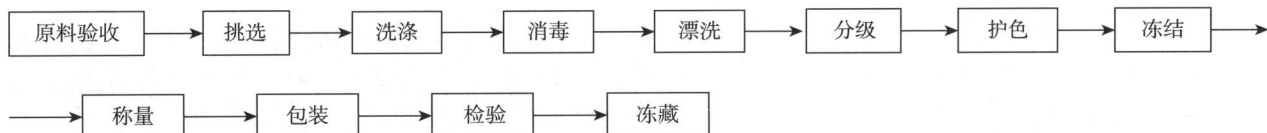

2. 原料辅料　鲜草莓、食盐、抗坏血酸、糖。

3. 加工工艺

（1）原料选择　速冻草莓，一般在果实3/4颜色变红时采收，草莓采收时气温较高，采收后易过熟腐烂，应在采后8~12小时内完成加工。原料进厂后，经过挑选，用清水洗去泥沙和杂质，然后浸在5%的食盐水中10~15秒。

（2）漂洗、分级　消毒后的草莓用高压喷水冲洗，除去盐水及附着杂质等，同时进一步分级。

（3）护色　采用加糖、加维生素C的方法防止褐变。

（4）速冻　采用阶段式冷冻，第一阶段微冻，冷气流速为5~6m/s，草莓厚度30~50mm，使草莓表面形成冰壳，保证冻结时不黏结，同时减少氧化和干缩；第二阶段速冻，冷气流速为4~5m/s，草莓厚度80~120mm，流化床内空气温度-32~-35℃，全程时间9~23分钟。

（5）包装　必须在-5℃以下进行，避免发生重结晶现象，内包装一般选用PVC塑料盒，外包装用纸箱。包装材料应防潮，包装前必须在-10℃以下预冷。

（6）冻藏　合格产品在-18~-20℃，波动范围不超过±1℃的条件下冻藏，期限不超过18个月。

4. 产品质量要求　色泽鲜艳；无外源风味和气味；完整无缺，整草莓，无严重破裂；洁净，沙砾等矿物杂质不得超过产品总数的0.1%（m/m）；几乎无茎柄、碎茎柄、花萼、叶片和其他外来植物性杂质；完好，几乎无霉变、虫啮和其他瑕疵；同一包装的果实具有相似的品种特性；流动型草莓，个体之间几乎不相互粘连。

（二）速冻青刀豆

1. 工艺流程

原料采摘 → 预处理 → 盐水浸泡 → 清洗 → 烫漂 → 冷却 → 沥水 →

→ 速冻 → 复选 → 包装 → 冻藏

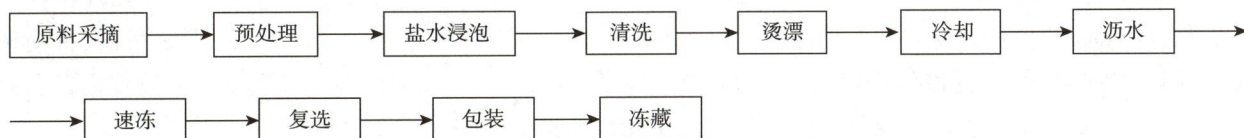

2. 原料辅料　青刀豆、食盐、抗坏血酸。

3. 加工工艺

（1）原料采摘　在乳熟期（种子刚形成，豆荚肥嫩、易于折断，色泽青绿）采摘最佳，采摘后要立即装运，当天采摘的最好当天加工，来不及加工的应放低温库贮存。

（2）预处理　剔除皱皮、枯萎、锈斑、霉烂、弯曲、病虫害、机械损伤等不合格原料，再进行切端和切断处理。切端和切断可采用手工或切端机进行。

（3）盐水浸泡、清洗　青刀豆在生长过程中，常易引起虫害，生产中挑选蛀虫豆较难，常采用盐水浸泡法去除豆荚中的小虫。清洗前将青刀豆浸泡在含有效氯浓度为5~10mg/L的盐水中，以达到驱虫、护色的目的。浸泡过程中爬出的幼虫常浮于表面，要及时捞出浮虫，为提高去虫效果，可翻动原料2~3次，且要更换盐水。浸泡结束后，反复清洗青刀豆，除去刀豆表面的盐分和残虫。

（4）烫漂　清洗后的青刀豆立即进行烫漂处理，水温一般为95～100℃，时间为1～1.5分钟。

（5）冷却　最好采用两次降温法，第一次采用自来水冷却，起缓冲作用，防止青刀豆受冷收缩；第二次采用0℃左右的冷却水使青刀豆彻底冷却。

（6）速冻　常采用流化床速冻装置。将冷却、沥干的青刀豆均匀放入流化床传输带上，流化床装置内空气温度要求在 -35～-30℃，冷气流流速为5m/s，速冻时间12～15分钟。

（7）复选　剔除不合乎产品标准要求的畸形、断条、锈斑、锈头、裂荚的青刀豆。

（8）包装　工作场地及工作人员必须严格执行食品卫生标准。内包装一般可采用聚乙烯薄膜袋，外包装可用纸箱包装。

（9）冻藏　冻藏温度在 -18℃以下，尽量使温度保持恒定，要按品种和日期不同专库分别堆放。

4. 产品质量要求　冻结状态，呈该品种应有的鲜绿色，色泽一致；条形较直、粗细均匀、无机械损伤、无锈斑、无病虫害、无腐烂、无断条、无杂质；具有本品应有的风味，无异味及酸败味；组织柔嫩、豆粒无明显突起。

第五节　果蔬脆片加工技术

PPT

果蔬脆片是以水果、蔬菜为主要原料，经真空油炸脱水等工艺生产的各类水果、蔬菜干制品。

一、果蔬脆片加工工艺

（一）基本工艺流程

原料选择 → 预处理 → 速冻 → 真空油炸 → 脱油 → 调味 → 冷却 →

→ 分拣 → 包装

（二）工艺要点

1. 选料　果蔬脆片要求原料须有较完整的细胞结构，组织较致密，能自成形，干物质含量多，水分含量低，色泽好，成熟度适中，具有一定的硬度，新鲜，无虫蛀、病害，无霉烂及机械伤。

2. 预处理　包括清洗、分选、切片、杀青（护色）、含浸等。将果蔬原料清洗干净后，切片机切成厚度为2～4mm的薄片。将切成的果蔬薄片放入60～70℃的热水中，作杀青和护色处理。含浸又称前调味，通常用30%～40%的液体葡萄糖水溶液浸沉已杀青的物料，让葡萄糖通过渗透压渗入物料内部，以达到改善口味的目的，含浸结束后要沥干果蔬片表面的水分。

3. 速冻　目的是提高脆片的膨化度，增加制品酥脆感，减少果蔬片的变形且有利于真空油炸时水分逸出。一般在速冻库中进行，快速冷冻至物料中心温度达 -18℃以下，冷藏备用。

4. 真空低温油炸　油脂在设备下部用蒸汽盘管加热至100～120℃之间，然后迅速装入已冻结好的物料，关闭仓门，随即启动真空系统，动作要快，以防物料在油炸前融化，当真空度达到要求时，启动油炸开始开关，在液压推杆作用下，物料被慢速浸入油脂中油炸，到达底点时，被相同的速度缓慢提起，升至最高点又缓慢下降，如此反复，直至油炸完毕。

5. 脱油　目的是降低油炸制品的含油量。脱油的方法可在常压下用离心机脱油，条件为1000～1500r/min 10分钟；也可在真空状态下甩干，条件为120～130r/min 1～2分钟，比常压下高速旋转、长时间脱油效果好。

6. 调味、冷却　调味是指用调味粉趁热喷在刚取出来的热脆片上，使它具有更宜人的各种不同风味，以适合众多消费者的口味。冷却通常采用冷风机，迅速使产品冷却下来，以便进行半成品分检。

7. 分拣、包装　分拣主要是剔除夹杂物、焦黑或外观不合格的产品。包装分为销售小包装及运输大包装，小包装大都选用彩印铝箔复合袋，抽真空并添加小包防潮剂及吸氧剂，运输大包装通常用双层PE袋作内包装，瓦楞半皮纸板箱作外包装。

二、果蔬脆片生产常见的质量问题及控制措施

（一）产品变形

产品变形往往发生在油炸后，有的脆片出现卷曲变形和收缩变形。这是由于原料中干物质过少（不足2%），在油炸时水分大量蒸发，原料收缩不均匀所致。尤其是速冻后的果蔬，其分子间隙大，油炸后产品卷曲更为严重。

防止措施：采用浸渍工序可有效地防止卷曲变形，因为浸渍液具有高渗透压，果蔬内水分冻结后，浸渍物会滞留在果蔬片的间隙内，增加固形物的含量，防止油炸时果蔬的卷曲变形。

（二）油出现暴沸

油暴沸出现在油炸工序，当油锅内真空度和油温度都较高时，会使水蒸气压大于锅内残存压力，产生暴沸，从而使大量的油随水蒸气被抽了出来，造成不应有的损失。

防止措施：在操作时应采用逐步减压、缓慢加温的方法。即开始时，在较低真空度下，果蔬中的水分可大量蒸发排出，这时不必用过高的温度和真空度；随着原料中水分的减少，再逐步提高真空度和温度，以防暴沸产生。

（三）产品粘连

由于油炸时，果蔬片在油炸筐内码放过厚，因重力积压使果蔬片未被炸透，互相产生热粘连，形成上下层压力不同，导致果蔬片实际真空度不均匀。

防止措施：①一般料层厚度控制在10cm左右为宜；②使用间歇式油炸设备时，应使油炸筐能在锅内旋转，保证油温得到强制循环，使果蔬片获得搅动而散开，受热均匀，干燥速率也能因此提高。

三、果蔬脆片加工实例

（一）香蕉脆片

1. 工艺流程

原料挑选 → 清洗、去皮 → 切片 → 护色 → 清洗 → 热烫 → 冷却 →

→ 含浸 → 沥水 → 冷冻 → 真空油炸 → 离心脱油 → 包装 → 成品

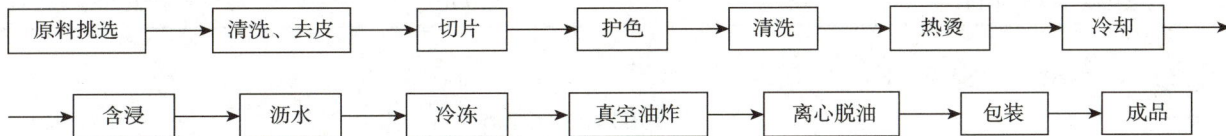

2. 原料辅料　香蕉、白砂糖、食用棕榈油、麦芽糖、柠檬酸等。

3. 加工工艺

（1）原料选择　原料要求无腐烂变质、无变软、无病虫害、八成熟的香蕉。贮藏的条件是15～18℃，90%～95%相对湿度。

（2）清洗、去皮　清洗干净外皮上的污物之后，去掉外皮，再用水洗去除果肉表面的杂质。

（3）切片　将去皮后的香蕉果肉，切成2～3cm厚。

（4）护色　将果肉用清水冲洗后，放入护色液中浸泡10分钟。

（5）清洗　清洗护色处理的果肉。

31

（6）热烫　用95℃热水将原料预煮3~5分钟，使物料中心温度达到60℃。

（7）冷却　热烫结束后，及时冷却，甩干浮水，以保证色泽美观。

（8）含浸　冷却后的香蕉片放入浸渍液（由20%麦芽糖和0.2%柠檬酸的水溶液组成）中浸渍10~20分钟。

（9）沥水　含浸结束后沥干香蕉片表面的水分。

（10）速冻　将沥水后的果片即刻放入流动床速冻机进行速冻。将经速冻后的果片放入冷冻库存放，温度为−18℃。

（11）真空油炸　将冷冻果肉放入真空油炸机，真空度控制在−0.07 ~ −0.098MPa，油温控制在80~120℃，通过油炸机的观察孔看到果片上的泡沫全部消失时，油炸结束。

（12）脱油　采用真空离心脱油，真空度为−0.098MPa，温度为95~100℃，离心转速为500~600r/min，使含油量为20%以下，旋转时间应尽量短，否则会导致脆片破碎增多。

（13）冷却　油炸后香蕉脆片可用冷风机冷却。

（14）包装　为保证产品的酥脆性，调味后的油炸脆片立即包装。包装材料宜采用铝塑复合袋，封口要平整严密。

4. 产品质量要求　系引用中华人民共和国农业行业标准《香蕉脆片》（NY/T 948—2006）。

（1）感官指标　见表1−6。

表1−6　香蕉脆片感官指标

项目	指标
色泽	淡黄色或黄色，无褐变现象
滋味和口感	具有香蕉脆片特有的滋味、甜味、无异味、口感酥脆
形态	片状、大小基本一致，允许少量碎屑
杂质	无肉眼可见的外来杂质

（2）理化指标　见表1−7。

表1−7　香蕉脆片理化指标

项目	指标
净含量允许负偏差（%）	≤4.5
水分（%）	≤5.0
酸价（以脂肪计）	≤5.0
过氧化值（以脂肪计）	≤20.0

（3）卫生指标　见表1−8。

表1−8　香蕉脆片卫生指标

项目	指标
菌落总数（个/克）	≤1000
大肠菌群（个/100克）	≤30
致病菌（沙门菌、志贺菌、金黄葡萄球菌、溶血性链球菌）	不得检出
霉菌计数（个/克）	≤50
总砷（以As计）（mg/kg）	≤0.5
铅（以Pb计）（mg/kg）	≤1.0
二氧化硫残留量（以SO_2计）（g/kg）	≤0.03
抗氧化剂（BHA + BHT）（g/kg）	≤0.2

（二）胡萝卜脆片

1. 工艺流程

原料挑选 → 清洗、去皮 → 切片 → 杀青 → 冷却 → 沥干 → 含浸 → 沥干 →

→ 速冻 → 真空低温油炸 → 脱油 → 后调味 → 冷却 → 半成品分检 → 包装

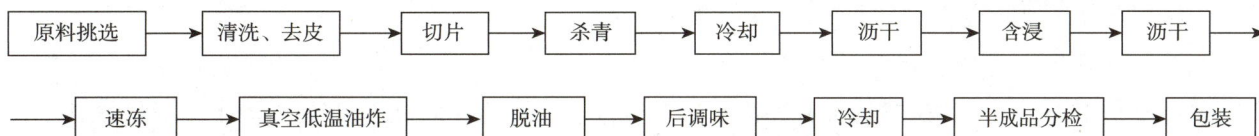

2. 原料辅料　胡萝卜、白砂糖、食用棕榈油、氯化钠、葡萄糖等。

3. 加工工艺

（1）原料选择　要求新鲜，粗老适中，无虫蛀病害，无霉烂及机械损伤。

（2）清洗　用流动水漂洗，洗去表面的泥沙。

（3）去皮　可用人工去皮或磨皮机去皮，不宜选用碱式去皮，因为碱式去皮后残留的碱对品质有严重影响。

（4）切片　通常切成厚度为 2.8～3.0mm 的薄片。

（5）杀青　在 1.0%～2.0% 的氯化钠溶液中，95～98℃杀青，直到胡萝卜变色为止，时间 30 秒～2 分钟。

（6）冷却　流水冷却至水温，或用 7℃的循环冷却水冷却至 15℃以下即可。

（7）沥干　冷却后的胡萝卜片，用离心机脱水。

（8）含浸　采用常压含浸时，葡萄糖溶液浓度为 30%～40%（折光计），糖液量应至少浸没胡萝卜，时间不少于 2 小时，待胡萝卜中心有甜味即可。采用真空含浸时，真空度最高不超过 3kPa，时间一般为半小时左右。

（9）沥干　含浸后的胡萝卜片，表面较黏，通常采用振荡沥水 3 分钟，后摊入冷冻框中速冻，摊框厚度不超过 8cm。

（10）速冻　一般在速冻库中进行，快速冷冻至物料中心温度达 −18℃以下，冷藏备用。

（11）真空低温油炸、脱油　该工序是果蔬脆片的关键工序，在真空低温油炸机中进行。

（12）冷却　脱油后的产品立即通过传递通路进入包装间，待胡萝卜脆片冷却到常温时，即可进行分检。

（13）半成品分检　依据外观和规格要求分检半成品，剔除夹杂物，分级包装。

（14）包装　大包装采用双层 PE 袋，小包装大部分选用彩色复合铝铂袋作包装材料。

4. 产品质量要求　具有胡萝卜特有的滋味，清香纯正，口感酥脆，形态基本完好，厚薄基本均匀，基本无碎屑，无肉眼可见外来杂质。

第六节　果蔬罐头加工技术

PPT

　　罐头食品也称罐藏食品、罐头，是将食品原料经过预处理后，装入能密封的容器内，经排气、密封、杀菌、冷却等工序制成的食品。果蔬罐头主要有糖水水果罐头和清渍蔬菜罐头，此外，糖渍蜜饯、果酱、果冻、果汁、盐渍蔬菜、酱渍蔬菜等，也可采用罐头包装的形式制成罐制品。

　　罐头经过密封和杀菌处理，食用安全，在室温下能长期保藏，并且具有便于运输、携带方便等特点，是风味佳美、品质优良的方便食品。

一、罐藏容器的分类

（一）马口铁罐

马口铁罐由两面镀锡的低碳薄钢板（俗称马口铁）制成。一般由罐身、罐盖、罐底三部分焊接而成，常称为三片罐。有些罐头因原料 pH 较低，或含有较多花青素，或含有丰富的蛋白质，需采用涂料马口铁罐。即在马口铁与食品接触面涂上一层抗酸或抗硫涂料（符合食品卫生要求的），以防止食品成分与马口铁发生反应。

（二）玻璃罐

玻璃罐是用石英砂、纯碱和石灰石等按一定比例配合后，在 1000℃ 以上的高温下熔融冷却成形铸成，主要成分是氧化硅、氧化钠和氧化钙。质量良好的玻璃罐应透明、无色或略带绿色。罐口圆而平整，底部平坦，罐身平整光滑，厚薄均匀，无严重气泡、裂纹、石屑和条痕。

玻璃罐根据其密封形式的不同，有卷封式、旋盖式、抓式和螺纹式等种类。目前使用最多的是旋盖式玻璃罐，有三旋罐、四旋罐和六旋罐等。玻璃罐的密封与金属罐不同，其罐身是玻璃，而罐盖是金属（一般为镀锡薄钢板制成），罐盖内有橡胶密封圈。

（三）蒸煮袋

蒸煮袋俗称软罐头，是由一种耐高压的复合塑料薄膜制成的袋状罐藏包装容器，通常由聚酯（PET）、铝箔（Al）和聚烯烃（PP 或 PE）3 层薄膜借助胶黏剂复合而成。

蒸煮袋有时可有 4~5 层，多者达 9 层。外层为聚酯（12μm），耐高温，有极好的尺寸稳定性和印刷性，中层为铝箔（9μm），可避光，隔汽，隔绝性好，利于食品贮存；内层采用聚烯烃薄膜（7μm），热封性和耐化学性能较好。

蒸煮袋的特点是质轻、封口简便牢固、取食方便、传热快、杀菌时间较短、可常温下贮存，质量稳定。

知识链接

复合塑料软包装

复合塑料软包装含有多层结构、多种材质，包括各种薄膜、油墨、胶黏剂、溶剂等，使用方式近乎一次性，消费后存在难分拣、难回收和难循环利用问题。随着全球进入低碳可持续时代，单材化及单材化赋能技术、新型油墨及环保型胶黏剂技术的应用促进了低碳零碳负碳技术创新体系的形成。

塑料软包装单材化，即复合的各层材料 95% 以上的化学结构成分相同，膜、胶、墨、涂（镀）层等不同化学成分的材料质量比不得超过 5%。单材化的聚乙烯复合膜、聚丙烯复合膜都已进入规模化应用。与传统软包装相比，单一材质软包装原料来源广泛、易回收、易再生循环利用。通过功能补强技术实现单一材料包装替代多层异质材料包装，可助力碳达峰碳中和目标。

二、罐头加工工艺

（一）基本工艺流程

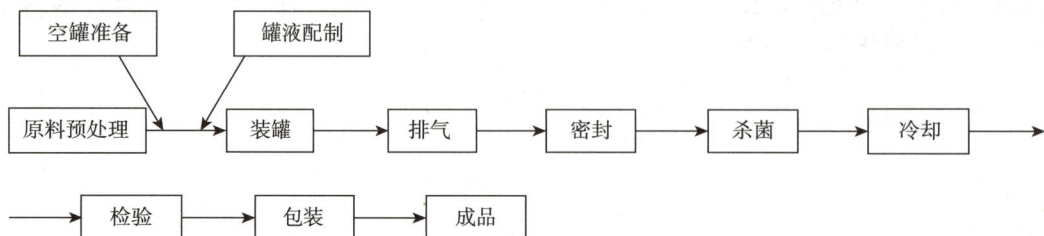

空罐准备　　　罐液配制

原料预处理 → 装罐 → 排气 → 密封 → 杀菌 → 冷却 →

→ 检验 → 包装 → 成品

(二) 工艺要点

1. 空罐准备　即对空罐进行检查和清洗。马口铁罐的规格标准比较均一，检查时主要剔除罐身凹陷、罐口变形、焊锡不良和严重生锈等空罐。玻璃罐要剔除罐身不正，罐口不圆或有砂粒和缺损，罐壁厚薄不均，有严重气泡、型纹和砂石等不合格罐。合格的空罐用热水冲洗或0.01%的漂白粉溶液浸洗后用清水冲洗。回收的玻璃罐则先用2%～3%的氢氧化钠溶液在50℃左右浸泡5～10分钟后再进行洗涤，除去油脂、污垢等脏物，再用清水冲洗干净。洗净的空罐应倒置，沥干水后使用。

2. 罐液配制　大多数果蔬罐头在加工中将果（菜）块装入罐内后都要向罐内加注液汁，称为罐液和汤汁。

水果罐头的罐液为糖水，蔬菜罐头的罐液多为稀盐水或调味液。罐头加注罐液可起到填充罐内果（菜）块间空隙，排出空气，保护营养成分，改善风味，加强热的传递效率，提高杀菌效果等作用。

（1）糖液配制　糖水配制所用糖为白砂糖，要求纯度在99%以上。所需配制的糖水浓度，依水果种类、品种、成熟度、果肉装罐量和产品质量标准而定。我国目前生产的水果罐头一般要求开罐糖液中糖度为14%～18%。生产中，常用折光仪或糖度计来测定糖液浓度。每种水果加注的糖液，可根据公式1–1计算：

$$Y = (W_3 Z - W_1 X) / W_2 \qquad\qquad (1-1)$$

式中，W_1 为每罐装入果肉质量，g；W_2 为每罐装入糖液质量，g；W_3 为每罐净重，g；X 为装罐时果肉可溶性固形物浓度（质量分数），%；Z 为要求开罐时的糖液浓度（质量分数），%；Y 为需配制的糖液浓度（质量分数），%。

糖水中需添加酸时，应在糖水煮沸并校正浓度后再加入，加入过早，容易引起蔗糖转化而使果肉变色。除个别品种（如梨、荔枝）外，配好的糖水应趁热过滤使用，保证糖水在85℃以上的温度装罐，使罐头具有较高的初温，提高杀菌效率。

（2）盐液配制　食盐应选用氯化钠含量在98%以上的精盐。配制时常用直接法，按比例称取食盐，加水煮沸后过滤备用。一般蔬菜罐头所用盐液中盐的含量为1%～4%。

（3）调味液配制　调味液是用多种香辛料和调味料配制而成。种类很多，但配制的方法主要有两种：①香辛料先经一定的熬煮制成香料水，香料水再与其他调味料按比例制成调味液；②将各种调味料、香辛料一起用布袋包上，加水熬煮，汁液味道达到要求后将布袋捞出。

3. 原料预处理　果蔬原料装罐前的处理包括原料的分选、洗涤、去皮、修整、热烫与漂洗等，其中分选、洗涤是所有原料均必需的，其他处理则视原料品种及成品的种类等具体情况而定。

原料的分选包括选择和分级。原料在投产前必须先进行选择，剔除不合格的和虫害、腐烂、霉变的原料，再按原料的大小、色泽和成熟度进行分级。这样既便于后续工序去皮、热烫等加工操作，又能提高劳动生产率，降低原料消耗，更重要的是，可以保证和提高产品的质量。

原料预处理中的洗涤、去皮、修整、热烫与漂洗等前面已经叙述过，不再重述。

4. 装罐　要求趁热装罐，以减少微生物的再污染，同时可以提高罐头中心温度，以利于杀菌。装罐量依产品种类和罐型大小而异。一般要求每罐的固形物含量为45%～65%，误差为3%。在装罐前首先进行分选，以保证内容物在罐内的一致性，使同一罐内原料的成熟度、大小、色泽、形态基本均匀一致，搭配合理，排列整齐。

装罐时应保留一定的顶隙，即指罐制品内容物表面和罐盖之间所留空隙的距离，一般要求为4～8mm，罐内顶隙的大小直接影响食品的装罐量、卷边的密封、罐头真空度以及产品的腐败变质。此外，装罐时还应注意卫生，严格操作，防止杂物混入罐内，保证罐头质量。

由于果蔬原料及成品形态不一，大小、排列方式各异，大多采用人工装罐，对于流体或半流体制品

（如番茄酱），也可用机械装罐。

5. 排气　指罐头密封前或密封时将罐内空气排出，使罐内形成一定真空状态的操作过程，是罐头生产中的一个重要工序。

罐头排气方法有热力排气法、真空密封排气法等。

（1）**热力排气法**　利用空气、水蒸气和食品受热膨胀的原理将罐内空气排出。有热罐装排气和加热排气。

1）热罐装排气：将食品加热到75℃以上后立即装罐密封的方法，主要适用于高酸性的流体和半流体的食品。

2）加热排气：将装罐后的罐头送入排气箱（如链带式排气箱），在一定温度的排气箱内经一定时间的排气，使罐中心温度达到要求的温度（一般在80℃左右）。

（2）**真空密封排气法**　借助真空封罐机将罐头置于真空封罐机的真空仓内，在抽真空的同时进行密封的排气方法。真空密封排气的效果主要取决于真空封罐机仓内的真空度、罐头的密封温度。罐头密封时温度高，则所形成的罐头真空度就高。

6. 密封　罐头密封是保证产品长期不变质的关键性工序。密封的方法视容器种类而异。

（1）**金属罐密封**　指罐身的翻边和罐盖的圆边借助封罐机相互卷合、压紧而形成紧密重叠的卷边的过程，所形成的卷边称为二重卷边。

（2）**玻璃罐密封**　通过镀锡薄钢板和密封圈紧压在玻璃罐口而形成密封的，由于罐口边缘与罐盖的形式不同，其密封方法也不同，目前主要有卷封式和旋开式。

（3）**蒸煮袋（又称复合塑料薄膜袋）**　一般采用真空包装机进行热熔密封，是依靠蒸煮袋内层的薄膜在加热时熔合在一起而达到密封的，热熔强度取决于蒸煮袋的材料性能以及热熔合时的温度、时间和压力。常用的方法有电加热密封和脉冲密封。

7. 杀菌　常用的杀菌方法有常压杀菌和高压杀菌。

（1）**常压杀菌**　适用于 pH 在 4.5 以下（酸性或高酸性）的水果类、果汁类和酸渍菜类等罐制品。常用的杀菌温度是100℃或以下，杀菌介质为热水或热蒸汽。

（2）**高压杀菌**　在完全密封的高压杀菌器中进行，靠加压升温来进行杀菌，杀菌的温度在100℃以上。此法适用于 pH >4.5（低酸性）的大部分蔬菜罐制品。依传热介质不同分为高压蒸汽杀菌和高压水浴杀菌，一般采用高压蒸汽杀菌。

8. 冷却　杀菌完毕后，应迅速冷却。冷却不及时，会造成内容物色泽、风味的劣变、组织软烂，甚至失去食用价值。冷却分为常压冷却和反压冷却。

（1）**常压冷却**　常压杀菌的金属罐制品，杀菌结束后可直接将罐制品取出，放入冷却水池中进行常压冷却，至罐温40℃左右。玻璃罐制品则采用分段冷却，每段水温相差20℃左右。

（2）**反压冷却**　加压杀菌的罐制品必须采用反压冷却，即向杀菌锅内注入高压冷水或高压空气，以水或空气的压力代替热蒸汽的压力，既能逐渐降低杀菌锅内的温度，又能使其内部的压力保持均衡的消降。反压需用的压力一般以稍高于规定的杀菌压力即可。

一般罐头冷却至38~43℃即可，让罐头尚有部分余热，将罐头表面残余的水分蒸发掉。

9. 检验　主要是对罐头内容物和外观进行检查。一般包括保温检验、感官检验、理化检验和微生物检验。

三、罐头生产常见的质量问题及控制措施

（一）罐头的败坏

罐头食品在贮存期间，仍然进行着各种变化。如果罐头加工过程中操作不当，加上贮存条件不良，

往往会加速质量的变化而使罐头败坏。罐头的败坏分为胀罐的败坏和不胀罐的败坏两种。

1. 胀罐的败坏　罐头的一端或两端向外凸出。

（1）物理性胀罐　罐内食品装置过多，顶隙过小或几乎没有，杀菌时内容物膨胀造成胀罐，排气不足，真空度较低，罐头冷却时降压速度太快，使内压大大超过外压而胀罐，寒冷地区生产的罐头运往热带地区销售或平原生产的罐头运到高山地区销售，由于外界气压的改变也易发生胀罐。

防止措施：①严格控制装罐量，切勿过多；②注意装罐时，顶隙大小要适宜，要控制在 4～8mm；③提高排气时罐内的中心温度，排气要充分，封罐后能形成较高的真空度；④加压杀菌后的罐头降压速度不能太快；⑤控制罐头制品适宜的贮藏温度（0～10℃）。

（2）化学性胀罐　高酸性食品中的有机酸与罐头内壁（露铁）起化学反应，放出氢气，氢气积累使内压升高而发生胀罐。

防止措施：①防止空罐内壁受机械损伤，以防出现露铁现象；②采用涂层完好的抗酸性涂料钢板制罐，以提高对酸的抗腐蚀性能。

（3）细菌性胀罐　由于杀菌不彻底或罐盖密封不严，细菌重新侵入而分解内容物，产生气体，使罐内压力增大而造成胀罐。

防止措施：①对罐藏原料充分清洗或消毒，严格注意加工过程中的卫生管理，防止原料及半成品的污染；②在保证罐头食品质量的前提下，对原料进行充分的热处理（预煮、杀菌等），以消灭产毒致病的微生物；③在预煮水或糖液中加入适量的有机酸（如柠檬酸等），降低罐头内容物的pH，提高杀菌效果；④严格控制封罐质量，防止密封不严；⑤严格杀菌环节，保证杀菌质量；⑥罐头生产过程中，及时抽样保温处理，发现带菌问题要及时处理。

2. 不胀罐的败坏　主要是细菌作用和化学作用引起的，通常表现为罐内食品已经败坏，但并不胀罐。如平酸菌在罐内繁殖时不产生气体，但使食品变色变酸；食品中的蛋白质在高温杀菌和贮存期间分解，释放出硫或硫化氢，与铁皮接触产生黑色的硫化铁、硫化锡等。

防止措施：①在预煮水或糖液中加入适量的有机酸（如柠檬酸等），降低罐头内容物的pH；②使用抗硫涂料罐作为罐藏容器。

（二）罐壁的腐蚀

1. 罐内壁腐蚀　镀锡薄板的镀锡层其连续性并不是完整无缺，尚有一些露铁点存在，加上空罐制作过程的机械冲击和磨损，使铁皮表面锡层有损伤，造成铁皮与罐头中所含的有机酸、硫及含硫化合物和残存的氧气等发生化学反应而引起侵蚀现象。

防止措施：生产过程中加强对原料的清洗、提高排气效果、容器使用抗酸抗硫涂料等可减轻腐蚀问题。

2. 罐外壁锈蚀　当罐头贮存的环境湿度过高时，罐外壁则易生锈。

防止措施：可通过控制罐头的冷却温度、擦干罐身、涂抹防锈油、控制贮藏环境稳定的温度和较低的相对湿度来避免。

（三）变色和变味

由果蔬中的某些化学物质在酶或罐内残留氧的作用下或长期贮温偏高而产生的酶褐变和非酶褐变所致。罐头内平酸菌（如嗜热性芽孢杆菌）的残存，会使食品变质后呈酸味，不胀罐。橘络及种子的存在使制品带有苦味。

防止措施：选用含花青素及单宁含量低的原料制作罐头。如加工桃罐头时，核洼处的红色素应尽量去净。加工过程中，要注意工序间护色。装罐前根据不同品种的制罐要求，采用适宜的温度和时间进行热烫处理，破坏酶的活性，排出原料组织中的空气。配制的糖水应煮沸，随配随用。加工中，防止果实与铁、铜等金属器具直接接触，所以要求用具采用不锈钢制品，并注意加工用水的重金属含量不宜过多。杀菌要充分，以杀灭平酸菌之类的微生物，防止制品酸败。橘子罐头，其橘瓣上的橘络及种子必须去净，选用无核桔为原料更为理想。

（四）罐内汁液的浑浊和沉淀

罐内汁液产生浑浊和沉淀的原因：①加工用水中钙、镁等金属离子含量过高（水的硬度大）；②原料成熟度过高，热处理过度，罐头内容物软烂；③制品在运销中震荡过剧，使果肉碎屑散落；④贮藏不当造成内容物冻结，解冻后内容物组织松散、破碎；⑤微生物分解罐内食品。

防止措施：①加工用水进行软化处理；②贮藏中温度不能过低；③严格控制加工过程中的杀菌、密封等工艺条件；④保证原料适宜的成熟度。

四、果蔬罐头加工实例

（一）糖水桃罐头

1. 工艺流程

选料 → 清洗 → 去皮 → 切半、挖核 → 热烫 → 冷却 → 修整 → 冲洗 →

装罐 → 注液 → 排气 → 密封 → 杀菌 → 冷却 → 擦罐 → 入库

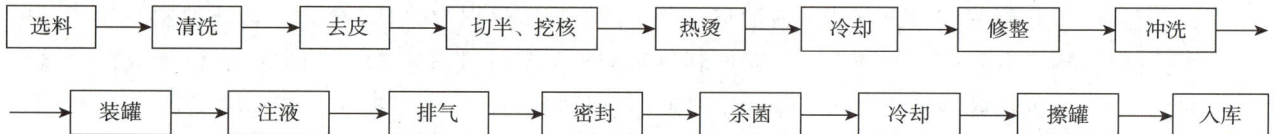

2. 原料辅料　桃、白砂糖、柠檬酸、苹果酸等。

3. 加工工艺

（1）选料　选择组织致密、肉质丰厚、不易变色的品种，如大久保、玉露、黄露等，要求成熟度八成左右，横径55mm以上，无机械伤，无病虫害。

（2）清洗　用流动水洗去泥沙和污物。

（3）去皮　采用碱液去皮。即将桃子放入90～95℃、浓度为3%～5%的氢氧化钠溶液中处理1～2分钟，然后迅速捞出放入流动水中冷却，并手搓使表皮脱落。再放入0.3%盐酸液中浸泡2～3分钟，以中和残碱。

（4）切半、挖核　沿桃子合缝线切成两半，不要切偏。切半后立即浸入清水或1%～2%的盐水中护色，并挖去果核。

（5）热烫、冷却　将桃块放入95～100℃的热水中热烫4～8分钟，桃块呈现半透明状时捞出，立即用冷水冷透。

（6）修整、冲洗　用小刀削去果肉的残留皮屑，并用水冲洗，沥水后即可装罐。

（7）装罐、注液　500g玻璃罐果肉装罐量为310g，注入80℃以上、25%～30%的热糖水（糖水中加入0.2%～0.3%的柠檬酸）。

（8）排气、密封　用95～100℃热水排气6～7分钟，趁热密封。

（9）杀菌、冷却　沸水杀菌15～20分钟，分段冷却至38℃。

（10）擦罐、入库　擦干罐身，在20℃库房中存放1周，经敲罐检验合格后，贴标入库。

4. 产品质量要求　果块大小、色泽一致。糖水较透明，允许有少量果肉碎屑，具有桃子的风味，无异味。固形物重≥55%，开罐糖水浓度12%～16%。

（二）糖水梨罐头

1. 工艺流程

原料验收 → 分选 → 摘把去皮 → 切半去籽巢 → 修整 → 洗涤 → 抽空处理 →

→ 热烫 → 冷却 → 分选装罐 → 排气 → 密封 → 杀菌冷却 → 检验 →

→ 包装 → 成品

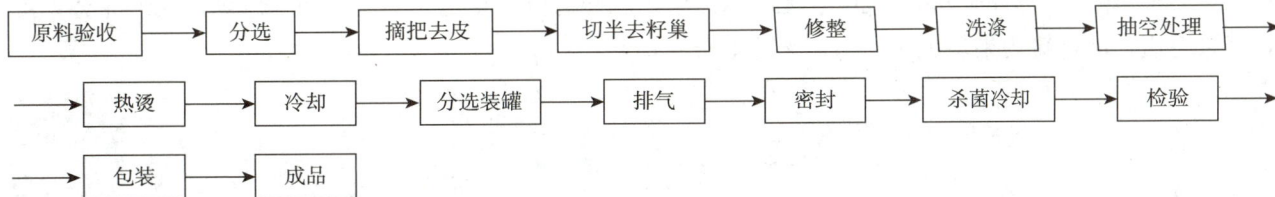

2. 原料辅料　梨、白砂糖、柠檬酸等。

3. 加工工艺

（1）原料　原料的好坏直接影响罐头的质量。作为罐头加工用的梨，必须果形正、果芯及石细胞少、香味浓郁、单宁含量低且耐贮藏。目前用于生产糖水梨罐头的品种主要有巴梨、莱阳梨、雪花梨、长把梨、秋白梨等。

（2）去皮　梨的去皮以机械去皮为多，也有用水果去皮剂去皮。去皮后的梨切串，挖去籽果和蒂把，要使果窝光滑而又去尽籽巢。去皮后的梨块不能直接暴露在空气中，应浸入护色液（1%~2%盐水）中。巴梨不经抽空和热烫，直接装罐。

（3）抽空　梨一般采用湿抽法。根据原料梨的性质和加工要求确定选用哪种抽空液。莱阳梨等单宁含量低，加工过程中不易变色的梨可以用盐水抽空，操作简单，抽空速度快；加工过程中容易变色的梨，如长把梨则以药液作抽空液为好，药液的配比：盐2%、柠檬酸0.2%、焦亚硫酸钠0.02%~0.06%。药液的温度以20~30℃为宜，若温度过高会加速酶的生化作用，促使水果变色，同时也会使药液分解产生 SO_2 而腐蚀抽空设备。

（4）热烫　凡用盐水或药液抽空的果肉，抽空后必须经清水热烫。热烫时应沸水下锅，迅速升温。热烫时视果肉块的大小及果的成熟度而定，含酸量低的如莱阳梨可在热烫水中添加适量的柠檬酸（0.15%）。热烫后急速冷却。

（5）调酸　糖水梨罐头的酸度一般要求在0.1%以上，如果低于这个标准会引起罐头的败坏和风味的不足。例如，莱阳梨含酸量低，若加工过程中不添加定量的酸调整酸度，十几天后成品就会出现细菌性的浑浊，汤汁呈乳白色的胶状液，继续恶化的结果会使果肉变色和萎缩。因此，生产梨罐头时先要测定原料的含酸量，再根据原料的酸含量及成品的酸度要求确定添加酸的量。添加的酸也不能过量，过量不仅会造成果肉变软风味过酸，还会由于 pH 降低，促使果肉中的单宁在酸性条件下氧化缩合成"红粉"而使果肉变红。一般当原料梨酸度在0.3%~0.4%范围内时，不必再外加酸，但要调节糖酸比，以增进成品风味。

（6）装罐、注液　糖水梨罐头若选用金属罐，则应采用素铁罐，可以利用锡离子的还原作用使成品具有鲜明的色泽；若采用涂料罐，成品梨色暗发红、味也差。但使用素铁罐时一定要控制好水质、原料成熟度、罐头顶隙、成品酸度及素铁的质量，否则会加速罐内壁的腐蚀。

根据开罐固形物要求，结合原料品种、成熟度等实际情况，一般要求果块重量不低于净重的55%（生装梨为53%，碎块梨为65%）。每罐加入糖水量控制在比规定净重稍高，防止果块露出液面而色泽变差。

（7）排气、密封　加热排气，排气温度95℃以上，罐中心温度75~80℃。真空密封排气，真空度53~67.1kPa。巴梨用真空排气，真空度46.6~53.3kPa。

（8）杀菌、冷却　采用热杀菌，100℃条件下加热5~20分钟。杀菌完毕立即冷却至38~40℃。杀菌时间过长和不迅速彻底冷却，会使果肉软烂，汁液浑浊，色泽、风味恶化。有条件的最好采用回转式杀菌器以提高杀菌效果和产品质量。

4. 产品质量要求 果肉呈白色、黄白色、浅黄白色，色泽较一致；汤汁澄清，可有少量果肉碎屑；具有该品种梨罐头应有的滋味、气味、无异味；组织软硬适度，食之无明显石细胞感觉；块形完整，可有轻微毛边；同一罐内果块大小均匀；无外来杂质。

练习题

答案解析

一、单选题

1. 植物性原料采用沸水预煮的目的主要是（　　）。

    A. 除味　　　　　　　B. 调味　　　　　　　C. 护色　　　　　　　D. 去色

2. 下列操作容易导致果脯蜜饯出现皱缩现象的是（　　）。

    A. 煮制过程中一次性加入所有的糖　　　　　B. 延长浸渍时间

    C. 真空渗透糖液　　　　　　　　　　　　　D. 煮制前用氯化钙溶液浸泡

3. 果酱在加工过程中，由于糖的溶解、（　　）和果胶质的作用，形成具有一定凝固性的制品。

    A. 酶的分解　　　　　B. 水分的蒸发　　　　C. 糖的结晶　　　　　D. 淀粉的稠结

4. 生产橘子罐头加注的汤汁应为（　　）。

    A. 清水　　　　　　　B. 调味液　　　　　　C. 盐水　　　　　　　D. 糖液

5. 果蔬在加工过程中，为了保脆，常使用（　　）。

    A. 氯化钙　　　　　　B. 亚硫酸钠　　　　　C. 碳酸钠　　　　　　D. 碳酸氢钠

二、简答题

1. 果蔬冷冻保藏加工中为何要采用速冻？

2. 为何干制可以延长食品的贮藏期？干制的方法有哪些？

（郑秀丽　康彬彬）

书网融合……

本章小结　　　　　　　微课　　　　　　　题库

第二章

饮料加工技术

学习目标

知识目标

1. **掌握** 饮料的加工工艺、操作要点及质量控制方法。

2. **熟悉** 瓶装饮用水的杀菌方法、国家质量标准和卫生标准；其他饮料加工的基本工艺流程。

3. **了解** 瓶装饮用水、果蔬汁饮料、蛋白饮料和其他饮料的概念、分类及生产设备；碳酸饮料生产常用设备及灌装原理。

能力目标

1. 掌握瓶装饮用水、果蔬汁饮料、蛋白饮料、碳酸饮料和其他饮料的基本加工方法。

2. 能够独立进行操作，对加工中出现的质量问题进行分析判断，并能初步提出解决方法。

素质目标

通过本章的学习，树立热爱专业工作的意识，具备食品从业者必备的职业道德；培养团队合作精神及分析问题、解决问题的能力。

情境导入

情景 第二届全国饮料标准化技术委员会换届大会暨第二届第一次全体委员会议于 2022 年 1 月 10 日在福建漳州召开。大会指出当前饮料行业正处于高质量发展阶段，饮料行业标准体系的建设对饮料行业的发展具有重要作用，建设中国饮料强国，促进饮料行业技术创新发展，对饮料标准化工作提出了新的要求。本次会议上与会委员对新时期、新阶段饮料行业标准工作如何与时俱进、助力行业进行了充分交流，对于促进饮料行业的标准化建设，推动饮料高质量发展具有重要意义。

思考 1. 查询目前饮料技术标准体系的构成。

2. 谈谈饮料行业的标准化建设对建设中国饮料强国，推动饮料高质量发展的重要意义。

第一节　瓶装饮用水加工技术

瓶装饮用水又称包装饮用水，是指以直接来源于地表、地下或公共供水系统的水为水源，经加工制成的密封于容器中可直接饮用的水。瓶装是泛指用于装水的包装容器，包括塑料瓶、塑料桶、玻璃瓶、易拉罐、纸包装等。

世界各国对瓶装饮用水的分类不太一致，《饮料通则》（GB/T 10789—2015）将瓶装饮用水分为饮用天然矿泉水、饮用纯净水和其他类饮用水三大类，其他类饮用水又包括饮用天然泉水、饮用天然水和其他饮用水三种。

GB/T 10789—2015 对饮用天然矿泉水的定义：从地下深处自然涌出的或经钻井采集的，含有一定量的矿物质、微量元素或其他成分，在一定区域未受污染并采取预防措施避免污染的水；在通常情况下，其化学成分、流量、水温等动态指标在天然周期波动范围内相对稳定。

饮用纯净水是以直接来源于地表、地下或公共供水系统的水为水源，经适当的水净化加工方法制成的制品。

其他饮用水是指除饮用天然泉水、饮用天然水之外的饮用水，如以直接来源于地表、地下或公共供水系统的水为水源，经适当的加工方法，为调整口感加入一定量矿物质，但不得添加糖或其他食品配料制成的制品。

一、瓶装饮用水的水处理技术

水是生产瓶装饮用水最主要的原料。加工用水水质的好坏，会直接影响瓶装饮用水的质量。《食品安全国家标准 包装饮用水》（GB 19298—2014）规定，包装饮用水（饮用天然矿泉水除外）的加工用水应符合《生活饮用水卫生标准》（GB 5749—2022）规定，水质应符合以下基本要求：①不应含有病原微生物；②其中的化学物质不应危害人体健康；③其中的放射性物质不应危害人体健康；④感官性状良好；⑤应经消毒处理。因此，生产用源水的处理十分关键。

（一）水源

瓶装饮用水生产中的水源一般来自淡水，包括地表水、地下水和城市自来水。

1. 自来水 经过净水厂一系列处理后得到的水，虽然其符合生活饮用水的卫生标准，但成本较高。

2. 地面水 也称地表水，主要指江、河、湖泊等处的水。由于其流经大地表面，夹杂着悬浮物、有机物和较多量的微生物，被人、动物等污染的程度较高。

3. 地下水 主要指泉水、深井水等。含有较多的矿物质，如铁、镁、钙、锰等，其硬度和碱度往往比地面水高。但由于这部分水是地面水通过地壳的土壤、黏土及石灰岩层后渗入地下的，经历了一个自然的过滤过程，从而去除了水中的悬浮物、颜色、有机物和细菌等，故地下水比较澄清。

（二）天然水中的杂质

无论是自来水、地面水，还是地下水，统称为天然水，即存在于自然界中的水。它在自然界的循环过程中，不断地和外界接触，都有可能受到不同程度的污染。一般来说，天然水中含有多种杂质，大致分为悬浮物、胶体物以及溶解性的杂质。

（三）水的处理

当水质不符合瓶装饮用水加工用水标准时，需要对其进行相应的处理。其目的主要是保持水质的优良，去除水中所有的杂质。

1. 水的澄清 把水中的悬浮物和胶体物质去除的过程，称为对水的澄清。水的澄清有两种途径：①在水中加入混凝剂，使水中细小悬浮物及胶体物质互相吸附结合成较大的颗粒，从水中沉淀出来，此过程称为混凝（凝聚）；②细小悬浮物和胶体物质直接吸附在一些相对巨大颗粒表面，然后把水中的沉淀物去除，此过程称为过滤。若两种途径并用时，则过滤过程在混凝过程之后。

（1）混凝

1）混凝的原理：在原水中加入混凝剂，使水中的细小悬浮物以及胶体物质互相吸附，并形成较大的颗粒，这样可以使它们较快地从水中沉淀出来，这个过程就叫混凝，也叫凝聚。混凝的原理：胶体粒子的特性是其在水中不易沉降而且比较稳定。同一种胶体的颗粒带有相同电性的电荷，彼此间存在着电性斥力，相互间不会结合形成较大的聚团而沉降。天然胶体绝大部分带有负电荷，在水中加入形成正电荷的混凝剂，会使胶体颗粒与混凝剂之间产生电性中和作用，破坏了胶体的稳定性，即胶体之间不再相互排斥，而是聚集在一起形成絮状物。同时悬浮物也会被裹入该絮状体中，促使小颗粒变成大颗粒而下降，使水得到澄清。

2）混凝剂与助凝剂：促使简单离子间发生电荷中和所添加的物质称为混凝剂。常用的混凝剂有明矾和硫酸亚铁。在某些水中由于投入了混凝剂，可使水中的 pH 改变，使混凝作用不够完全。投加多量的混凝剂也不能形成良好的絮状体，这时，就应加入一种促使混凝达到最佳效果的试剂，称为助凝剂。通常使用的助凝剂有海藻酸钠、活性硅酸钠、CMC - Na 等。投加混凝剂的次序，对于不同的水质和不同的水处理系统各不相同，一般按下列顺序投配：

原水→加氯→加膨润土→混凝剂→pH 调节剂→助凝剂

（2）过滤

1）过滤原理：原水通过粒状的滤料层，在筛滤（阻力截留）、重力沉淀和接触凝聚一系列过程的综合条件下，使水中的一些悬浮物和胶体物质被截留在孔隙中或介质表面上。这种通过粒状介质层分离不溶性杂质的方法称为过滤。其中，阻力截留发生在滤料表层，而接触凝聚和重力沉淀则主要发生在滤料深层的过滤作用。

2）工艺过程：包括过滤和冲洗（反冲）两个过程的循环。生产清水的过程叫过滤，而从滤料表面冲洗掉污物，并使滤料恢复过滤能力的过程叫冲洗。多数情况下，冲洗和过滤的水流方向相反。

3）过滤介质及设备：常见的过滤设备是滤池过滤和砂棒过滤等。过滤介质是保证过滤作用的重要物质。良好的过滤介质必须具备以下几个条件：化学性质稳定，良好的机械强度，不溶于水，能就地取材、廉价，外形接近于球状，不产生有毒有害的物质。常用砂、石英砂、无烟煤、活性炭、玻璃纤维、磁铁矿石以及石棉板等材料。

2. 水的软化与除盐　只降低水中的钙离子和镁离子含量的处理过程称软化；降低水中全部阳离子和阴离子含量的处理过程称除盐。通常采用下列方法。

（1）反渗透法　这是一种膜分离技术。选择以醋酸纤维素膜和芳香聚酰胺纤维素膜为代表的半透膜，从在被处理水的一侧施压，使水穿过半透膜，从而达到除盐的目的。它具有透水量大和脱盐率高的特点，其脱盐率可达 90% 以上。但对原水要求较高，投资较大。

（2）电渗析法　在直流电场的作用下，利用阳离子交换膜和阴离子交换膜，分别选择性地去除原水中的阳离子和阴离子，从而达到除盐软化的目的。

（3）离子交换法　这是利用离子交换树脂来软化水的方法。离子交换树脂是一种球形网状固体的高分子共聚物，不溶于酸、碱和水，但吸水膨胀。其分子中含有极性基团和非极性基团，膨胀后，极性基团上可扩散的离子与水中的离子（如钙离子、镁离子）起交换作用；而非极性基团则是离子交换树脂的"骨架"。由于水中的钙离子、镁离子被树脂置换，水也就得到了软化。

3. 水的消毒　原水通过混凝、沉淀、过滤、除盐等处理，都能去除一定量的致病微生物。如果上述方法联合使用，能更有效地降低水中致病菌的数量。尽管如此，为了确保消费者健康，还应配置消毒处理。

消毒是指杀灭水中的致病菌，防止因水中的致病菌导致消费者产生疫病，并非将所有微生物全部杀灭。目前，常用的消毒方法如下。

（1）氯消毒法　通过向水中加入氯气或其他含有效氯的化合物（如漂白粉、次氯酸钠等）。其机制是由于氯原子的氧化作用可破坏细菌的某种酶系统，使细菌无法吸收养分而死亡。

氯消毒的效果以游离余氯为主，在水温为 $20 \sim 25℃$、pH 为 7、一般总投氯量为 $0.5 \sim 2.0mg/L$ 达 2 小时以上的条件下，其消毒效果较好。

（2）臭氧消毒法　臭氧（O_3）很不稳定，在水中易分解成氧气和一个活泼的氧原子，这一活泼的氧原子是一种很强的氧化剂，能与水中的细菌及其他微生物或有机物作用，使其失去活性。因此，臭氧是很强的杀菌剂，其瞬间的杀菌效果优于氯。同时，臭氧还可以去除水臭、水色及铁和锰。但臭氧消毒的设备较复杂，成本较高。

（3）紫外线消毒法　水中的微生物受紫外线照射后，微生物体内的蛋白质和核酸吸收紫外线光谱能量，导致蛋白质变性而引起微生物死亡。由于紫外线对清洁透明的水有一定的穿透能力，所以能使水消毒。

用紫外线对水消毒不会改变水的物理、化学性质；消毒的速度快，几乎在瞬间完成；效率高，操作简单；消毒后的水无异味。而且紫外线杀菌器成本较低，投资也少。

二、瓶装饮用水加工工艺

（一）基本工艺流程

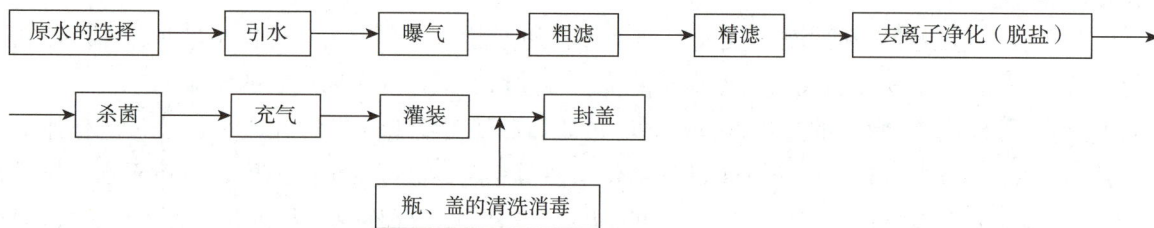

原水的选择 → 引水 → 曝气 → 粗滤 → 精滤 → 去离子净化（脱盐）→

→ 杀菌 → 充气 → 灌装 → 封盖

灌装 ← 瓶、盖的清洗消毒

（二）工艺要点

1. 原水的选择　饮用天然矿泉水要采用从地下深处自然涌出或经钻井采集的、在一定区域未受污染的地下矿水；纯净水水源没有矿泉水的要求严格，但是良好的水源依然是生产优质纯净水的条件。要选用符合国家饮用水标准，而且矿化度低、硬度低、滋味甘美的水源；其他饮用水中的人工矿物质水可以地下井、泉水或自来水为水源，采用适当的加工方法，有目的地加入一定量的矿物质，产品与天然矿泉水水质相接近。

2. 引水　其主要目的是在自然允许的条件下，得到最大可能的流量，同时防止水与气体的损失，防止地表水和潜水的渗入和混入，完全排除有害物质污染和生物污染，防止水由露出口到利用处理这一过程中物理化学性质发生改变。

引水时需要大量的水泵、输水管，而矿泉水含盐分较高、化学腐蚀性强，因此在开采时一般选用不锈钢或耐腐蚀工程塑料等性质稳定的管材，防止由露出口到利用处水的物理化学性质发生变化。在开采时，引水过量会对环境和地质造成严重的影响，因此应严格按照国家批准许可量进行开采。

对不同种类的矿泉水进行开采时应采取不同的工艺方法。如对于含气量较大的碳酸型矿泉水，应采取适当的工艺设备，以防止其气体的损失，方便水的涌出和使用。

3. 曝气　目的是使矿泉水原水与经过净化的空气充分接触，使它脱去其中的二氧化碳和硫化氢等气体，并将低价态的铁、锰离子氧化沉淀，过滤除去。通常脱气和氧化两个过程同时进行。

曝气主要有自动式曝气和强制式曝气两种方式。

（1）自动式曝气　将原水通过喷头从高处向下喷淋，使水与空气充分接触，以达到曝气的目的。

（2）强制式曝气　可采用叶轮表面强制曝气；也可在泉水喷淋时，用鼓风机的强大气流强化曝气，以增强曝气的效果。

曝气的方法主要有自然曝气法、喷雾法、梯栅法、焦炭盘法和强制通风法等。

此工序主要针对 H_2S、CO_2、Fe、Mn 含量较高的原水进行，可生产不含 CO_2 的矿泉水，或曝气后可以重新充入二氧化碳气体生产含气矿泉水。

水的过滤是指当原水通过滤料层时，原水中的一些不溶性悬浮物、胶体杂质和微生物等被截留在孔隙中或介质表面中，使水质澄清、透明、清洁，从而使原水得以净化的过程。水的过滤是一系列不同过程的综合，矿泉水生产中的过滤方法一般包括粗滤和精滤。

4. 粗滤　一般先采用多介质砂滤罐进行粗滤，以去除水中的细砂、泥土、矿物盐等大颗粒杂质。用于粗滤的滤料主要有石英砂、天然锰砂及活性氧化铝等，每种滤料去除离子的功能各不相同，如石英砂具有良好的除铁效果，天然锰砂可除去水中的铁、锰离子，活性氧化铝可去除水中的氟。

5. 精滤　可以采用砂滤棒过滤或微滤，也可使用超滤。

当用水量较少，原水中只含有少量有机物、细菌和其他杂质时，可采用砂滤棒过滤，进入过滤器的水压应控制在 $0.1 \sim 0.19MPa$。微孔过滤器是新兴的膜分离技术，利用膜的筛分作用进行分离的过程。微滤是以静压差为推动力，在微孔过滤膜上存在 $0.16 \sim 40\mu m$ 的小孔，待处理的水在压力作用下通过微孔过滤膜空隙，水中存在的细小悬浮物、微生物、微粒等被微孔吸附和截留在微孔过滤膜组件中，滤出水可以达到国家饮用水标准。微滤具有高捕捉能力、过滤面积大、抗酸碱能力强、使用方便等优点。微滤只能在最后阶段作为精密过滤使用，滤液必须先经过粗滤，否则滤芯容易堵塞。超滤是以压力为推动力，利用超滤膜的不同孔径对液体进行分离的物理筛分过程，能有效滤除水中99.99%的胶体、细菌、悬浮物等有害物质。超滤时，应根据水质的情况选择适当孔径的滤膜，以保证水流畅通。

经精滤工序，可以滤除矿泉水中存在的有机物、细菌及微粒，使矿泉水澄清透明。

6. 去离子净化（脱盐）　生活饮用水的电导率为 $120 \sim 150\mu S/cm$，去离子净化的目的是脱除水中的盐分，使电导率降低到 $10\mu S/cm$ 以下，以达到饮用纯净水的要求。水的软化是指只降低水中 Ca^{2+} 和 Mg^{2+} 含量的过程；脱盐是指降低水中的全部阳离子 Ca^{2+}、Mg^{2+}、Na^+ 和全部阴离子 HCO_3^-、SO_4^{2-}、Cl^- 等的过程。生产中常用的去离子净化（脱盐）方法有蒸馏法、反渗透法、离子交换法、电渗析法等，而且不是采用单一方法，往往采用多种方法组合使用。

7. 杀菌　原水经过一系列沉淀、过滤等工序后，水中的大部分微生物随同悬浮物、胶体物质和溶解杂质等已被除去，但是还有部分微生物存留在水中，为确保产品质量和广大消费者的安全，需要对水进行杀菌处理。

水的杀菌是指用化学或物理方法杀灭水里的病原体（病原菌、病毒和寄生虫卵），以防止疾病传染，维护人体健康。目前常用的消毒方法有氯消毒、紫外线消毒和臭氧消毒。臭氧的瞬时杀菌效果优于紫外线杀菌，其不仅可以杀灭水中的细菌，同时也可杀灭细菌的芽孢。在使用臭氧消毒时，除了杀菌，还可以除去水臭、水色以及有机物等。

8. 充气　生产含有二氧化碳气体的矿泉水产品需要充气工序。充气的目的是向矿泉水中充入二氧化碳气体。原水经过引水、曝气、过滤、杀菌和冷却后，再充入二氧化碳气体。充气用的二氧化碳气体可以是从原水分离得到的，也可以是市售饮料专用的。充气一般在气水混合机中完成，我国规定成品含气矿泉水中游离的二氧化碳含量≥250mg/L。

9. 瓶、盖的清洗消毒　瓶体消毒一般采用消毒剂浸泡或喷洗，然后用无菌水洗涤喷淋的方法，常用消毒剂有高锰酸钾、双氧水、过氧乙酸等。

瓶盖消毒可采用臭氧消毒、紫外线照射、蒸汽喷射、消毒剂浸泡等方法。

10. 灌装　将杀菌后的水装入已灭菌的包装容器内的过程。灌装分为人工灌装和机械灌装两种方式。

（1）人工灌装　方便灵活，但产量低，易造成水的二次污染。

（2）机械灌装　可选用冲瓶、灌装、封盖三位一体的机器，其效率高，节省能耗，避免二次污染。

目前在生产中均采用自动灌装机在无菌车间进行，灌装方式取决于瓶装饮用水产品的类型。

三、瓶装饮用水加工实例——瓶装饮用纯净水

（一）工艺流程

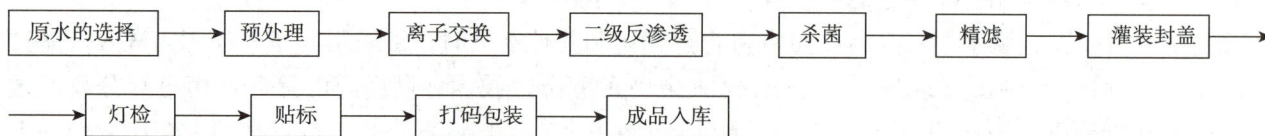

（二）原料辅料

饮用水、石英砂、活性炭、阳离子交换树脂。

（三）加工工艺

1. 原水的选择　选择符合中华人民共和国国家标准《生活饮用水卫生标准》（GB 574—2022）要求的饮用水。

2. 预处理　检查多介质过滤器、活性炭过滤器、离子软化器、反渗透装置本体及附属的各个阀门、管路、仪表和各种设备附件是否完好，是否处于正常工作状态；原水是否充足，出水管路是否畅通、电路是否接通，系统中的各个阀门都应处于正确位置，反渗透装置的产水阀、浓缩阀处于开启状态，其他与清洗有关的阀门处于关闭状态。

3. 离子交换处理　用阳离子和阴离子交换树脂，去除水中的阴阳离子。

4. 反渗透　选用二级反渗透设备，当一级进水压力达到设定压力时，缓慢调整一级纯水流量达到2.5t/h，工作压力在1.05MPa左右；当二级进水压力达到设定压力时，缓慢调整二级纯水流量达到2.5t/h，工作压力在1.05MPa左右。整个系统进入正常工作状态。

5. 杀菌　采用臭氧发生器进行灭菌。

6. 精滤、灌装　将杀菌后的水再次精滤后泵入灌装机，进行灌装封盖后即为成品。

（四）产品质量要求

质量标准系引用中华人民共和国国家标准《食品安全国家标准 包装饮用水》（GB 19298—2014）。

1. 感官指标　见表2-1。

表2-1　饮用纯净水感官指标

项目	指标
色度（度）	≤5
浑浊度（NTU）	≤1
状态	无正常视力可见外来物
滋味、气味	无异味、无异臭

2. 理化指标 见表2-2。

表2-2 饮用纯净水理化指标

项目	指标
余氯（游离氯）（mg/L）	≤0.05
四氯化碳（mg/L）	≤0.002
三氯甲烷（mg/L）	≤0.02
耗氧量（以 O_2 计）（mg/L）	≤2.0
溴酸盐（mg/L）	≤0.01
挥发性酚[a]（以苯酚计）（mg/L）	≤0.002
氰化物（以 CN^- 计）[b]（mg/L）	≤0.05
阴离子合成洗涤剂[c]（mg/L）	≤0.3
总 α 放射性[c]（Bq/L）	≤0.5
总 β 放射性[c]（Bq/L）	≤1

注：[a],[b]仅限于蒸馏法加工的饮用纯净水；
[c]仅限于以地表水或地下水为生产用源水加工的饮用纯净水。

3. 污染物限量 见表2-3。

表2-3 饮用纯净水污染物限量

项目	指标
铅（以 Pb 计）（mg/L）	≤0.01
砷（以 As 计）（mg/L）	≤0.01
镉（以 Cd 计）（mg/L）	≤0.005

4. 微生物限量 见表2-4。

表2-4 饮用纯净水微生物限量

项目	采样方案[a]及限量		
	n	c	m
大肠菌群（MPN/100mL）	5	0	0
铜绿假单胞菌（CFU/250mL）	5	0	0

注：[a]样品的采样及处理按 GB 4789.1 执行。

PPT

第二节 果蔬汁饮料加工技术

一、果蔬汁饮料的分类

果蔬汁饮料是果汁、果汁饮料与蔬菜汁、蔬菜汁饮料的统称，根据《饮料通则》（GB/T 10789—2015），果蔬汁是以水果和（或）蔬菜（包括可食的根、茎、叶、花、果实）等为原料，经加工或发酵制成的液体饮料。以果蔬汁为基料，通过加糖、酸、香精、色素等调制的产品，称为果蔬汁饮料。按照制品的状态和加工工艺的不同，可分为澄清果蔬汁、浑浊果蔬汁、浓缩果蔬汁及果蔬汁粉等。

果蔬汁是果蔬中最有营养的部分，易被人体吸收，有"液体果蔬"之称。因此，深受广大消费者的喜欢，具有广阔的市场前景。

二、果蔬汁饮料加工工艺

（一）基本工艺流程

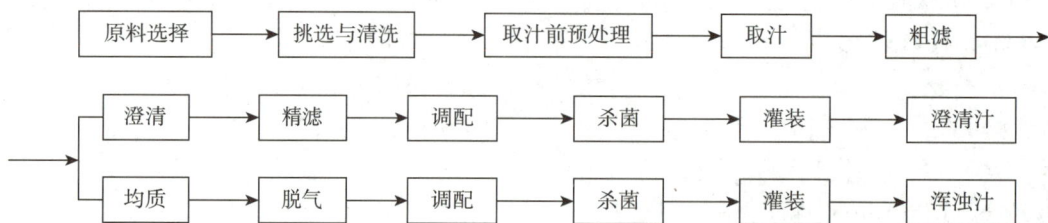

原料选择 → 挑选与清洗 → 取汁前预处理 → 取汁 → 粗滤 →

→ 澄清 → 精滤 → 调配 → 杀菌 → 灌装 → 澄清汁

→ 均质 → 脱气 → 调配 → 杀菌 → 灌装 → 浑浊汁

（二）工艺要点

1. 原料选择　加工果蔬汁的原料要求有良好的风味和香味，无异味，色泽美好而稳定，糖酸比合适，并且在加工贮藏中能保持这些优良的品质，取汁容易，出汁率高。果蔬汁加工对原料的果形大小和形状虽无严格要求，但对成熟强度要求较严，要选用新鲜度高、无霉变和腐烂的果蔬原料，成熟度要适宜，一般在九成左右成熟时采收，未成熟或过熟的果蔬均不合适。

2. 挑选与清洗　为了保证果蔬汁的质量，原料加工前必须进行挑选，剔除霉变、腐烂、未成熟或受伤变质的果实；清洗可以去除果蔬表面的尘土、泥沙、微生物、农药残留以及携带的枝叶等。清洗的一般工序是先流水冲洗，然后浸泡、刷洗，最后高压喷淋。对于农药残留较多的果实，可用 0.5% ～ 1.0% 稀盐酸溶液、0.5% ～ 1.0% 稀碱溶液或 0.1% ～ 0.2% 的洗涤剂进行处理后再用清水洗净；对于受微生物污染严重的果实，可用漂白粉、高锰酸钾等消毒剂溶液来进行消毒处理。

3. 取汁前的预处理　取汁是果蔬汁生产的关键环节，取汁方式可因果蔬原料而定，同一原料也可采用不同的取汁方式。含果汁丰富的果实，大都采用压榨法提取果汁；含果汁较少的果实，如山楂等可采用浸提的方法提取汁液。为了提高出汁率和果蔬汁的质量，取汁前一般都要进行破碎、加热和加酶等处理。某些果蔬原料根据要求还要进行去梗、去核、去籽或去皮等程序。

（1）破碎　果蔬的汁液都存在于果蔬的组织细胞内，只有打破细胞壁，细胞中的汁液和可溶性固形物才能出来。特别是一些果皮较厚、果肉致密的果蔬原料，为提高出汁率，必须进行破碎处理。但果实破碎程度要适当，破碎后的果块应大小均匀。果块太大出汁率低，但如果破碎过度，肉质变成糊状，则在压榨时外层的果蔬汁容易很快地被压出，形成一层厚皮，使内层的果蔬汁流出困难，造成出汁率下降，榨汁时间延长，浑浊物含量增大。

破碎程度视种类品种不同而异。果蔬破碎采用破碎机、磨碎机，有辊压式、锤磨和打浆机等。不同的果蔬种类采用不同的机械。

（2）加热处理　由于果蔬在破碎过程中和破碎以后，果蔬中的酶被释放，其活性大大增加，特别是多酚氧化酶会引起果蔬汁色泽的变化，不利于果蔬汁的加工。通过对果蔬进行加热处理，可以抑制果蔬中酶的活性，从而不使产品发生分层、变色、产生异味等不良变化；同时使果肉组织软化，细胞原生质中的蛋白质凝固，改变细胞膜的半透性，有利于果肉细胞中可溶性物质向外扩散，从而方便提取果蔬中的可溶性固形物、色素和风味物质。适当加热可使胶体物质发生凝聚，果胶水解，降低汁液的黏度，提高出汁率。

（3）酶处理　果实中果胶物质的含量对出汁率影响很大。果胶含量少的果实容易取汁，而果胶含量高的果实如苹果、樱桃、猕猴桃等，由于汁液黏性较大，榨汁比较困难。利用果胶酶、纤维素酶、半纤维素酶可以有效分解果肉组织中的果胶物质，有利于榨汁过滤，提高出汁率。酶处理时，要合理控制加酶量、酶解时间与温度。添加酶制剂时，要使之与果肉均匀混合，可以在果蔬破碎时，将酶液连续加入破碎机中，使酶能均匀分布在果浆中，也可用水或果汁将酶配成1%～10%酶液，用计量泵按需加入。

4. 取汁 果蔬的取汁工序是果蔬汁加工中的一道非常重要的工序。根据原料、产品的形式不同，取汁的方式差异很大，主要有压榨法、离心法、浸提法、打浆法等，其中压榨法和浸提法比较常用。

（1）压榨法 利用外部的机械压力，将果蔬汁从果蔬或果蔬浆中挤出，是生产中广泛应用的一种取汁方式。榨汁可采用冷榨、热榨甚至冷冻压榨等方式。这种方式适宜苹果、梨、樱桃、葡萄等品种。

（2）浸提法 将破碎的果蔬原料浸于水中，由于果蔬原料中的可溶性固形物含量与浸汁之间存在浓度差，所以果蔬细胞中的可溶性固形物就要透过细胞进入浸汁中。果蔬浸提汁不是果蔬原汁，而是果蔬原汁和水的混合物，这是浸提与压榨取汁的根本区别。这种方式适用于山楂、乌梅、红枣等含水量少，难以用压榨法取汁的果蔬原料。

5. 粗滤 又称筛滤。除打浆法之外，其他方法得到的果蔬汁液中含有较多的悬浮物和粗大颗粒，如果肉纤维、果皮、果核等，它们的存在会影响产品的外观状态和风味，需要及时去除。对于澄清果汁，粗滤以后还需精滤，或先行澄清而后过滤。粗滤可在榨汁过程中进行或单机操作，生产中通常使用筛滤机，如振动筛、水平筛、回转筛、圆筒筛等设备进行粗滤。

6. 澄清果蔬汁的澄清和精滤 生产澄清果蔬汁时，必须通过物理化学方法或机械方法除去果蔬汁中含有的浑浊物质或易引起浑浊的各种物质。传统的澄清方法有酶法处理和澄清剂处理，并用离心后过滤的方法进一步处理。

（1）澄清

1）酶制剂：利用果胶酶、淀粉酶等来水解果蔬汁中的果胶和淀粉等物质，使果蔬汁中其他胶体失去果胶的保护作用而共同沉淀，以达到澄清目的的一种方法。酶制剂可在鲜果中加入，也可在果蔬汁加热杀菌冷却后加入。

2）明胶澄清法：明胶是果蔬汁加工中广泛使用的澄清剂，能与果蔬汁中的单宁、果胶以及其他多酚物质反应生成络合物，互相凝聚并吸附果蔬汁中的其他悬浮颗粒共沉淀，达到澄清的目的。

3）明胶单宁沉淀法：用于处理鞣质含量很低的难以澄清的果蔬原汁。先将单宁加入果蔬汁中，再加入明胶，通过明胶和单宁反应生成明胶单宁酸盐的络合物沉淀，夹带出浑浊物。

4）冷冻澄清法：冷冻可改变胶体的性质，而在解冻时形成沉淀，故雾状浑浊的果蔬汁经冷却后容易澄清。

（2）过滤 果蔬汁经过澄清后必须进行过滤，通过过滤把所有沉淀出来的浑浊物从果蔬中分离出来，使果汁澄清。常用的过滤介质有石棉、帆布、硅藻土、植物纤维、合成纤维等。

1）压滤法：使用板框过滤机将果蔬汁一次性通过过滤层过滤的方法。

2）真空过滤法：将真空滚筒内抽成一定真空，利用压力差使果蔬汁渗透过助滤剂，得到澄清果蔬汁的方法。

3）离心分离法：利用离心力使得溶液分层从而使溶质滤出溶液的方法。

4）超滤法：利用特殊的超滤膜的膜孔选择性筛分作用，在压力驱动下，把溶液中微粒、悬浮物、胶体和高分子等物质与溶剂和小分子溶质分开的方法。

7. 浑浊果蔬汁的均质和脱气 均质和脱气是浑浊果蔬汁生产中的特有工序，它是保证果蔬汁稳定性和防止果汁营养损失、色泽变差的重要措施。

（1）均质 可使果蔬汁中的悬浮果肉颗粒进一步破碎细化，大小更为均匀，同时促进果肉细胞壁上的果胶溶出，果胶均匀分布于果蔬汁中，增加果蔬汁与果胶的亲和力，抑制果蔬汁分层并产生沉淀，形成均一稳定的分散体系，使果蔬汁浑浊度保持稳定。如果不均质，由于果蔬汁中的悬浮果肉颗粒较大，产品不稳定，在重力作用下果肉会慢慢向容器底部下沉，放置一段时间后就会出现分层现象，而且界限分明，容器上部的果蔬汁相对清亮，下部浑浊，影响产品的外观质量。常用的乳化均质机械有高压均质机、超声波均质机和胶体磨等。

（2）脱气　果蔬组织细胞间隙中溶解有一定量的空气，果蔬原料在破碎、取汁、均质和搅拌、输送等工序中又要混入大量的空气，所以制得的果蔬汁中含有大量的氧气、二氧化碳、氮气等。这些气体的存在，尤其是氧气，不仅会破坏果蔬汁中的维生素C，而且与果蔬汁中的某些成分反应会使香气和色泽发生变化，品质变劣，还会引起马口铁罐内壁的腐蚀，同时会出现吸附气体的悬浮颗粒上浮，影响制品外观品质。气体的存在还会造成灌装和杀菌时产生泡沫，从而影响加工效果。这些不良影响在浑浊果蔬汁中尤为明显，所以在果蔬汁杀菌前需要进行脱气（尤其是氧气）处理。常用的脱气方法主要有真空脱气法、气体交换法、酶法脱气和抗氧化剂法四种。

从脱气效果来说，真空脱气法是果蔬汁饮料脱气处理中应优先选择的方法。酶法脱气和抗氧化剂法通常结合真空脱气法共同在果蔬汁饮料生产线上使用。

8. 调配　对果蔬汁进行糖酸调整和混合，可以更好地改进果蔬汁风味，增加营养、色泽。

（1）糖酸比调整　是风味调整的决定性因素。调整前先用糖度计测定糖度，再用滴定法测定总酸量，最后确定糖酸的标准含量和糖酸比。先调糖后调酸，一般用蔗糖和柠檬酸。加入比例因不同原汁、不同风味而异。按公式 2-1 计算出糖浆和酸溶液的用量：

$$X = W(B-C)/(D-B) \qquad\qquad (2-1)$$

式中，X 为需加入的浓糖液（酸液）的量（kg）；D 为浓糖液（酸液）的浓度（%）；W 为调整前原果蔬汁的重量（kg）；C 为调整前原果蔬汁的含糖（酸）量（%）；B 为要求调整后果蔬汁的含糖（酸）量（%）。

（2）混合　目的是改善风味、营养及色泽。混合后的产品需进一步均质，防止分层、褐变等现象。

9. 杀菌与包装　果蔬汁及其饮料的杀菌工艺正确与否，不仅影响产品的保藏性，还会影响产品的质量。加热能杀灭存在于果蔬中的细菌、霉菌、酵母菌，防止发酵；同时可以钝化酶的活性，避免各种不良的变化。通过给定的适当加热温度和加热时间，能达到杀死微生物的目的，但要尽可能降低对果蔬汁品质的影响，就必须选择合理的加热温度和时间。杀菌方法有热杀菌和冷杀菌两大类。

热杀菌方法主要有巴氏杀菌法、高温短时杀菌、超高温瞬时杀菌法。加热杀菌因简便可靠，在现代果蔬汁加工中仍是应用最普遍的杀菌方式。

知识链接

超高温（UHT）热处理

超高温（UHT）热处理通常指流体食品加热到 125～150℃，并在此温度下保持 4～20 秒的瞬间热处理过程。经过 UHT 热处理后，制品中将不再含有在室温贮存条件下可生长繁殖的微生物，可达到商业无菌的要求。由于 UHT 处理时间短，产品能较好地保持食品原有的色香味和营养成分。

流体食品的微生物类群依据细菌的最适生长温度区域，通常可分为低温菌、嗜冷菌、适温菌和嗜热菌。其中低温菌、适温菌对热处理很敏感，在 UHT 热处理过程中将会失去活性；而嗜冷菌和嗜热菌的芽孢却是耐热的，但绝大多数嗜热菌在 20～30℃、pH 4.6 以下就停止生长繁殖。UHT 处理可杀灭产品中的大部分芽孢，残留的少数嗜热菌的芽孢只要在产品贮存过程中不生长繁殖引起产品腐败，就可以认定产品是商业无菌的。

随着人们生活水平的不断提高，消费者对于食品的要求正逐渐朝着绿色、健康、营养和安全的方向

发展。而传统热杀菌技术易导致食品营养物质被破坏，变色加剧，挥发性成分损失。为了迎合消费者需求，出现了一些新型的冷杀菌技术。

知识链接

冷杀菌技术

冷杀菌技术是一种在低温条件下进行高效杀菌的方法，相较于传统的热杀菌技术，冷杀菌技术具有许多优势，如保持食品原有的风味、色泽和营养价值，无污染，操作安全等。冷杀菌技术包括超高压杀菌、辐射杀菌、超高压脉冲电场杀菌、脉冲强光杀菌、磁力杀菌等。

三、果蔬汁饮料加工实例

（一）浑浊果蔬汁（橙汁）饮料

1. 工艺流程

原料选择 → 清洗拣选 → 除油 → 榨汁 → 过滤 → 调配 → 脱气 → 均质 →

→ 杀菌 → 灌装 → 冷却 → 成品

2. 原料辅料

橙子 2kg、白砂糖 60g、柠檬酸 3g 左右、CMC – Na 2g 左右、明胶 4g 左右、色素适量。

3. 加工工艺

（1）原料选择　选择酸甜可口、色泽橙黄、香气浓郁、汁液丰富、无病虫害、无机械损伤、成熟适当的新鲜橙子。鲜橙贮存时间不宜超过 36 小时，以免使原料质量，尤其是新鲜度下降过多。

（2）清洗、拣选　将橙子放入含有清洗剂的水中进行短暂的浸泡，然后将浸泡过的果蔬原料输送到带有毛刷滚轮的清洗机上，一边输送果蔬，一边对果蔬原料进行刷洗、冲洗。在浸泡槽用毛刷滚轮清洗前，可以在传送带的两侧设挑选台，重新拣选剔除漏除的腐烂果、病虫果、未成熟果等不合格果实。果蔬原料经刷洗后，再用含氯 10～30mg/L 的清水进行高压喷淋，最后用清水冲洗，以确保果蔬原料的清洁卫生。

（3）除橙油　将清洗后的橙子送入针刺式除油机，利用除油机中旋转的有刺辊轮或有刺平板，刺破果皮，使其中的果油从细胞中逸出，同时在高压喷淋水的作用下将油冲除，使水果表面的油快速脱离，达到去油效果；再用离心分离机分离出橙油和水的乳浊液中的橙油，分离残液经循环管道再进入除油机中作喷淋水用。

（4）榨汁　将除油后的橙子送入榨汁机进料斗中，然后逐个投入榨汁机托盘内，橙子一进入托盘内，上盖筒立即降下，进行榨汁，同时从底部打开抽出果汁的圆孔。然后带小孔的出汁管上升到滤网管中间，由于管内的果肉受到挤压，汁液就通过滤网从小孔流出，汇集到下部集液管。果皮片、橙皮、种子等从出汁管的中间空隙排出，完成榨汁。在榨汁过程中，如果白皮层和囊衣被磨碎，苦味成分就会混入果汁中，不仅会增加苦味，还容易产生加热臭，因此要防止这些物质的混入。

（5）过滤　先用滤孔大小约为 0.5mm 的振动筛对果汁和带籽果渣进行分离，粗滤后的果汁再经过筛孔孔径约为 0.3mm 的精滤机进行精滤，分离果汁中细小的果肉颗粒。通过调节精滤机的压力和筛筒的孔径大小，使果汁中果肉含量达到 3%～5% 的最适数量，这样可以使果汁保持良好的色泽、浊度和风味。

（6）调配　将精滤后调配好果肉浆含量的果汁流入带搅拌器的不锈钢调配罐中，加入白砂糖、柠檬酸、CMC – Na、明胶等辅料，调配果汁的糖度、酸度和其他理化指标。调和后的果汁，可溶性固形物达到15% ~17%，总酸度要达到0.8% ~1.6%（以柠檬酸计），果汁的糖酸比为（13.0 ~17.0）：1。

（7）脱气　果汁脱气可以改进风味，增加色泽的稳定性，防止营养成分损失，提高灌装均匀度和杀菌效率等。对含油量很低的甜橙汁，可以在常温下进行真空脱气。对含油量较高的甜橙汁，可以在脱气的同时完成脱油，一般调节真空蒸发器温度为50 ~52℃，压为0.08 ~0.093MPa，在这种条件下操作，会蒸发掉果汁中3% ~6%的水分，可脱除75%左右的甜橙油。

（8）均质　采用高压均质机，使用14 ~25MPa的压力进行均质。橙汁被强制通过均质机，在0.002 ~0.003mm的狭缝中，迫使悬浮颗粒分裂成细小的微粒，均匀而稳定地分散在橙汁中，进而达到均质的目的。

（9）杀菌　为了钝化果胶酶及抗坏血酸氧化酶，保证甜橙汁的胶体稳定性，采用管热交换器在86 ~99℃之间进行高温短时杀菌。

（10）灌装　将经过杀菌的橙汁在不低于80℃的温度下趁热灌装封口，灌装过程中应防止空气混入果汁，并尽量减少包装容器的顶隙。封口后将瓶子倒置10 ~30秒，对瓶盖杀菌后立即冷却至室温，以免破坏果汁的营养成分，冷却后进行包装即为成品。

4. 产品质量要求　系引用中华人民共和国国家标准《橙汁及橙汁饮料》（GB/T 2173—2008）和《食品安全国家标准 饮料》（GB 7101—2022）。

（1）感官指标　见表2 –5。

表2 –5　橙汁及橙汁饮料感官指标

项目	指标
状态	呈均匀液状，允许有果肉或囊胞沉淀
色泽	具有橙汁应有的色泽，允许有轻微褐变
气味及滋味	具有橙汁应有的香气及滋味，无异味
杂质	无可见外来杂质

（2）理化指标　见表2 –6。

表2 –6　橙汁及橙汁饮料理化指标

项目	非复原橙汁	复原橙汁	橙汁饮料
可溶性固形物（20℃，未校正酸度）（%）	≥10.0	≥11.2	
蔗糖（g/kg）	≤50.0		
葡萄糖（g/kg）	20.0 ~35.0		
果糖（g/kg）	20.0 ~35.0		
葡萄糖/果糖	≤1.0		
果汁含量（g/100g）	100		≥10

（3）微生物限量　见表2 –7。

表2 –7　橙汁及橙汁饮料微生物限量

项目	采样方案[a]及限量			
	n	c	m	M
菌落总数（CFU/g 或 CFU/mL）	5	2	10^2（10^4）	10^4（$5×10^4$）
大肠菌群（CFU/g 或 CFU/mL）	5	2	1（10）	10（10^2）

续表

项目	采样方案ª及限量			
	n	c	m	M
霉菌（CFU/g 或 CFU/mL）	≤20（50）			
酵母（CFU/g 或 CFU/mL）	≤20			
致病菌（沙门菌、志贺菌、金黄色葡萄球菌）	不得检出			

注：ª样品的采样及处理按 GB 4789.1 和 GB/T 4789.21 执行。饮料浓浆按括号中的限值执行。

（二）浓缩果蔬汁（苹果清汁）饮料

1. 工艺流程

原料选择 → 清洗、分选 → 去皮、去核 → 破碎 → 取汁 → 粗滤 → 灭酶 →

→ 冷却 → 离心分离 → 酶法澄清（果胶酶）→ 过滤 → 浓缩 → 调配（糖、酸）→

→ 杀菌 → 灌装 → 密封 → 冷却 → 成品

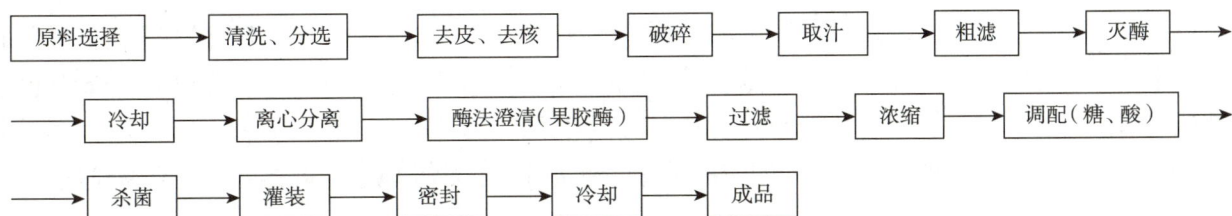

2. 原料辅料
红富士苹果 2.5kg、柠檬酸 8g、白糖 200g、抗坏血酸 0.02g、明胶 6g、果胶酶制剂 0.05g。

3. 加工工艺

（1）原料品种选择　制作苹果汁选择香味浓郁、含糖量高、酸甜适口、果汁丰富、榨汁容易、成熟度适宜的红富士苹果。

（2）清洗、拣选　先将果实放在一条长输送带上，输送带的速度一般为 0.2～0.5m/s，工作时工人站在输送带的两侧，将腐烂霉变、有病虫害、有机械损伤的不合格果实剔除。榨汁前原料要充分清洗干净。先将苹果在水槽中浸泡一定时间，然后将浸泡一定时间的果实送至旋转式清洗机，果实在翻转过程中，用喷嘴向果实喷水，进行冲洗或高压喷洗。对于农药残留量较多的果实，将其放在化学混合溶液（1.0% 的氢氧化钠和 0.1%～0.2% 的洗涤剂混合）中浸泡 10 分钟，最后再用清水喷淋，彻底冲洗干净表面的洗涤液。

（3）去皮、去核　苹果可以用旋皮机进行机械去皮，也可人工去皮。用去心器的中央通过苹果茎刺进苹果，一路推动去心器，也可用水果刀穿过苹果沿核切开，去核。

（4）破碎　将清洗挑选后去过皮、核的苹果放入锯齿式破碎机中进行破碎。设备运转时，水果由前道工序经输送系统送入破碎机入料口，由螺旋输料器将物料推向破碎腔，在破碎腔内，凭借三叶破碎器的旋转作用产生的切向分力将物料抛向定子筛筒内壁。叶片与筛筒内安装的破碎刀的相对运动而产生的撞击及切割作用将物料破碎，可通过粒度调节装置改变排料口处排料间隙来控制所要求的破碎粒度。苹果是仁果类水果，比浆果类水果的硬度高，皮和肉质致密、坚硬，破碎后苹果果块粒度在 3～5mm 为宜，并尽量避免物料与空气的接触，以防止果肉的褐变。定量加入酶制剂，酶解温度为 45℃左右，处理时间为 2 小时，以提高出汁率。同时，为防止破碎的苹果中酚类物质在多酚氧化酶的作用下发生褐变，常添加适量的抗坏血酸溶液。采用喷淋式添加方式，一边破碎一边向已破碎好的物料中喷洒护色剂。

（5）取汁　将酶解后破碎过的果蔬浆用带式榨汁机榨汁。设备工作时，经破碎待压榨的固液混合物从喂料盒中连续均匀地送入下网带和上网带之间，被两网带夹着向前移动，在下弯的楔形区域，大量汁液被缓缓压出，形成可压榨的滤饼。当进入压榨区后，由于网带的张力和带 L 形压条的压辊的作用将汁液进一步压出，汇集于汁液收集槽中，然后由于压辊的直径递减，使网带间的滤饼所受的表面压力与剪力递增，保证了最佳的榨汁效果。

通过此方式控制出汁率为70%～85%。破碎压榨出的新鲜果蔬汁中含有较多的悬浮物和微小颗粒，这将影响果蔬汁的外观状态和风味，应立即通过筛滤器进行粗滤，分离出果肉浆。筛滤器使用不锈钢回转筛，滤网孔大小约为0.5mm。

（6）灭酶、冷却　为了杀死果汁中的各种微生物并钝化多酚氧化酶与果胶酶，筛滤后的果汁应立即进行热处理，采用高温瞬时杀菌，在90～95℃下保持30秒，然后迅速冷却到50℃左右。

（7）离心分离　将制得的苹果原汁放在离心机的试管中，进行离心分离，放置试管时要遵守离心机使用规程，保持离心平衡。

（8）澄清　用柠檬酸调节离心分离后的苹果原汁pH至3.0～3.5，然后将果胶酶溶液按比例缓慢加入果汁中，并不断地进行搅拌15～30分钟，使之混合均匀，然后升温至50～55℃，保温45～60分钟进行酶法澄清。

（9）过滤　将澄清处理后的苹果汁使用硅藻土过滤机进行过滤处理，分离其中的沉淀物和悬浮物，使果汁饮料呈澄清透明状。

（10）浓缩　苹果汁浓缩设备的蒸发时间通常为几秒钟或几分钟，蒸发温度通常为55～60℃。在这样短的时间和这样低的蒸发温度下，不会产生对产品成分和感官质量不利的变化。如果浓缩设备的蒸发时间过长或蒸发温度过高，苹果浓缩汁会因蔗糖焦化和其他反应产物的出现而变色变味。羟甲基糠醛含量可用来判断苹果浓缩汁的热处理效果。澄清果汁经真空浓缩设备浓缩到1/5～1/7，糖度65%～68%。

（11）调配　主要是调整苹果汁饮料的糖酸比。苹果清汁饮料质量规格为可溶性固形物12%～15%，总酸0.3%～0.6%，原果汁的含量40%左右，因此，根据测定的原果汁的糖度、酸度、用量等，用砂糖和食用酸对所配制饮料的糖酸比进行调整。

在真空浓缩后的苹果汁中，按配方要求加入白糖、柠檬酸、羧甲基纤维素钠溶液进行调配，糖酸调整时，先按要求用少量水或果蔬汁使糖或酸溶解，配成浓溶液并过滤，然后加入果蔬汁中，放入夹层锅内，充分搅拌调和均匀后，测定其含糖量，如不符合产品规格，可再进行适当调整，最终调整成品糖度为12%左右，酸度为0.4%左右，使糖酸比在大多数人能接受的范围内，即（13∶1）～（15∶1），最后可以加入微量着色剂、苹果香精调整香味和色泽。

（12）杀菌　调配好的苹果汁在105～110℃下杀菌，保持15～30秒，以杀死果蔬汁中的致病菌、产毒菌、腐败菌，并破坏果蔬汁中的酶，使果汁在贮存期内不易变质。

（13）灌装　将经过杀菌的苹果清汁在不低于80℃的温度下趁热灌装封口，封口后将瓶子倒置10～30秒，对瓶盖杀菌后立即进行降温，以免破坏果汁的营养成分，冷却后进行包装即为成品。

4. 产品质量要求　系引用中华人民共和国国家标准《浓缩苹果汁》（GB/T 18963—2012）。

（1）感官指标　见表2-8。

表2-8　浓缩苹果汁感官指标

项目	浓缩苹果清汁	浓缩苹果浊汁
香气及滋味	具有苹果固有的滋味和香气，无异味	
外观形态	澄清透明，无沉淀物，无悬浮物	均匀黏稠的汁液，久置允许有少许沉淀
杂质	无正常视力可见的外来杂质	

（2）理化指标　见表2-9。

表2-9　浓缩苹果汁理化指标

项目	浓缩苹果清汁	浓缩苹果浊汁
可溶性固形物（20℃，以折光计）（%）	≥65.0	≥20.0
可滴定酸（以苹果酸计）（%）	≥0.70	≥0.45
花萼片和焦片数（个/100g）	—	<1.0
透光率（%）	≥95.0	≤10.0
浊度（NTU）	≤3.0	
色值	—	≤0.08
不溶性固形物（%）	—	≤3
富巴酸（mg/L）	≤5.0	—
乳酸（mg/L）	≤500	—
羟甲基糠醛（mg/L）	≤20	—
乙醇（g/kg）	≤3.0	≤3.0
果胶试验	阴性	—
淀粉试验	阴性	—
稳定性试验（NTU）	≤1.0	—

注1：检测项目除可溶性固形物、可滴定酸、花萼片和焦片数外，其余项目清汁和浊汁分别在可溶性固形物为11.5%和10.0%的条件下测定。

注2：浊汁的可滴定酸含量是以可溶性固形物20.0%规定的，若可溶性固形物含量提高，可滴定酸含量按比例相应提高。

PPT

第三节　碳酸饮料加工技术

一、碳酸饮料的分类

《碳酸饮料（汽水）》（GB/T 10792—2008）对碳酸饮料的定义为：在一定条件下充入二氧化碳气的饮料，不包括由发酵法自身产生二氧化碳气的饮料。碳酸饮料（俗称汽水）通常由水、甜味剂、酸味剂、香精香料、色素、二氧化碳气体及其他原辅料配合而成，可分为以下4类：果汁型碳酸饮料、果味型碳酸饮料、可乐型碳酸饮料、其他型碳酸饮料。

1. 果汁型碳酸饮料　含有一定量果汁的碳酸饮料，如橘汁汽水、橙汁汽水、菠萝汁汽水或混合果汁汽水等。

2. 果味型碳酸饮料　以果味香精为主要香气成分，含有少量果汁或不含果汁的碳酸饮料，如橘子味汽水、柠檬味汽水等。

3. 可乐型碳酸饮料　以可乐香精或类似可乐果香型的香精为主要香气成分的碳酸饮料。

4. 其他型碳酸饮料　除上述三类以外的碳酸饮料，如苏打水、盐汽水、姜汁汽水、沙士汽水等。

二、碳酸饮料加工工艺

（一）基本工艺流程

1. 一次灌装法

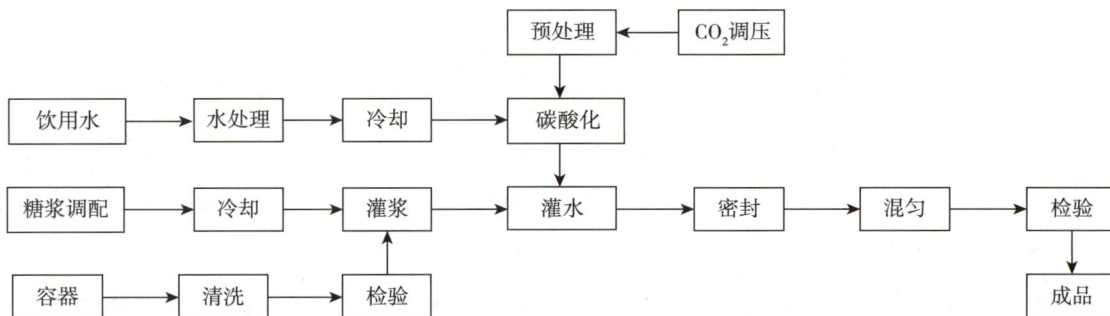

2. 二次灌装法

（二）工艺要点

1. 碳酸气的制备

（1）二氧化碳的制取　二氧化碳的来源主要有两个方面。

1）天然二氧化碳：天然的二氧化碳是由天然二氧化碳气井喷出的气体，其产生的二氧化碳气体纯度可达80%～95%，有的达99.5%。

2）发酵产生的二氧化碳：这主要是乙醇、白酒和啤酒生产中酵母利用葡萄糖后生成乙醇和二氧化碳。由此所产生的二氧化碳含量一般可达95%～99%。目前，这种方法是饮料厂所用二氧化碳的主要来源。

（2）二氧化碳的净化　应根据其来源及杂质情况区别进行。对含硫的天然二氧化碳气应先脱硫；发酵产生的二氧化碳常含有气味和杂质，需进行氧化和活性炭吸附；化工厂的废气二氧化碳带有硫化氢和各种怪味，需经过碱洗、水洗、脱湿和活性炭吸附脱臭等处理。净化二氧化碳的过程一般是将二氧化碳气体由下而上依次通过高锰酸钾溶液塔、水洗塔、活性炭塔，使其中的杂质被氧化或被吸收，得到净化的气体。高锰酸钾的浓度一般为2%～3%，并在溶液中加入纯碱。

2. 糖浆的制备

碳酸饮料的主要原料是糖浆、二氧化碳和水。糖浆又称调和糖浆或调味糖浆，是指将甜味剂、酸味剂、香料和防腐剂等分别加入配料罐混匀后所得的浓稠状浆料。调和糖浆的配制在配料室进行，配料室是饮料生产中最重要的工作场所，它对清洁卫生的要求最严格。配料室要求与其他车间严格隔离，室内具备良好的清洗、消毒、排水、换气和防尘、防鼠、防蚊蝇等设备。

糖浆制备的生产工艺流程：砂糖→称量→溶解→净化过滤→杀菌、冷却→脱气→浓度调整→配料→精滤（均质）→杀菌→冷却→储存（缓冲罐）→糖浆。

（1）原糖浆的制备

1）糖的溶解：按照配方把定量的砂糖溶解在定量的水中，制得的具有一定浓度的糖液，一般称为原糖浆或单糖浆。制备糖溶液首先需将砂糖溶解，砂糖的溶解（包括糖液的处理）分为间歇式和连续式两种。间歇式又可分为热溶和冷溶两种。配制后短期内使用的糖浆可采用冷溶法；零售饮料、纯度要求较高，或要求延长贮藏期的饮料，最好采用热溶法。

2）糖的过滤：为了保证糖浆的质量，制得的糖溶液必须进行严格的过滤，以除去糖溶液中的细微杂质，如灰尘、纤维、砂粒和胶体，工厂一般采用不锈钢板框压滤机或硅藻土过滤机过滤糖溶液。

3）糖液的配制

A. 糖溶液浓度的确定：一般确定糖溶液浓度为冷溶法 45～65°Bx，热溶法 55～65°Bx。糖溶液浓度小于 55°Bx，糖溶液易腐败变质；糖溶液浓度大于 65°Bx，保存性好，但冷却后黏度大，有时会有糖析出。糖液的浓度由制品甜度大小决定。

B. 糖溶液的配制：糖液净化处理后，应按生产要求配制到一定浓度。一般汽水的砂糖用量为 10%左右，糖溶液用量为装瓶容量的 15%～20%（1/7～1/5）。配制糖液时，如果糖液浓度高，则黏度大，特别是冷冻糖液，容易造成糖液注入量的不稳定（尤其是采用"二次灌装"法时，注入量更不稳定），还会影响糖液与其他配料的混合，若搅拌过度则会因空气严重混入影响汽水质量；但如果糖液浓度太低，则会利于微生物的生长繁殖，容易造成发酵变质。一般把糖溶解为 65% 的质量浓度，再经配料调整糖液质量浓度。

在制备糖溶液时，首要问题是根据配方确定糖与水的用量。生产各种浓度的糖溶液，只需知道糖与水的质量，或知道糖溶液浓度及体积，即可求出所需糖与水质量（糖质量、水质量、糖液浓度及体积知道两者，求另两者），可按公式 2-2 计算：

$$加水量 = \frac{100\% - 糖的质量分数}{糖的质量分数} \times 加糖量 \qquad (2-2)$$

（2）糖浆的调配　为了制出不同风味的汽水，需在糖溶液中加入如防腐剂、酸味剂、香精香料、色素等辅料。不同品种之间的差别主要在于加入的甜味剂、酸味剂、香精等的种类、量的多少及加入方法。为了使配方中的物料混合均匀，减少局部浓度过高而造成的反应，物料不能直接加入，而应预先制成一定浓度的水溶液，并经过过滤，再进行混合配料，这个过程称为糖浆的调配。

1）原料处理

A. 甜味剂：碳酸饮料使用的甜味剂有蔗糖、葡萄糖、果糖、麦芽糖以及高强度甜味剂糖精钠等，使用最多的是砂糖。碳酸饮料对所使用的糖在色度、纯度、灰分和二氧化硫含量等方面均有较高的要求。实际生产中为了使风味更好，往往使用两种或两种以上的甜味剂。

B. 酸味剂：可用柠檬酸、乳酸、苹果酸、酒石酸、醋酸和磷酸等，酸味剂的选用随饮料的类型各异，一般碳酸饮料普遍使用柠檬酸。可乐型饮料多用磷酸，磷酸盐可以提高二氧化碳溶解性和改善饮用时的口感。葡萄糖饮料则宜使用乳酸或乳酸与柠檬酸的混合酸。

C. 色素：多数饮料，包括果汁、果味和可乐型饮料都有各自一定的色调。多数果汁，特别是含有果肉的饮料本身会呈现某种色调，但其稳定性及均一性较差，生产中还需要用色素来增色。碳酸饮料用得较多的是合成色素，例如柠檬黄、日落黄、酸性红、焦糖色等。

D. 防腐剂：碳酸饮料有一定的酸度，具有一定的防腐能力，但仍使用防腐剂是需进一步提高其防腐性能。碳酸饮料使用较多的防腐剂是苯甲酸及其钠盐、山梨酸及其钾盐。使用防腐剂时，一般先把防腐剂用 90～95℃开水溶解成 20%～30% 的水溶液，生产时边搅拌边缓慢加入糖液中，避免由于局部浓度过高与酸发生反应而析出产生沉淀，失去防腐作用。

E. 香料：常用香精分为水溶性和油溶性，一般水溶性香精经滤纸过滤后可直接使用，油溶性香精需溶于 7～10 倍容积 90% 食用乙醇中。碳酸饮料使用的香精品种主要有柠檬、白柠檬、橘子、葡萄、菠萝、草莓、桃、苹果以及生姜、焦糖等。使用的天然果汁有柑橘、白柠檬、葡萄柚、柠檬、苹果、菠萝等果汁，果汁使用量一般为5%~10%。

F. 水：在饮料中所占的比例最大，因此水的质量也最重要，饮料用水必须是软水，应该根据不同地区的水质和同一地区不同季节的变化，进行合理处理，以去除其中有碱度和硬度的盐类、悬浮物和微生物，消除水对饮料风味和色调以及其他质量的影响。

2）糖浆调配顺序：在调配糖浆时，首先应根据配方，正确计量每次配料所需的原糖浆、香料、色素和水等。各种配料溶于水后分别加入原糖浆中。配料时要注意加料顺序，调配顺序应遵循以下几个原则：①调配量大的先调入，如糖液；②配料容易发生化学反应的间隔开调入，如酸和防腐剂；③黏度大、起泡性原料较迟调入，如乳浊剂、稳定剂；④挥发性的原料最后调入，如香精、香料。调配过程首先在配料罐加入一定容积的糖浆，在不断搅拌的条件下，有顺序地加入各种原辅料。

3. 碳酸化 将二氧化碳和水混合的过程。碳酸化程度直接影响产品的质量和品质，是碳酸饮料生产的关键环节，所使用的设备为碳酸饮料混合机。

（1）影响碳酸化的因素

1）温度和压力：压力小于5MPa时，压力越大，二氧化碳的溶解度越大；压力不变的情况下，温度越低，二氧化碳的溶解度越大。一般碳酸化温度在3~5℃，二氧化碳压力为0.3~0.4MPa。

2）气体的纯度和杂质：二氧化碳在水中的溶解度与液体中存在的溶质的性质和二氧化碳气体的纯度有关。纯水含糖或含盐的水更容易溶解二氧化碳，而二氧化碳气体中的杂质则阻碍二氧化碳的溶解。最常见的影响碳酸化的因素是空气，当水中有空气存在时，不仅影响二氧化碳在水中的溶解，而且会促进霉菌和腐败菌等好气性微生物的生长繁殖，使饮料变质。

3）二氧化碳和水的接触面积与接触时间：在温度和压力一定的情况下，二氧化碳与水的接触面积越大、接触时间越长，在水中的溶解量就越大，因此，应选用水与二氧化碳接触面积大的设备，并做到能使水雾化成水膜，以增大与二氧化碳的接触面积，同时又能保证有一定的接触时间。

（2）碳酸化的方式 通常分为低温冷却吸收式和压力混合式两种。

1）低温冷却吸收式：在二次灌装工艺中是把进入汽水混合机的水预先冷却至4~8℃，在0.45MPa压力下进行碳酸化操作。在一次灌装工艺中则是把已经脱气的糖浆和水的混合液冷却至15~18℃，在0.75MPa压力下与二氧化碳混合。低温冷却吸收式的缺点是制冷量消耗大，冷却时间长或容易由于水冷却程度不够而造成含气量不足，且生产成本较高；其优点是冷却后液体的温度低，可抑制微生物生长繁殖，设备造价低。

2）压力混合式：是采用较高的操作压力来进行碳酸化。其优点是碳酸化效果好，节省能源，降低了成本，提高了产量；缺点是设备造价较高。因为单靠提高二氧化碳的压力，受到设备的限制，单靠降低水温，效率低且能耗大，所以在碳酸化过程中通常采用两种方式相结合的方法。一般碳酸化系统由二氧化碳气调压站、水或混合液冷却器、混合机等组成。

4. 灌装 把混合糖浆和溶有二氧化碳的水充分混合后，加盖密封形成产品。其灌装方法有二次灌装和一次灌装两种方法。

（1）二次灌装法 将调和糖浆通过灌装机（又称糖浆机或灌浆机）定量注入容器中，然后通过另一灌装机（又称灌水机）注入经冷却碳酸化的水，在容器内混合而成碳酸饮料的灌装方式。

对于含有果肉的碳酸饮料，采用二次灌装法较为有利，因为果肉颗粒通过混合机时容易堵塞喷嘴，不易清洗。两次灌装系统较为简单，但两次灌装只有水被碳酸化，糖浆没有被碳酸气饱和，两者接触时间短，气泡不够细腻，碳酸水混合后的成品中含气量下降，所以采用这种方式时，必须提高碳酸水的含气量，以便调和成品的含气量能达到预期。另外，调味糖浆与碳酸水温度不一致，在灌水时，容易激起多量泡沫，灌不满，使灌装困难。为此需要将调味糖浆进行冷却，使其接近碳酸水的温度。二次灌装法由于糖浆是预先定量灌装的，碳酸水的灌装量会由于瓶子容量不一致而导致成品饮料质量的差异。

（2）一次灌装法　将调味糖浆与水预先按一定比例泵入汽水混合机内进行定量混合，再冷却，并使该混合物吸收二氧化碳后装入容器，达到规定的含气量后立即灌装的方法。一次灌装法有两种形式：①将各种原辅料按工艺要求配制成调和糖浆（基料），然后与碳酸水（充有二氧化碳的水）在配比器内按一定比例进行混合，进入灌装机一次灌装；②将调和糖浆（基料）和水预先按一定比例泵入汽水混合机内，进行定量混合后再冷却，然后将该混合物碳酸化后再装入容器。

在一次灌装的混合机内常配置冷却器，这种灌装法使水和糖浆都得到冷却和碳酸化，冷却效果和碳酸化效果都比较好，工艺简单，适合高速灌装，普遍用于大型饮料厂。一次灌装法的优点是灌装时糖浆和水的混合比例较准确，不因容器的容量而变化，产品质量一致；浆水温度一致，不易起泡。这种灌装方法的缺点是不适用于带果肉碳酸饮料的灌装；设备较复杂，混合机与糖浆接触，洗涤与消毒要求较严等。

三、碳酸饮料加工实例——可乐型碳酸饮料

（一）工艺流程

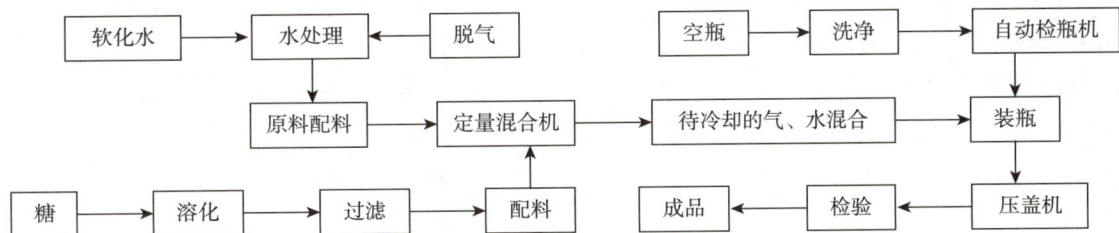

（二）加工工艺

1. 水处理　将自来水通过电渗析机处理或反渗透方法进行软化及除盐处理，同时将水中的杂质和溶解的固体物质大部分除去，除盐率约在90%。处理后的水用泵加压进入活性炭过滤器，以去掉水中的不良味道，再经砂棒过滤后进一步除去水中的悬浮物和杂质，砂棒过滤也有除菌的作用。最后经紫外线杀菌器杀菌，冷却后即可使用。

2. 原糖浆制备　配料过程中，将甜味料、酸味料、香料和防腐剂等分别加入配料桶，混合后即为糖浆。将制好的糖浆与碳酸水混合后，即得终产品。

3. 碳酸化　即将二氧化碳和水混合的过程，碳酸化程度直接影响产品的质量和风味，是碳酸饮料生产的关键步骤。碳酸化系统包括二氧化碳混合机、冷却装置以及二氧化碳钢瓶或调压站。

4. 灌装　对一次使用的易拉罐、聚酯瓶等，由于包装严密，出厂后无污染，因而不需要清洗，或用无菌水洗涤喷淋即可用于生产。对于包装物为重复使用的玻璃瓶，由于瓶中黏附的杂物及微生物残留较多，所以要将空瓶清洗干净、消毒后方可使用，洗瓶的基本过程包括浸瓶、喷射、刷瓶、滴干和验瓶，工厂一般会选用全自动洗瓶机。灌装要求：①达到预期的碳酸化水平；②保证糖浆和水的正确比例，二次灌装法成品饮料的最终糖度取决于灌浆量、灌装高度和容器的容量，要保证糖浆量的准确度和控制灌装高度；③保持合理和一致的灌装高度；④容器顶隙应保持最低的空气量；⑤密封严密有效；⑥保持产品稳定。常见灌装机类型有压差式灌装机、等压式灌装机和负压式灌装机。

5. 贴标　在灌装完成后，要给产品贴标。贴标前，对能看见内容物的碳酸饮料在灯光下进行目测检验，进一步观察有无杂质和漏气现象。贴标要求美观、协调、牢固。

（三）产品质量要求

质量标准系引用中华人民共和国国家标准《碳酸饮料（汽水）》（GB 10792—2008）。

1. 感官指标　见表 2 - 10。

表 2 - 10　可乐型碳酸饮料感官指标

项目	指标
香气	具有该品种应有的辛香和果香的混合香气，香气较协调柔和
滋味	口味正常、味感纯正、爽口，酸甜较适口，有清凉感
透明度浊度	澄清透明，无沉淀
杂质	无肉眼可见的外来杂质
液面高度	灌装后液面与瓶口的距离为 2 ~ 4cm
泡沫	倒入杯内，泡沫高 2cm 以上，持续时间 2 分钟以上
瓶盖	不漏气，不带锈
商标	端正，与内容一致

2. 理化指标　见表 2 - 11。

表 2 - 11　可乐型碳酸饮料理化指标

项目	指标
可溶性固形物（20℃折光计法）含量（%）	高糖≥9.0，低糖≥4.5
二氧化碳气容量（20℃容积倍数）	≥3.0
总酸（以适当的酸计）含量（g/L）	≥0.80
咖啡因（mg/L）	≤150
甜味剂	按 GB 2760 规定
苯甲酸钠含量（g/kg）	<0.20
着色剂	按 GB 2760 规定
乳化剂	按 GB 2760 规定
食用香料	按 GB 2760 规定
砷（以 As 计）含量（mg/kg）	<0.5
铅（以 Pb 计）含量（mg/kg）	<1.0
铜（以 Cu 计）含量（mg/kg）	<10.0

3. 微生物限量　见表 2 - 7。

四、碳酸饮料生产常见的质量问题及控制措施

（一）二氧化碳气含量不足

碳酸饮料含气量不足就是二氧化碳含量太少或根本无气，这样的产品开盖无声，没有气泡冒出。造成碳酸饮料这种问题的主要原因如下：①二氧化碳气不纯或纯度不够标准；②碳酸化程度低；③灌装工艺的影响。

（二）罐装时过分起泡或不断冒泡

造成灌装时过分气泡或不断冒泡的原因如下：①二氧化碳不纯；②料液温度或洗瓶温过高；③成品料液中形成大量二氧化碳泡沫；④操作不当。

（三）杂质

造成碳酸饮料含杂质的主要原因如下：①瓶子或瓶盖不干净；②原料带入的杂质；③机件碎屑或管道沉积物。

（四）浑浊与沉淀

碳酸饮料有时会出现白色絮状物，使饮料浑浊不透明，同时在瓶底生成白色或其他沉淀物。碳酸饮料发生浑浊、沉淀的原因很多，一般可以归结为三方面，即微生物、化学反应和物理作用。

（五）饮料的变质

碳酸饮料变质的明显特征除浑浊沉淀外，还有变味、变色和黏性物质的形成。产生这些质量问题的主要原因如下：①微生物引起的变质；②化学反应引起的变质；③物理作用引起的变质。

第四节　蛋白饮料加工技术

PPT

一、蛋白饮料的分类

蛋白饮料是以乳或乳制品，或其他动物来源的可食用蛋白，或含有一定蛋白质的植物果实、种子或种仁等为原料，添加或不添加其他食品原辅料和（或）食品添加剂，经加工或发酵制成的液体饮料。分为含乳饮料、植物蛋白饮料、复合蛋白饮料和其他蛋白饮料。

1. 含乳饮料　以乳或乳制品为原料，添加或不添加其他食品原辅料和（或）食品添加剂，经加工或发酵制成的制品。如配制型含乳饮料、发酵型含乳饮料、乳酸菌饮料等。

2. 植物蛋白饮料　以一种或多种含有一定蛋白质的植物果实、种子或种仁等为原料，添加或不添加其他食品原辅料和（或）食品添加剂，经加工或发酵制成的制品，如豆奶（乳）、豆浆、豆奶（乳）饮料、椰子汁（乳）、杏仁露（乳）、核桃露（乳）、花生露（乳）等。

以两种或两种以上含有一定蛋白质的植物果实、种子、种仁等为原料，添加或不添加其他食品原辅料和（或）食品添加剂，经加工或发酵制成的制品也可称为复合植物蛋白饮料，如花生核桃、核桃杏仁、花生杏仁复合植物蛋白饮料。

3. 复合蛋白饮料　以乳或乳制品和一种或多种含有一定蛋白质的植物果实、种子或种仁等为原料，添加或不添加其他食品原辅料和（或）食品添加剂，经加工或发酵制成的制品。

4. 其他蛋白饮料　含乳饮料、植物蛋白饮料、复合蛋白饮料之外的蛋白饮料。

二、蛋白饮料加工工艺

（一）含乳饮料

1. 选料　原料乳和乳粉要符合 GB 19301—2010 和 GB 19644—2010 的要求，配制型酸性乳饮料对原料的要求尤其高。

2. 生产用水　生产配制型乳饮料的水要符合《生活饮用水卫生标准》（GB 5749—2022）规定，特殊产品要符合《食品安全国家标准 包装饮用水》（GB 19298—2014）规定，要使用软质水，否则会造成蛋白质沉淀、分层，影响饮料的口感。

3. 稳定剂的使用　中性乳饮料常用的稳定剂为羧甲基纤维素钠、海藻酸钠、卡拉胶、黄原胶、瓜尔豆胶等，酸性乳饮料常用的稳定剂为果胶或果胶与上述稳定剂的混合物。稳定剂添加之前一般与白砂糖在 80~90℃ 热水中溶解均匀，或经胶体磨处理后溶解均匀，还可以在 2500~3000r/min 高速搅拌下将稳定剂缓慢加入水中溶解。

4. 均质 使用均质机均质，使料液中的粒子微细化，均质的温度为 50 ~ 75℃，均质压力为 15 ~ 25MPa。

（二）植物蛋白饮料

1. 选料及原料预处理 要生产出高质量的植物蛋白饮料，原料的质量至关重要。通常生产植物蛋白饮料宜选择新鲜、籽粒饱满均匀、无虫蛀、无霉烂变质、成熟度较高的植物籽仁。劣质的原料，有的因贮藏时间过长脂肪部分氧化产生哈喇味，同时影响其乳化性能；有的部分蛋白质变性，经高温处理后易完全变性而呈豆腐花状；若有霉变的则可能产生黄曲霉毒素，影响消费者健康。

各种植物蛋白饮料的原料——植物籽仁，大部分都有外衣及外壳，需进行处理和加工。采用干法脱皮的植物籽仁，应控制含水量，才能提高脱皮效果。湿法脱皮则应使植物籽仁充分吸收水分，脱皮效果才明显提高。原料的预处理应针对不同的植物蛋白饮料采用适当的预处理措施。

2. 浸泡、磨浆 经过预处理的植物籽仁，一般都先经浸泡工序。植物籽仁通过浸泡，可软化细胞结构，疏松细胞组织，降低磨浆时的能耗与设备磨损，提高胶体分散程度和悬浮性，提高蛋白质的提取率。浸泡时，要根据季节调节浸泡温度及浸泡时间，通常夏季浸泡温度稍低，浸泡时间稍短；冬季浸泡水温稍高，浸泡时间适当延长。

浸泡好的植物籽仁在磨浆前，要清除杂质。先经磨浆机进行粗磨，加水量应一次加足，量不可太少，以免影响原料提取率。一般控制在配料水量的 50% ~ 70%，然后送入胶体磨进行细磨，使其组织内蛋白质及油脂充分析出，以提高原料利用率。通过粗、细磨后的浆体中应有 90% 以上的固形物可通过 150 目筛孔。

3. 浆渣分离 各种原料经过粗、细磨浆后，通过三足式不锈钢离心机进行分离（转鼓内滤袋用绢丝布、帆布等过滤材料制作），其渣除了作为饲料外，还可进一步进行烘干，作为其他加工产品的原料。经过分离得到的汁液，就是生产植物蛋白饮料的主要原料。

有些植物蛋白品种的提取液，由于油脂含量较高，部分生产厂家采用高速离心分离的方法，将其中部分油脂分离，但是，许多植物蛋白饮料良好的香味主要来自其油脂，且植物籽仁的油脂中含有大量不饱和脂肪酸，并有人体不能合成的必需脂肪酸。因此，在加工工艺上，尽量将其油脂保留在饮料中，以提高产品的本色香味。合理选择具有高乳化稳定效果的乳化剂与稳定剂，可以得到品质稳定均一的优良产品。

4. 加热调制 经过分离得到的汁液，按照各种配方进行调制，将余下的 30% ~ 50% 水量，用于溶解各种乳化剂、增稠剂，还有白砂糖、甜味剂等。为了使乳化剂、增稠剂溶解均匀，可用砂糖作为分散介质，加水调匀。将乳化剂、增稠剂与分离汁液混合均匀，混合设备可采用胶体磨，以增加饮料的口感、细腻感。然后通过列管式或板式热交换器加热升温到所需的温度。

加热调制是生产各种植物蛋白饮料关键工序之一，不同的品种采用不同的乳化剂与增稠稳定剂添加量。应严格控制加热温度、加热时间，以防止蛋白质变性。同时严格控制好饮料的 pH，避开蛋白质的等电点（pH 4.0 ~ 5.5），以确保形成均匀、乳白的饮料。

5. 真空脱臭 植物蛋白饮料由于其原料的特性及生产特性，极易产生青草臭和加热臭等异臭。真空脱臭法是有效除去植物蛋白饮料中不良风味的方法。将加热的植物蛋白饮料于高温下喷入真空罐中，部分水分瞬间蒸发，同时带出挥发性的不良风味成分，由真空泵抽出，脱臭效果显著。一般操作控制真空度在 26.6 ~ 39.9kPa。

6. 均质 生产优质植物蛋白饮料不可缺少的工序。均质过程是将原先粗糙的植物蛋白加工成极细的颗粒，通过均质可防止脂肪上浮，使吸附于脂肪球表面的蛋白质量增加，缓和变稠现象，同时提高产品消化性,增加成品的光泽度,改善成品口感,提高产品的稳定性。

7. 灌装、杀菌 植物蛋白饮料通常先进行巴氏杀菌,然后热灌装,密封后再进行二次杀菌和冷却。有些品种易引起脂肪析出、产生沉淀、蛋白质变性等问题,制品在高温下长时间加热,部分热不稳定的营养成分容易受到破坏,色泽加深、香气损失、产生煮熟味、口味明显下降。因此,也可采用超高温瞬时杀菌和无菌包装的方式,然后迅速冷却,可显著提高产品色、香、味等感官质量,又能较好地保持植物蛋白饮料中的一些对热不稳定的营养成分。

三、蛋白饮料加工实例

(一)豆乳类饮料

1. 工艺流程

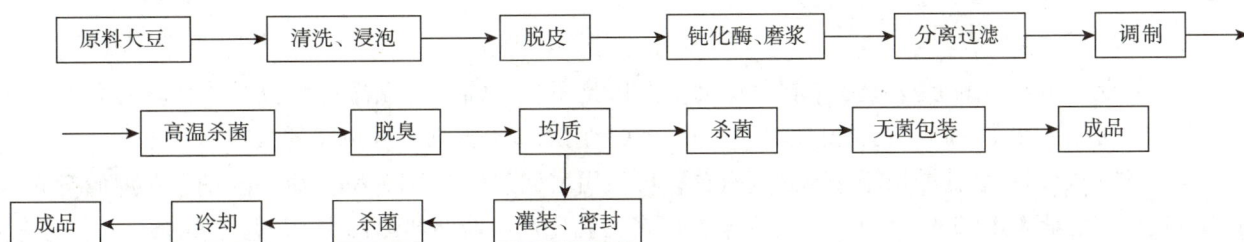

2. 加工工艺

(1)原料的选择 豆乳原料宜选用脂肪含量高的大豆,选取粒度一致且含水量在12%以下的原料大豆。

(2)浸泡 大豆表面有很多微细皱纹、泥土和微生物附着其中,浸泡前应进行充分清洗。通过浸泡软化大豆组织结构,降低磨浆时的能耗与磨损,有利于蛋白质的萃取,提高蛋白质提取率。浸泡时间视水温不同而异,浸泡用水为大豆的 3～4 倍质量。

当浸泡水表面有少量泡沫,表皮平滑而涨紧,用手搓豆较易分成两半,子叶横断面光滑平整,中心部位与边缘色泽一致,表明浸泡时间已够。浸泡后大豆的质量约为原重的 2.2 倍。浸泡水中加入 $NaHCO_3$,可更有效地软化组织结构,缩短浸泡时间,并能较好地脱除大豆中的色素,对增加豆奶的乳白度有一定的辅助作用,同时对去除豆腥味也有明显效果。

(3)脱皮 有干法脱皮和湿法脱皮两种,但以干法脱皮为好。脱皮可以去除表面杂质,减少土壤菌,去除胚轴、皮的涩味及胚轴苦味、收敛味,抑制起泡性,改进豆乳风味以及缩短灭酶所需要的加热时间,因而可以减少蛋白质变性和防止褐变,对豆乳质量的影响很大。

(4)磨浆及灭酶 豆乳中含有 20 多种酶,这些酶在豆乳制造中产生豆腥味、苦味、涩味等,影响豆乳风味;有的还不利于人体消化,产生毒性分解物。目前钝化脂肪氧化酶的工艺一般采用热磨法或在磨前进行热烫,若采用热烫,温度控制在 95～100℃,即将浸泡后的大豆均匀地经过沸水或蒸汽 2～3 分钟,也可把磨好的豆浆经过高温瞬时杀菌处理。

对灭酶后的大豆进行磨浆,磨浆采用胶体磨或自动磨浆设备。磨浆时,注入相当于大豆质量 8 倍的 80℃热水,也可注入 0.25%～0.5% 的 Na_2CO_3 溶液,以增进磨碎效果。为了提高固形物的提取率,经粗磨后的浆体再泵入超微磨中,使 95% 的固形物可以通过 150 目筛。然后用沉降式离心分离机使浆渣分离,使豆渣的水分控制在 80% 左右。

知识链接

豆腥味的去除

通过单一方法去除豆腥味比较困难。在豆乳加工中，钝化脂肪氧化酶的活性是最重要的，再结合脱臭法和掩盖法，可使产品的豆腥味基本消除。

1. 脱臭法 主要包括热处理、紫外线照射、臭氧处理等方法。这些方法可以通过破坏豆腥味物质的结构，降低其挥发性，从而达到去除豆腥味的效果。

2. 掩盖法 通过在豆制品中添加一些具有浓郁香气的成分，如香草、巧克力、坚果等，来掩盖豆腥味。这些成分可以与豆腥味物质发生相互作用，使其挥发性降低，从而达到去除豆腥味的效果。此外，一些天然植物提取物，如茶叶提取物、葡萄籽提取物等，也被发现具有很好的掩盖豆腥味的作用。

（5）调制 分离后的原豆乳蛋白质含量高，但风味不佳，需在调制罐中将豆乳、营养强化剂、赋香剂和稳定剂等调和在一起，充分搅拌均匀，并用饮料用水调整至成不同风味的饮料。

1）添加稳定剂：豆乳的稳定性与黏度有关，可使用增稠剂如 CMC – Na、海藻酸钠、黄原胶等来提高产品稠度，用量为 0.05% ~0.1%，生产中常用多种乳化剂、增稠剂配合使用以增强效果。

2）添加赋香剂：生产中常用奶粉、鲜奶、可可、咖啡、椰浆等香味物质调制成各种风味的豆乳，还能掩盖豆乳本身的豆腥味。

3）添加营养强化剂：豆乳中的含硫氨基酸、维生素 A、维生素 D、钙等含量较低，需进行强化。

（6）高温瞬时灭菌 调配好的豆乳应进行高温瞬时灭菌（UHT），杀菌条件为 120 ~140℃、10 ~15秒，该条件可以使耐热性细菌致死，同时去除有碍消化的胰蛋白酶抑制剂。

（7）脱臭 一般在真空度为 0.03 ~0.04MPa 的真空罐中进行，真空度不宜过高，以防气泡冲出。脱臭温度一般在 75℃以下，该温度对乳化和均质也适合。

（8）均质 一般均质条件为压力 20 ~25MPa，温度 80 ~90℃，均质两次。

（9）冷却 采用板式换热器冷却至 10℃以下（最好在 2 ~4℃）。

（10）包装 对冷却后的豆乳进行无菌包装。

（11）二次杀菌与冷却 为了提高豆乳饮料的保藏性，除采用无菌包装和进行冷藏外，一般在灌装包装后进行二次杀菌和冷却。采用这种工艺的豆乳需要使用玻璃瓶或金属罐包装，杀菌公式：10 分钟—20 分钟—15 分钟/（121 ±3）℃，杀菌后冷却至 37℃。

3. 产品质量要求 系引用中华人民共和国国家标准《植物蛋白饮料 豆奶和豆奶饮料》（GB/T 30885—2014）。

（1）感官指标 见表 2 –12。

表 2 –12 豆乳类饮料感官指标

项目	指标
	原浆豆奶、浓浆豆奶、调制豆奶、豆奶饮料
色泽	乳白色、微黄色或具有与添加成分相符的色泽
滋味和气味	具有豆奶应有的滋味和气味，或具有与添加成分相符的滋味和气味，无异味
组织状态	组织均匀、无凝块、允许有少量蛋白质沉淀和脂肪上浮，无正常视力可见外来杂物

（2）理化指标 见表2-13。

表2-13 豆乳类饮料理化指标

项目	指标		
	豆奶		豆奶饮料
	浓浆豆奶	原浆豆奶、调制豆奶	
总固形物（g/100mL）	≥8.0	≥4.0	≥2.0
蛋白质（g/100g）	≥3.2	≥2.0	≥1.0
脂肪（g/100g）	≥1.6	≥0.8	≥0.4
脲酶活性	阴性		

（二）杏仁乳（露）

1. 工艺流程

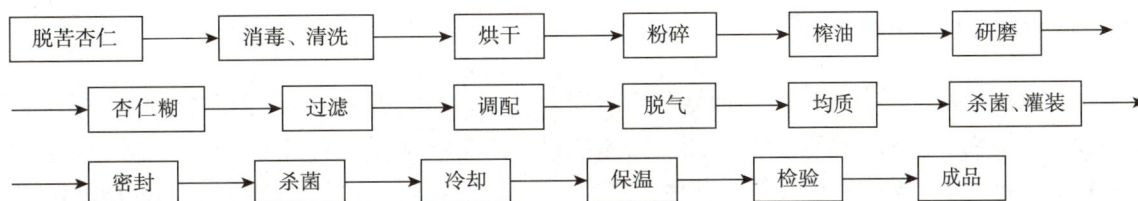

2. 加工工艺

（1）消毒、清洗 将脱苦杏仁浸泡在浓度0.35%的过氧乙酸中消毒，10分钟后取出用水洗净。

（2）烘干、粉碎、榨油 洗净杏仁在65~70℃烘干20~24小时，然后进行粉碎、榨油。

（3）研磨 杏仁可以采用两级研磨，磨浆时的料水比1:（8~10），杏仁糊需经200目筛过滤，控制微粒细度20μm左右。磨浆时可添加0.1%的焦磷酸钠和亚硫酸钠的混合液进行护色。

（4）调配 通过调配使杏仁含量5%，砂糖用量6%~14%，以8%为佳，乳化剂用量0.3%，杏仁香精0.02%，此时产品呈乳白色，风味好，无挂杯现象。调配好的杏仁液pH=7.1±0.2，在均质前可再次经过200~240目的筛滤。另外，需添加0.03%~0.4%的乳化稳定剂。

（5）均质 调配好的杏仁液温度为60~70℃，采用两次均质，均质压力分别为18MPa和28MPa。均质后的杏仁颗粒直径<5μm。

（6）杀菌、灌装 采用巴氏杀菌，杀菌温度75~80℃，杀菌后及时进行热灌装。灌装密封后进行二次杀菌和冷却，杀菌公式：10分钟—20分钟—15分钟/（121±3）℃，杀菌后冷却至37℃。

3. 产品质量要求 系引用中华人民共和国国家标准《植物蛋白饮料 杏仁露》（GB/T 31324—2014）。

（1）感官指标 见表2-14。

表2-14 杏仁乳（露）感官指标

项目	指标
色泽	乳白色或微灰白色，或具有与添加成分相符的色泽
滋味与气味	具有杏仁应有的滋味和气味，或具有与添加成分相符的滋味和气味，无异味
组织状态	均匀液体，无凝块，允许有少量蛋白质沉淀和脂肪上浮，无可见外来杂质

（2）理化指标 见表2-15。

表2-15 杏仁乳（露）理化指标

项目	指标
蛋白质（g/100g）	≥0.55

续表

项目	指标
脂肪（g/100g）	≥1.35
棕榈烯酸/总脂肪酸（%）	≥0.5
亚麻酸/总脂肪酸（%）	≥0.12
花生酸/总脂肪酸（%）	≥0.12
山嵛酸/总脂肪酸（%）	≥0.05

PPT

第五节　其他饮料加工技术

一、固体饮料加工工艺 微课

固体饮料是用食品原料、食品添加剂等加工制成粉末状、颗粒状或块状等固态料的供冲调饮用的制品。如果汁粉、豆粉、茶粉、咖啡粉、果味型固体饮料、固态汽水（泡腾片）、姜汁粉等，其水分含量不高于5%（m/m 计）。固体饮料类共分三种：果香型固体饮料、蛋白型固体饮料、其他型固体饮料。

（一）果香型固体饮料

果香型固体饮料是以糖、果汁（或不加果汁）、食用香精、着色剂等为主要原料加工制成的制品，如鲜橘晶、山楂晶、刺梨晶、枣晶、猕猴桃晶等。

1. 基本工艺流程

浓缩果汁、糖粉、辅料 → 合料 → 成型 → 脱水 → 过筛 → 检验 →

→ 包装 → 成品

2. 工艺要点

（1）合料　通过高效的超微粉碎机和高效的混合机，各种成分可粉碎得很细，并在干燥的条件下将各种组分按配方均匀混合。

合料时必须按照配方投料。果香型固体饮料一般的配方是砂糖97%、柠檬酸或其他食用酸1%、各种香精0.8%，食用色素等添加剂应符合《食品安全国家标准 食品添加剂使用标准》（GB 2760—2024）标准。可以用浓缩果汁取代全部或绝大部分香精，柠檬酸和食用色素也可以不用或少用。可在上述配方基础上加进糊精，以减少甜度。

砂糖需先粉碎为能通过80~100目筛的细粉，然后投料，避免粗糖粉或糖粉结块混入合料机，以保证合料均匀、不出色点和白点。如需投入麦芽糊精，同样需先经筛子筛出，然后继糖粉之后投料。

食用色素和柠檬酸需分别先用水溶解，然后分别投料。再投入香精，搅拌混合。

投入混合机的全部用水，需保持在全部投料的5%~7%。全部用水包括用于溶解食用色素和柠檬酸的水，也包括香精。用水过多，则造成成型机不好操作，并且颗粒坚硬，影响质量；用水过少则产品不能形成颗粒，只能成为粉状，不合乎质量要求。如用果汁取代香精，则果汁浓度必须尽量高，并且绝对不能加水合料。

（2）成型　将混合均匀和干湿适当的坯料放入颗粒成型机造型，使之成颗粒状。颗粒大小与成型机筛网孔眼大小有直接关系，必须合理选用。一般以6~8目筛网为宜。造型后成颗粒状的坯料，由成型机出料口进入盛料盘。

（3）脱水　将盛装盘子中的颗粒坯料，放进干燥箱干燥。干燥温度应保持80～85℃，以取得产品较好的色、香、味，也可以采用热风干燥、冷冻干燥、微波干燥、真空干燥等。

（4）过筛　将完成干燥的产品通过6～8目筛进行筛选，以除掉较大颗粒或少数结块及粉末，使产品颗粒大小基本一致。

（5）包装　将通过检验合格的产品放在相对湿度40%～45%环境中摊晾至室温之后包装，产品如不摊晾而在品温较高的情况下包装，产品则易回潮，进而引起一系列变质。包装如不严密，也会引起产品回潮变质。

（二）蛋白型固体饮料

蛋白型固体饮料是以糖、乳或乳制品、蛋粉或植物性蛋白等为主要原料加工制成的一类固体饮料。这种饮料的成分中含有丰富的蛋白质和脂肪。常见的有麦乳精、人参乳精、银耳乳、速溶豆乳粉、速溶花生粉等。

蛋白型固体饮料生产工艺，基本上可分为真空干燥法与喷雾干燥法两类。喷雾干燥法与乳粉生产工艺（见第三章第三节）基本相同，不再赘述，现以真空干燥法生产麦乳精为例介绍蛋白型固体饮料生产工艺。

1. 基本工艺流程

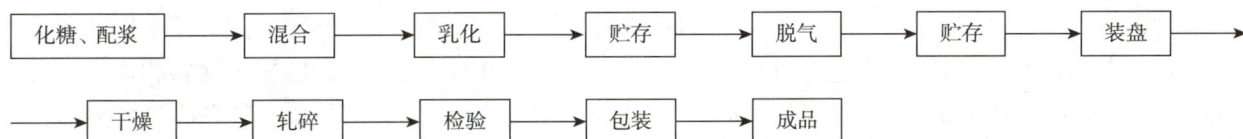

化糖、配浆 → 混合 → 乳化 → 贮存 → 脱气 → 贮存 → 装盘 → 干燥 → 轧碎 → 检验 → 包装 → 成品

2. 原料辅料　麦乳精的配方需根据原料的成分情况和产品的质量要求计算决定。典型配方：奶粉4.8%、葡萄糖粉2.7%、炼乳42.9%、奶油2.1%、蛋粉0.7%、柠檬酸0.002%、麦精18.9%、小苏打0.2%、可可粉7.6%、砂糖20.1%。

3. 工艺要点

（1）化糖　先在化糖锅中加入一定量水，然后按照配方加进砂糖、葡萄糖、麦精及其他添加物，如人参浸膏、银耳浓浆等，在70～80℃下搅拌加入适量碳酸氢钠，以中和各种原料可能引进的酸度，从而避免随后与之混合的奶质引起凝结现象，碳酸氢钠的加入量，随各种原料酸度高低而定，一般加进量为原料总投入量的0.2%左右。

（2）配浆　先在配浆锅中加入适量的水，然后按照配方加入炼乳、蛋粉、奶粉、可可粉、奶油，使温度升高至70℃，搅拌混合。蛋粉、奶粉、可可粉等需先经40～60目筛，避免硬块进入锅中而影响产品质量。奶油应先经熔化，然后投料。浆料混合均匀后，经40～60目筛网进入混合锅。

（3）混合　在混合锅中，使糖液与奶浆充分混合，并加入适量的柠檬酸，以突出奶香并提高奶的热稳定性。柠檬酸用量一般为全部投料的0.002%。

（4）乳化　采用均质机、胶体磨、超声波乳化机等进行两道以上的乳化。主要作用是使浆料中的脂肪滴破碎成尽量小的微液滴，增大脂肪滴的总表面积，改变蛋白质的物理状态，减缓或防止脂肪分离，从而大大地提高和改善产品的乳化性能。

（5）脱气　浆料在乳化过程中混进大量空气，如不加以排除，浆料在干燥时则将发生气泡翻滚现象，使浆料从烘盘中逸出，造成损失。因此必须将乳化后的浆料在浓缩锅中脱气，以防止上述不良现象的产生。浓缩脱气所需的真空度为96kPa，蒸汽压力控制在0.1～0.2MPa。当从视孔中看到浓缩锅内的浆料不再有气泡翻滚时，脱气完成。脱气浓缩还有调整浆料水分的作用，一般应使完成脱气的浆料水分控制在28%左右，以待分盘干燥。

（6）分盘　将脱气完毕并且水分含量合适的浆料分装于烘盘中。每盘数量需根据烘箱具体性能及其他实际操作条件而定，每盘浆料厚度一般为 0.7~1cm。

（7）干燥 将装有浆料的烘盘放置在干燥箱内的蒸汽排管上或蒸汽薄板上加热干燥。干燥初期，真空度保持在 90~94kPa，随后提高到 96~98.6kPa，蒸汽压力控制在 0.15~0.2MPa，通气干燥时间为 90~100 分钟。干燥完毕后，不能立即消除真空，必须先停止蒸汽，然后放进冷却水进行冷却，约 30 分钟。待料温度下降以后，才能消除真空，再出料。全过程为 120~130 分钟。

（8）轧碎 将干燥完成的蜂窝状的整块产品，放进轧碎机中轧碎，使产品基本上保持均匀一致的鳞片状。在此过程中，要特别重视卫生要求，所有接触产品的机件、容器及工具等均需保持洁净，工作场所要有空气调节设备，保持温度 20℃左右、相对湿度 40%~45%，避免产品吸潮而影响产品质量，并有利于正常进行包装操作。

（9）检验、包装 产品轧碎后，在包装之前必须按照质量要求抽样检验。检验合格的产品，可在空气调节包装间进行包装，包装间一般应保持温度在 20℃左右，相对湿度 40%~45%。

（三）其他型固体饮料

其他型的固体饮料，种类繁多，其中包括具有一定功能的固体饮料，如菊花晶、首乌晶等；在冲溶后再经冷却而成为凝胶状的固体饮料，如啫喱粉、冰淇淋粉等；在冲溶后能生成气体的固体饮料，如固体汽水等。这些产品的生产方法大致有两种：①将各种原料进行配料、成形、烘干、筛分、包装或先干燥、粉碎，然后混合包装，此法简单，只要控制好原料质量，就可得到较好的产品。②适于生产质量较高的产品的方法，即采用混合、均质、脱气、干燥等工序进行加工，与生产蛋白固体饮料相似，但对于菊花茶、速溶咖啡、速溶茶等高档饮料，其工艺又有一定差异。大多由萃取工艺和造粒工艺两部分组成，总之，应根据所用物料的性质、特点、产品规格、档次等因素来具体选择并确定合适的工艺参数和最佳工艺路线。

二、特殊用途饮料加工工艺

特殊用途饮料是通过调整饮料中天然营养素的成分和含量比例，或加入具有特定功能成分以适应某些特殊人群营养需要的制品。特殊用途饮料主要有三类：运动饮料、营养素饮料、其他特殊用途饮料。

（一）运动饮料

运动饮料是指营养素的成分和含量，能适应运动员或参加体育锻炼人群的运动生理特点、特殊营养需要，并能提高运动能力的饮料制品。

运动饮料可以在运动前提供人体所需的营养素、特殊营养物质，调节体质、储备能量；在运动中可以快速供给运动所需的水、矿物质、维生素及能量，维持人体血容量和电解质平衡，防止低血糖和因失水、无机盐导致的神经肌肉失调、血液浓缩、心律失常、抽筋、晕厥等；运动后可以及时补充人体所失去的电解质、能量和维生素等，调节体质，尽快消除疲劳。运动饮料是针对运动时的能量消耗、机体内环境改变和细胞功能降低而研制，主要考虑在运动前、中、后人体能量的快速和持续供应、水分和电解质的有效补充，调节体质、快速恢复精神状态。

运动饮料发展至今，其含义逐渐丰富。最早是加入电解质和糖，现在加入的物质越来越多，如蛋白质、维生素、肽或者某些功能成分等。它在市场上不仅为运动人群所喜爱，同时也受到普通消费者的青睐。几种运动饮料简介如下。

1. 耐力型运动饮料实例 采用柑橘、菠萝、猕猴桃、西番莲、西红柿、胡萝卜、芹菜等果蔬为基本原料，制作一种适于耐力型运动员饮用的等渗浑浊饮料。其中富含糖分、矿物质、维生素等物质，旨在为训练和比赛中的运动员补充能量、水分、K、Ca、Na、Mg、维生素 C、维生素 B_1、维生素 B_2 等。

配方（%）：柑橘汁 29；菠萝汁、猕猴桃汁、西红柿汁、胡萝卜汁各 15；芹菜汁、西番莲各 5；抗坏血酸 0.39、乳酸钙 0.05、氯化钾 0.1、碳酸镁 0.05、食盐 0.3、味精 0.2、糖 [葡萄糖：低聚异麦芽糖 = 1：（3～10）]。

2. 提高肌肉运动功能的运动饮料实例　配方：砂糖 50g、支链氨基酸混合物 10g（L-亮氨酸：L-异亮氨酸：L-缬氨酸 = 1：1.1：0.6）、维生素矿物质类 10g、大豆卵磷脂 8g、柠檬酸 1g、酪蛋白酸钠 30g，加纯水至 1L。灭菌：121℃、4 分钟。

（二）营养素饮料

营养素饮料是添加适量的食品营养强化剂，以补充某些人群特殊营养需要的制品。添加营养强化剂时，不应改变饮料原有的色、香、味，应使强化剂的色调、风味与饮料原有的色调、风味相协调。

（三）其他特殊用途饮料

其他特殊用途饮料为适应特殊人群的需要调制的制品，如低热量饮料、纤维饮料等。

练习题

答案解析

一、单选题

1. 饮料是指经过定量包装的，供直接饮用或用水冲调饮用的，乙醇含量不超过质量分数为（　　）的制品。

　A. 2%　　　　　　　B. 1%　　　　　　　C. 0.5%　　　　　　　D. 0.05%

2. 下列水中（　　）符合生活饮用水标准。

　A. 城市自来水　　　B. 地下水　　　　　C. 地表水　　　　　　D. 矿泉水

3. （　　）是指将二氧化碳和水混合的过程。

　A. 曝气　　　　　　B. 碳酸化　　　　　C. 均质　　　　　　　D. 脱气

4. （　　）是用食品原料、食品添加剂等加工制成粉末状、颗粒状或块状等固态料的供冲调饮用的制品。

　A. 含乳饮料　　　　B. 果蔬汁饮料　　　C. 植物蛋白饮料　　　D. 固体饮料

5. 植物蛋白饮料加热调制应严格控制好饮料的 pH，避开蛋白质的等电点 pH（　　），以确保形成均匀、乳白的饮料。

　A. 4.0～5.5　　　　B. 3.8～4.2　　　　C. 6.0～7.0　　　　　D. 4.5～5.0

二、简答题

1. 影响碳酸饮料碳酸化的因素有哪些，如何提高碳酸化效果？
2. 浑浊果蔬汁加工过程中为什么需要均质？

（倪志华）

书网融合……

本章小结　　　　　　微课　　　　　　题库

第三章

乳制品加工技术

学习目标

〈知识目标〉

1. 掌握 乳制品的加工工艺和操作要点；乳制品加工过程中常见的质量问题及控制措施。

2. 熟悉 液态乳、发酵乳、乳粉、冰淇淋、干酪等乳制品的基本加工方法。

3. 了解 乳制品的特点及质量标准。

〈能力目标〉

1. 能正确选择生乳，并进行原料乳验收与预处理。

2. 能运用巴氏杀菌、超高温瞬时杀菌、喷雾干燥、冷冻、离心分离、凝乳等生产技术进行乳制品的加工。

3. 具备杀菌、均质、标准化、离心净乳、凝冻等单元操作能力；能初步判断分析乳制品加工过程中常见的质量问题，并提出控制措施。

〈素质目标〉

通过本章的学习，树立食品加工产品安全生产意识、质量意识和环保意识；培养认真负责、科学严谨的工作作风和学习态度。

情境导入

情境 中国乳制品行业发展历程具体可分为三个阶段。第一阶段：成长期（1949—1998年）。中华人民共和国成立初期，中国奶牛数量仅有12万头、产奶量20万吨、乳制品0.1万吨，行业处于百废待兴的状态。第二阶段：快速发展期（1999—2008年）。1999年起，中国乳制品行业发展进入"黄金十年"，其中液态乳市场以年均60%的速度保持快速增长。但由于市场出现价格竞争等现象，致使引发了一系列食品安全问题，包括"大头娃娃事件""三聚氰胺事件"等。第三阶段：恢复期（2009年至今）。"三聚氰胺事件"后，政府连续出台多项政策法规以规范乳制品行业，乳制品企业开始关注产业链的均衡发展，包括加大奶源投入力度、推广规模化养殖等，同时居民对乳制品的需求趋向多样化、高端化，全产业链的均衡发展引领乳制品行业进入新一轮快速增长期。据统计，2023年中国乳制品市场规模达到约5738.6亿元人民币。

思考 1. 结合日常生活说说乳制品包括哪些种类。

2. 对于乳制品的安全问题，你觉得该从哪些方面着手改善？

PPT

第一节　液态乳加工技术

液态乳是指以新鲜牛乳及乳粉等为原料，经过适当的加工处理，制成可供消费者直接饮用的液态状商品乳。

一、液态乳的分类

（一）按杀菌方法分类

1. 巴氏杀菌乳　以生牛乳为原料，经巴氏杀菌等工序制成的液态产品。

2. 灭菌乳

（1）超高温灭菌乳　以生牛乳为原料，添加或不添加复原乳，在连续流动状态下加热到至少132℃，并保持很短时间的灭菌，再经无菌灌装等工序制成的液体产品。

（2）保持式灭菌乳　以生牛乳为原料，添加或不添加复原乳，无论是否经过预热处理，在灌装并密封之后经灭菌等工序制成的液体产品。

3. ESL 乳（extended shelf life milk）　即延长货架期的巴氏杀菌乳，目前对该产品还没有相关法律规定。ESL 乳不要求在无菌条件下包装，因此一般在保存、运输和销售过程要处于低温环境中。超巴氏杀菌是目前 ESL 乳生产的一种主要加工方式。物料经高于巴氏杀菌的受热强度处理，经非无菌状态下灌装所得产品。通常采用的温度时间组合是 125 ~ 138℃，2 ~ 4 秒。

（二）按脂肪含量分类

1. 全脂牛乳　脂肪含量在 3.5% ~ 4.5%。

2. 部分脱脂牛乳　脂肪含量在 1.0% ~ 3.5%。

3. 脱脂牛乳　脂肪含量低于 0.5%。

（三）按营养成分或特性分类

1. 纯牛乳　以生鲜牛乳为原料，不脱脂、部分脱脂或脱脂，不添加任何辅料，经巴氏杀菌或超高温灭菌制得。

2. 调味乳　以生鲜牛乳为原料，不脱脂、部分脱脂或脱脂，添加规定的辅料，如巧克力、咖啡、各种谷物等，经巴氏杀菌或超高温灭菌制成的产品。这类产品一般含有 80% 以上的牛乳。

3. 乳饮料　以原料乳或乳粉为原料，加入适量辅料配制而成的具有相应风味的产品。含乳饮料可以分为中性和酸性两大类，其中酸性含乳饮料又可以分为调配型含乳饮料和发酵型含乳饮料。

4. 营养强化乳　牛乳的营养强化是在原料乳的基础上，添加其他的营养成分，如氨基酸、维生素、矿物质等对人体健康有益的营养物质而制成的液态乳制品。

二、原料乳的验收与预处理

只有优质的原料才能生产出高质量的产品，加工液态乳所需的原料乳，必须符合 GB 19301—2010 中规定的各项指标要求。原料乳进入工厂后应立即进行检验，将符合感官、理化、微生物标准的优质牛乳送入收乳工序。

原料乳经过验收后应及时进行过滤、净化、冷却和贮存等预处理。

（一）原料乳验收标准

目前，我国原料乳的验收标准是《食品安全国家标准 生乳》（GB 19301—2010）。

1. 感官指标　见表 3 – 1。

表 3 – 1　生乳感官指标

项目	指标	检验方法
色泽	呈乳白色或微黄色	取适量试样置于 50mL 烧杯中，在自然光下观察色泽和组织状态。闻其气味，用温开水漱口，品尝滋味
滋味、气味	具有乳固有的香味、无异味	
组织状态	呈均匀一致液体，无凝块、无沉淀、无正常视力可见异物	

2. 理化指标　见表 3 – 2。

表 3 – 2　生乳理化指标

项目	指标
冰点[ab]（℃）	− 0.500 ～ − 0.560
相对密度（20℃/4℃）	≥1.027
蛋白质（g/100g）	≥2.8
脂肪（g/100g）	≥3.1
杂质度（g/100g）	≤4.0
非脂乳固体（g/100g）	≥8.1
酸度（°T）	
牛乳[b]	12 ～ 18
羊乳	6 ～ 13

注：[a]挤出 3 小时后检测；[b]仅适用于荷斯坦奶牛。

3. 微生物限量　见表 3 – 3。

表 3 – 3　生乳微生物限量

项目	指标
菌落总数（CFU/mL）	≤2 ×10^6

（二）原料乳验收

原料乳送到工厂后，必须根据 GB 19301—2010 中的规定，及时进行检验。

1. 感官检验　鲜乳的感官检验主要是进行嗅觉、味觉、外观、尘埃等的鉴定。正常鲜乳呈乳白色或微带黄色，不得含有肉眼可见的异物，不得有红、绿等异色，不能有苦、涩、咸的滋味和饲料、青贮、霉等异味。

2. 理化检验

（1）酒精检验　此法可验出鲜乳的酸度，以及盐类平衡不良乳、初乳、末乳及细菌作用产生凝乳酶的乳和乳房炎乳等。酒精检验与乙醇浓度有关，其方法是 68%、70% 或 72%（体积分数）的中性酒精与原料乳等量相混合摇匀，以无凝块出现为标准。正常牛乳的滴定酸度不高于 18°T，不会出现凝块。但是影响乳中蛋白质稳定性的因素较多，如当乳中钙盐增高时，在酒精检验中会由于酪蛋白胶粒脱水失去溶剂化层，使钙盐容易和酪蛋白结合，形成酪蛋白酸钙沉淀。新鲜牛乳的滴定酸度为 16 ～ 18°T。为了合理利用原料乳和保证乳制品的质量，生产淡炼乳和超高温灭菌乳的原料乳用 75% 乙醇来检验，生产乳粉的原料乳用 68% 乙醇来检验（酸度不得超过 20°T）。酸度不超过 22°T 的原料乳尚可用于制造乳油，但其风味较差。酸度超过 22°T 的原料乳只能用于生产供制造工业用的干酪素、乳糖等。

（2）热稳定性试验（煮沸试验）　能有效地检出高酸度乳和混有高酸度乳的牛乳。将牛乳（取 5～10mL 乳于试管中）置于沸水中或酒精灯上加热 5 分钟，如果加热煮沸时有絮状沉淀或凝固现象发生，则表示乳已不新鲜、酸度在 20°T 以上，或混有高酸度乳、初乳等。

（3）滴定酸度　正常牛乳的酸度随奶牛的品种、饲料、挤乳和泌乳期的不同而有所差异，但一般在 16～18°T。如果牛乳挤出后放置时间太长，由于微生物的作用，会使乳的酸度升高。如果乳牛患乳房炎，可使牛乳酸度降低。

（4）相对密度　常作为评价鲜乳成分是否正常的指标之一，正常鲜乳的 d_4^{20} 在 1.028～1.032 范围之内。但不能只凭这一项来判定，必须再结合脂肪等指标的检验，来判定鲜乳中是否经过脱脂或加水。其检测方法依据 GB 5009.2—2016《食品安全国家标准 食品相对密度的测定》。

（5）乳成分的测定　近年来随着分析仪器的发展，乳品检测方面出现了很多高效率的检验仪器。如采用光学法来测定乳脂肪、乳蛋白、乳糖及总干物质，并已开发使用各种微波仪器。通过 2450MHz 的微波干燥牛乳，自动称量、记录乳总干物质的质量，测定速度快且准确，便于指导生产通过红外线分光光度计，自动测出牛乳中的脂肪、蛋白质、乳糖三种成分。红外线通过牛乳后，牛乳中的脂肪、蛋白质、乳糖减弱了红外线的波长，通过红外线波长的减弱率反映出三种成分的含量。该法测定速度快，单设备造价较高。

3. 卫生检验

（1）细菌检查

1）亚甲蓝还原试验：用来判断原料乳新鲜程度的一种色素还原试验。新鲜乳加入亚甲基蓝后染为蓝色，如污染大量微生物会产生还原酶使颜色逐渐变淡，直至无色，通过测定颜色变化速度，间接地推断出鲜乳中的细菌数。该法除可间接迅速地查明细菌数外，对白细胞及其他细胞的还原作用也敏感，还可用来检验异常乳（乳房炎乳及初乳或末乳）。

2）稀释倾注平板法：平板培养计数是取样稀释后，接种于琼脂培养基上，培养 24 小时后计数，测定样品的细菌总数。该法测定样品中的活菌数，需要时间较长。

3）直接镜检法（费里德法）：利用显微镜直接观察确定鲜乳中微生物数量的一种方法。取一定量的乳样，在载玻片涂抹一定的面积，经过干燥、染色、镜检观察细菌数，根据显微镜视野面积，推断出鲜乳中的细菌总数，而非活菌数。

直接镜检法比平板培养法能更迅速地判断出结果，通过观察细菌的形态，推断细菌数增多的原因。

（2）体细胞检验　正常乳中的体细胞，多数来源于上皮组织的单核细胞，如有明显的多核细胞（白细胞）出现，可判断为异常乳。常用的方法有直接镜检法（同细菌检验）或加利福尼亚细胞数测定法（GMT 法）。

（3）抗生素残留检验　验收发酵乳制品原料乳的必检指标。常用的方法有以下两种。

1）TTC 试验：如果鲜乳中有抗生素物质的残留，在被检乳样中，接种细菌进行培养，细菌不能增殖，此时加入的指示剂 TTC 保持原有的无色状态（未经过还原）。反之，如果无抗生素物质残留，试验菌就会增殖，使 TTC 还原，被检样变成红色。可见，被检样保持鲜乳的颜色，即为阳性，如果变成红色，为阴性。

2）抑菌圈法：将指示菌接种到琼脂培养基上，然后将浸过被检乳样的纸片放入培养基中，进行培养。如果被检乳样中有抗生素物质残留，其会向纸片的四周扩散，阻止指示菌的生长，在纸片的周围形成透明的抑菌圈带，根据抑菌圈直径的大小，判断抗生物质的残留量。

知识链接

正常乳与异常乳

乳牛在牛犊出生后不久就开始分泌乳汁，直至泌乳终止的这段时间，称为泌乳期。一头乳牛的一个泌乳期大约 300 天。

乳牛产犊 7 天后至干乳期开始之前所产的乳，称为常乳。常乳的成分及性质基本趋于稳定，为乳制品的加工原料乳。当乳牛受到饲养管理、疾病、气温以及其他各种因素的影响时，乳的成分和性质发生了变化，甚至不适于作为乳品加工的原料，不能加工出优质的产品，这种乳称为异常乳。异常乳包括生理异常乳、化学异常乳、病理异常乳和人为异常乳。

（三）原料乳的预处理

1. 过滤与净化　原料乳过滤与净化的目的是除去乳中的机械杂质并减少微生物的数量。

（1）过滤　在收购乳时，为了防止粪屑、牧草、毛、蚊蝇等昆虫带来的污染，挤下的牛乳必须用清洁的纱布进行过滤。凡是将乳从一个地方送到另一个地方，从一个工序到另一个工序，或者由一个容器转移到另一个容器时，都应该进行过滤。

过滤的方法很多，可在收奶槽上安装一个不锈钢金属丝制的过滤网，并在网上加多层纱布进行粗滤；也可采用管道过滤器或在管道的出口装一个过滤布袋。进一步过滤还可使用双联过滤器。

（2）净化　为了达到最高的纯净度，除去难以用一般的过滤方法除去的极为微小的机械杂质和细菌细胞，一般采用离心净乳机净化。离心净乳就是利用乳在分离钵内受强大离心力的作用，将大量的机械杂质留在分离钵内壁上，而乳被净化。

2. 冷却　净化后的乳最好直接加工，短期贮藏时必须及时进行冷却，以保持乳的新鲜度。通过冷却可以抑制乳中微生物的繁殖。同时还具有防止脂肪上浮、水分蒸发及风味物质的挥发、避免吸收异味等作用。我国国家标准规定，验收合格乳应迅速冷却至 4～6℃，贮存期间不得超过 10℃。

冷却的方法有水池冷却、浸没式冷却器冷却和板式热交换器冷却。目前许多乳品厂及奶站都用板式热交换器对乳进行冷却。用冷盐水作冷溶剂时，可使乳温迅速降到 4℃左右。

为了保证工厂连续生产的需要，必须有一定的原料乳贮存量。一般工厂总的贮乳量应不少于 1 天的处理量。生产中冷却后的乳贮存在贮奶罐（缸）内。贮奶罐一般采用不锈钢材料制成。贮罐要求保温性能良好，一般乳经过 24 小时贮存后，乳温上升不得超过 2～3℃。

3. 标准化　为使产品符合规格要求，乳制品中脂肪与非脂乳固体含量要求保持一定的比例。调整原料乳中脂肪与非脂乳固体的比例关系，使其比值符合制品的要求，该调整过程称为原料乳的标准化。

如果原料乳中脂肪含量不足时，应添加稀奶油或除去部分脱脂乳；当原料乳中脂肪含量过高时，可添加脱脂乳或提取部分稀奶油。

标准化时，应该先了解即将标准化的原料乳的脂肪和非脂乳固体的含量，以及用于标准化的稀奶油或脱脂乳的脂肪和非脂乳固体的含量，作为标准化的依据。标准化工作是在贮乳罐的原料乳中进行或在标准化机中连续进行的。

设：原料乳的含脂率为 $p\%$，脱脂乳或稀奶油的含脂率为 $q\%$，标准化乳的含脂率为 $r\%$，原料乳数量为 $x$kg，脱脂乳或稀奶油的数量为 $y$kg（$y>0$ 为添加，$y<0$ 为提取）。

对脂肪进行物料衡算，则形成下列关系式：

$$px + qy = r(x + y)$$

$$\frac{x}{y}=\frac{r-q}{p-r}$$

式中，若 $p>r$、$q<r$（或 $q>r$），则表示需要添加脱脂乳（或提取部分稀奶油）；若 $p<r$、$q>r$（或 $q<r$），则表示需要添加稀奶油（或除去部分脱脂乳）。

现代化的乳制品大生产常采用直接标准化的方法。其主要特点：快速、稳定、精确，与分离机联合运作，单位时间内处理量大。将牛乳加热至 55~65℃，按预设的脂肪含量分离出脱脂乳和稀奶油，并根据最终产品的脂肪含量，由设备自动控制回流到脱脂乳中的稀奶油的流量，多余的稀奶油流向稀奶油巴氏杀菌机。

4. 脱气 牛乳刚刚挤出时含 5.5%~7.0% 的气体。经过贮存、运输和收购后，一般气体含量在 10% 以上。这些气体对牛乳加工后的主要破坏作用：①影响牛乳计量的准确度；②使巴氏杀菌机中结垢增加；③影响分离和分离效率；④影响牛乳标准化的准确度；⑤影响奶油的产量；⑥促使脂肪球聚合。

因此，在牛乳处理的不同阶段进行脱气十分必要。首先，在奶槽车上安装脱气设备，以避免泵送牛奶时影响流量计的准确度。其次，在乳品厂收奶间流量计之前安装脱气设备。但上述两种方法对乳中细小分散气泡不起作用。在进一步处理牛乳的过程中，应使用真空脱气罐，以除去细小的分散气泡和溶解氧。

5. 均质 乳脂肪球的直径为 0.1~20μm，一般为 2~5μm。由于脂肪球容易出现聚集和脂肪上浮等现象，严重影响乳制品的质量。因此，一般乳品加工中多采用均质操作。

均质是指在机械处理条件下将乳中大的脂肪球破碎成小的脂肪球，并均匀一致地分散在乳中的过程。经过均质，脂肪球可控制在 1μm 左右，脂肪球的表面积增大，浮力下降。乳可长时间保持不分层，不易形成稀奶油层。同时，均质后乳脂肪球直径减小，利于消化吸收。

在均质过程中，脂肪球膜受到破坏，但乳浆中的表面活性物质（如蛋白质、磷脂等）在破碎的脂肪球外层会形成新的脂肪球膜。牛乳均质后脂肪球数目增加，增强了光线在牛乳中的折射和反射的机会，使得均质化乳的颜色比均质前更白。而且均质化乳的风味有所改善，具有新鲜牛乳的芳香气味。

目前，乳品生产中多数采用高压均质机。均质的压力一般为 10~20MPa（一级 17~20MPa，二级 3.5~5MPa）。均质温度为 55~80℃。

三、巴氏杀菌乳加工工艺 微课

（一）基本工艺流程

原料乳验收 → 预处理 → 标准化 → 均质 → 杀菌 → 冷却 → 灌装 → 冷藏

（二）工艺要点

1. 原料乳的验收、预处理、标准化、均质 前已讲述，这里不再赘述。

2. 杀菌 巴氏杀菌的目的：①杀死引起人类疾病的所有微生物，使之完全没有致病菌；②尽可能地破坏致病微生物、能影响产品味道和保存期的微生物及其他成分（如酶类），以保证产品的质量。牛乳进行巴氏杀菌的方法如下。

（1）低温长时间（LTLT）杀菌法 又称保持式杀菌法。加热杀菌条件为 62~65℃，30 分钟。该法可充分杀灭病原菌，不产生加热臭，对维生素和其他营养素破坏较少。设备是带有搅拌装置的冷热缸。为缩短冷热缸在加热或冷却时所需时间，一般在杀菌保持时间前后加热或冷却时，最好配合板式热交换器。

（2）高温短时间（HTST）杀菌法 其杀菌条件为 72~75℃，15~20 秒或 80~85℃，10~20 秒。HTST 杀菌多采用板式杀菌器。

HTST 杀菌与 LTLT 杀菌相比，有以下优点：处理量大；可以连续杀菌，处理过程几乎全部自动化；

牛乳在全封闭的装置内流动，微生物污染机会少；对牛乳品质影响小。可采用 CIP 清洗系统进行清洗。

3. 冷却 杀菌后的牛乳应尽快冷却至4℃，冷却速度越快越好。冷却的目的：防止过度受热；巴氏杀菌乳并非无菌的，故在巴氏杀菌后必须快速冷却，以防残存细菌的繁殖。采用板式换热器杀菌的牛乳，在板式换热器的换热段，与刚输入的在10℃以下的原料乳进行热交换，再用冰水冷却到4℃。

4. 灌装 目的是便于分送和销售。巴氏杀菌乳的包装形式主要有玻璃瓶、聚乙烯塑料瓶、塑料袋和复合塑纸袋、纸盒等。目前我国广泛使用的是塑料袋、玻璃瓶、塑料瓶。

5. 贮存和分销 包装成箱后，置于冷库中，温度控制为 4～6℃，贮存期为 1 周。巴氏杀菌乳在储存、运输和销售过程中，必须保持冷链的持续性、平稳性。目前乳品厂采用密闭型保温箱、环保密闭型冷藏车来满足冷链要求。

（三）产品质量要求

质量标准系引用中华人民共和国国家标准《食品安全国家标准 巴氏杀菌乳》（GB 19645—2010）。

1. 感官指标 见表 3 – 4。

表 3 – 4 巴氏杀菌乳感官指标

项目	指标	检验方法
色泽	呈乳白色或微黄色	取适量试样置于 50mL 烧杯中，在自然光下观察色泽和组织状态。闻其气味，用温开水漱口，品尝滋味
滋味、气味	具有乳固有的香味，无异味	
组织状态	呈均匀一致液体，无凝块、无沉淀，无正常视力可见异物	

2. 理化指标 见表 3 – 5。

表 3 – 5 巴氏杀菌乳理化指标

项目	指标	检验方法
脂肪（g/100g）	≥3.1	GB 5413.3
蛋白质（g/100g）		
牛乳	≥2.9	GB 5009.5
羊乳	≥2.8	
非脂乳固体（g/100g）	≥8.1	GB 5413.39
酸度（°T）		
牛乳	12～18	GB 5413.34
羊乳	6～13	

注：脂肪含量标准仅适用于全脂巴氏杀菌乳。

3. 微生物限量 见表 3 – 6。

表 3 – 6 巴氏杀菌乳微生物限量

项目	采样方案及限量（若非指定，均以 CFU/g 或 CFU/mL 表示）				检验方法
	n	c	m	M	
菌落总数	5	2	50000	100000	GB 4789.2
大肠菌群	5	2	1	5	GB 4789.3 平板计数法
金黄色葡萄球菌	5	0	0/25g（mL）	—	GB 4789.10 定性检验
沙门菌	5	0	0/25g（mL）	—	GB 4789.4

注：样品的分析及处理按 GB 4789.1 和 GB 4789.18 执行。

四、灭菌乳加工工艺

灭菌乳较巴氏杀菌乳保质期长，并可在室温下长时间贮存。超高温（UHT）灭菌是采用升高灭菌温度和缩短灭菌保持时间的灭菌方式。通常超高温灭菌乳是指液态的牛乳在连续流动的状态下通过热交换器加热，经135℃以上不少于1秒（如137℃，4秒）的超高温瞬时灭菌，以达到商业无菌水平，然后在无菌状态下灌装于经灭菌的包装容器中。由于采用了超高温瞬时杀菌工艺，因而在保证灭菌效果的同时减少了产品的化学变化，较好地保持了牛乳原有的品质。

（一）基本工艺流程

原料乳验收 → 净化、标准化、脱气 → 均质 → 超高温灭菌 → 无菌灌装 → 成品

（二）工艺要点

1. 原料乳验收 乳蛋白的热稳定性对 UHT 灭菌乳的加工相当重要，因为它直接影响 UHT 系统的连续运转时间和灭菌情况。可通过酒精试验和煮沸试验测定乳蛋白的热稳定性。一般具有良好热稳定性的牛乳至少要通过浓度为75%的酒精检验。

2. 预处理 灭菌乳加工中的预处理，即净乳、冷却、贮乳、标准化等技术要求同巴氏杀菌乳。

3. 超高温灭菌 温度超过80℃牛乳会出现结垢现象，为了减少结垢，延长连续生产时间，UHT 系统中添加了一段保持管，90℃左右的牛乳在保持管中保温几分钟后，使蛋白钝化再升温灭菌。一般采用135～140℃，2～6秒灭菌。

UHT 灭菌具有卫生、安全、快捷等优点。UHT 灭菌系统所用的热介质大都为蒸汽或热水，按物料与热介质接触与否，可分为两大类，即直接加热系统和间接加热系统，这里主要介绍超高温间接加热系统。

间接加热系统根据热交换器传热面的不同，可分为板式热交换系统和管式热交换系统，某些特殊产品的加工使用刮板式加热系统。即原料乳在（板式或管式）热交换器内被前阶段的高温灭菌乳预热至66℃（同时高温灭菌乳被新进乳冷却），然后经过均质机，在15～25MPa 的压力下进行均质。之后进入（板式或管式）热交换器的加热段，被热水系统加热至137℃，进入保温管保温4秒，然后进入无菌冷却，由137℃降到76℃，最后进入回收阶段，被5℃左右的新进乳冷却至20℃，进入无菌贮藏罐。牛乳温度变化大致如下。

原料乳（5℃）→预热至66℃→加热至137℃（保温4秒）→水冷却至76℃→均质（压力15～25MPa）→被新进乳（5℃）冷却至20℃→无菌贮罐→无菌包装

产品在加热过程中是不能沸腾的，因为产品沸腾后所产生的蒸汽将占据系统的流道，从而减少了物料的灭菌时间，使灭菌效率降低。在间接加热系统中，沸腾往往产生于灭菌段。为了防止沸腾，产品在最高温度时必须保持一定的背压，使其等于该温度下的饱和蒸汽压。由于产品中水分含量很高，因此这一饱和蒸汽压必须等于灭菌温度下的饱和蒸汽压，135℃下需保持 0.2MPa 的背压以避免料液沸腾，150℃则需 0.375MPa 的背压。实践可知，加工中背压设置至少要比饱和蒸汽压高 0.1MPa。所以，在超高温板式热交换器的灭菌段就需要保持 0.4MPa 的背压。

4. 无菌灌装 UHT 灭菌乳多采用无菌包装。经过超高温灭菌加工出的商业无菌产品，是以整体形式存在的。必须分装于单个的包装中才能进行储存、运输和销售，使产品具有商业价值。因此，无菌灌装系统是加工超高温灭菌乳不可缺少的。所谓的无菌包装，是将杀菌后的牛乳，在无菌条件下装入事先杀过菌的容器内，该过程包括包装材料或包装容器的灭菌。由于产品要求在非冷藏条件下具有长货架期，所以包装也必须提供完全防光和隔氧的保护。这样长期保存鲜奶的包装需要有一个薄铝夹层，其夹在聚乙烯塑料层之间。无菌包装的 UHT 灭菌乳在室温下可储藏6个月以上。

（1）包装容器的灭菌方法 用于灭菌乳包装的材料较多，但加工中常用的有复合硬质塑料包装纸、复合挤出薄膜和聚乙烯（PE）吹塑瓶。

容器灭菌的方法也有很多，包括物理法（紫外线辐射、饱和蒸汽）和化学试剂法（过氧化氢）。紫外线辐射灭菌主要用于空气杀菌，也可对包装材料表面进行杀菌，但结果不理想，常与 H_2O_2 结合使用。饱和蒸汽灭菌是一种比较可靠、安全的灭菌方法。双氧水灭菌主要有两种：一种是将 H_2O_2 加热到一定温度，然后对包装盒或包装材料进行灭菌；另一种是将 H_2O_2 均匀地涂布或喷洒于包装材料表面，然后通过电加热器或辐射或热空气加热蒸发 H_2O_2，从而完成灭菌过程。在实际生产中，H_2O_2 的浓度一般为 $30\% \sim 35\%$。

（2）无菌灌装系统的类型　无菌灌装系统形式多样，但究其本质不外乎包装容器形状的不同、包装材料的不同和灌装前是否预成型。无菌纸包装系统广泛应用于液态乳制品，纸包装系统主要分为两种类型，即包装过程中的成型和预成型。

包装所用的材料通常是纸板内外都覆以聚乙烯，这样的包装材料能有效地阻挡液体的渗透，并能良好地进行内、外表面的封合。为了延长产品的保质期，包装材料中要增加一层氧气屏障，通常要复合一层很薄的铝箔，如聚乙烯/纸/聚乙烯/铝箔/聚乙烯/聚乙烯等复合包装材料。

（三）产品质量要求

质量标准系引用中华人民共和国国家标准《食品安全国家标准 灭菌乳》（GB 25190—2010）。

1. 感官指标　见表 3 – 7。

表 3 – 7　灭菌乳感官指标

项目	指标	检验方法
色泽	呈乳白色或微黄色	取适量试样置于 50mL 烧杯中，在自然光下观察色泽和组织状态。闻其气味，用温开水漱口，品尝滋味
滋味、气味	具有乳固有的香味，无异味	
组织状态	呈均匀一致液体，无凝块、无沉淀、无正常视力可见异物	

2. 理化指标　见表 3 – 8。

表 3 – 8　灭菌乳理化指标

项目	指标	检验方法
脂肪（g/100g）	≥3.1	GB 5413.3
蛋白质（g/100g）		
牛乳	≥2.9	GB 5009.5
羊乳	≥2.8	
非脂乳固体（g/100g）	≥8.1	GB 5413.39
酸度（°T）		
牛乳	12 ~ 18	GB 5413.34
羊乳	6 ~ 13	

注：脂肪含量标准仅适用于全脂灭菌乳。

3. 微生物限量　灭菌乳微生物限量应符合商业无菌的要求，按《食品安全国家标准 食品微生物学检验 商业无菌检验》（GB/T 4789.26—2023）规定的方法检验。

第二节　发酵乳加工技术

PPT

GB 19302—2010《食品安全国家标准 发酵乳》中对发酵乳的定义：以生牛（羊）乳或乳粉为原料，经杀菌、发酵后制成的 pH 降低的产品。

国际乳品联合会对发酵乳的定义：乳或乳制品在特征菌的作用下发酵而成的酸性凝乳状产品。在保质期内，该类产品中的特征菌必须大量存在，并能继续存活和具有活性。

一、发酵乳的分类

发酵乳通常根据成品的组织状态、口味、原料中乳脂肪含量、加工工艺和菌种的组成等，分成不同类别。

（一）按成品的组织状态分类

1. 凝固型酸乳 其发酵过程在包装容器中进行，从而使成品因发酵而保留其凝固状态。

2. 搅拌型酸乳 发酵后的凝乳在灌装前搅拌成黏稠状组织状态。

（二）按成品的口味分类

1. 纯酸乳 产品只以乳或复原乳为原料，经脱脂、部分脱脂或不脱脂制成的产品，不含任何辅料和添加剂。

2. 加糖酸乳 产品由原料乳中加入糖和菌种发酵而成。在我国市面上常见，糖的添加量较低，一般为6%~8%。

3. 调味酸乳 在天然酸乳或加糖酸乳中加入香料而成。

4. 果料酸乳 成品是由天然酸乳与糖、果料混合而成。

5. 复合型或营养健康型酸乳 通常在酸乳中强化不同的营养素（维生素或纤维素等）或在酸乳中混入不同的辅料（如谷物、干果、菇类、蔬菜汁等）而成。

（三）按原料中脂肪含量分类

据 FAO/WHO 规定，脂肪含量全脂酸乳为 3.0%，部分脱脂酸乳为 3.0%~0.5%，脱脂酸乳为 0.5%。

（四）按发酵后的加工工艺分类

1. 浓缩酸乳 将正常酸乳中的部分乳清除去而得到的浓缩产品。因其除去乳清的方式与加工干酪方式类似，因此也称其为酸乳干酪。

2. 冷冻酸乳 在酸乳中加入果料、增稠剂或乳化剂，然后将其进行冷冻处理而得到的产品。

3. 充气酸乳 发酵后在酸乳中加入稳定剂和起泡剂（通常是碳酸盐），经过均质处理即得充气酸乳。这类产品通常是以充 CO_2 的酸乳饮料形式存在。

4. 酸乳粉 通常使用冷冻干燥法或喷雾干燥法，将酸乳中约95%的水分除去而制成酸乳粉。

（五）按菌种种类分类

1. 酸乳 通常指仅用保加利亚乳杆菌和嗜热链球菌发酵而成的产品。

2. 双歧杆菌酸乳 酸乳菌种中含有双歧杆菌。

3. 嗜酸乳杆菌酸乳 酸乳菌种中含有嗜酸乳杆菌。

4. 干酪乳杆菌酸乳 酸乳菌种中含有干酪乳杆菌。

二、发酵剂的构成与制备

（一）发酵剂的定义与作用

发酵剂是指为制作酸乳所调制的特定的微生物培养物。制作酸乳之前必须首先调制发酵剂，发酵剂的优劣与产品的质量好坏有极为密切的关系。

发酵剂的作用如下。

1. 乳酸发酵 是使用发酵剂的主要目的。由于乳酸菌的发酵，使乳糖转变为乳酸，pH降低，发生凝固，形成酸味，防止杂菌污染。

2. 产生风味 柠檬酸在微生物作用下，分解生成丁二酮、羟丁酮、丁醇等化合物和微量挥发酸、酒精、乙醛等，使酸乳具有典型的酸味。

3. 降解蛋白质、脂肪 乳中部分蛋白质、脂肪分解，更易消化吸收。

（二）酸乳发酵剂菌种的构成

发酵剂菌种的构成随产品的不同而异。有时可单独使用一种菌种，有时将两种菌种按一定比例混合使用。用于发酵乳生产的乳酸菌主要有乳杆菌属、链球菌属、双歧杆菌和明串珠菌等。

使用单一发酵剂的口感往往较差。两种或两种以上的发酵剂混合使用能产生良好的效果。此外，混合发酵剂还可缩短发酵时间。一般酸乳所采用的菌种是保加利亚乳杆菌和嗜热链球菌的混合物。这种混合物在40~50℃乳中发酵2~3小时即可达到所需的凝乳状态与酸度。而上述任何一种单一菌株发酵时间都在10小时以上。混合发酵剂菌种中保加利亚乳杆菌和嗜热链球菌的适宜配比为1∶1。若选用保加利亚乳杆菌和乳酸链球菌的混合物，其适宜配比为1∶4。

（三）酸乳发酵剂的制备

发酵剂的制备是乳品厂中最难也是最主要的工艺之一，现代化乳品厂加工量很大，发酵剂制作的失败会导致重大的经济损失。生产上发酵剂的制备步骤如下：

商品发酵剂→母发酵剂→中间发酵剂→生产发酵剂。

1. 菌种的活化与保存 从菌种保存单位购买的菌种纯培养物，又称商品发酵剂。受保存和运输的影响，活力减弱，在使用前需反复接种，以恢复其活力。

接种时，对于粉末状发酵剂，将瓶口用火焰充分灭菌后，用灭菌铂耳取出少量，移入预先准备好的培养基中。对于液态发酵剂菌种，将试管口用火焰灭菌后打开棉塞。用灭菌吸管从试管内吸取2%~3%菌种纯培养物，立即移入已灭菌的培养基中。稍加摇匀，塞好棉塞。根据采用菌种的特性，调好温度培养。当培养的菌种凝固后，取出2%~3%，再按上述方法移入培养基中，如此反复数次。待菌种充分活化后（凝固时间、产酸力等特性符合菌种要求），即可用于接种母发酵剂。

培养好的纯培养物，若暂时不用，应将菌种试管保存于0~5℃冰箱内，每隔1~2周移植一次，以保持菌种活力。在正式生产使用时，仍需进行活化处理。

2. 母发酵剂的调制 取新鲜脱脂乳100~300mL装入经干热灭菌（170℃，1~2小时）的母发酵剂容器中，以121℃高压灭菌15~20分钟或采用30分钟连续3天间歇灭菌。灭菌后迅速冷却至发酵剂最适宜生长的温度，用灭菌吸管吸取母发酵剂培养基2%~3%的纯培养物接种，放入培养箱，按所需温度进行培养。凝固后再移植于另外的培养基中，反复接种2~3次，用于调制工作发酵剂。

3. 工作发酵剂（生产发酵剂）的调制 取实际生产量的2%~3%的脱脂乳，装入经灭菌的容器中，以90℃，60分钟或100℃，30分钟杀菌后冷却至25℃。然后无菌操作添加2%~3%母发酵剂，充分搅拌均匀，在所需温度下进行保温培养。达到所需的酸度和凝固状态后即可取出用于生产，或贮存于冷藏库中待用。

4. 发酵剂的质量控制

（1）发酵剂的质量要求 乳酸菌发酵剂的质量，必须符合下列各项要求。

1）凝块：硬度适当，均匀而细腻，富有弹性，组织均匀一致，表面无变色、龟裂、气泡及乳清分离现象。

2）风味：具有优良的酸味和风味，不得有腐败味、苦味、饲料味及酵母味等。

3）质地：凝块粉碎后，质地均匀，细腻滑润，略带黏性，不含块状物。

按上述方法操作后，在规定时间内凝固，无延长凝固现象。活力测定时（酸度、感官、挥发酸、滋味）符合规定标准。

（2）发酵剂的质量检查　发酵剂的质量直接关系到成品质量，必须实行严格的检查制度。常用的检查方法如下。

1）感官检查：首先观察发酵剂的质地、组织状况、色泽及乳清析出情况。其次触摸检查凝块的硬度、弹性及黏度。最后品尝酸味是否正常及有无异味。

2）化学性质检查：主要检查滴定酸度，以 90～110°T 或 0.8%～1%（乳酸度）为宜。

3）细菌检查：包括测定总菌数、活菌数和杂菌总数、大肠菌群。

4）发酵剂活力测定：发酵剂的活力可以利用乳酸菌的繁殖产酸和色素还原等现象来评定。常用的活力测定方法如下。

A. 酸度测定：向灭菌脱脂乳中加入 3% 的发酵剂，在 37.8℃ 的温箱中培养 3.5 小时，然后测定其酸度，酸度达 0.8% 以上认为较好。

B. 活力检查（刃天青还原试验）：在 9mL 脱脂乳中加入 1mL 的发酵剂和 1mL 的 0.005% 刃天青溶液，在 36.7℃ 的温箱中培养 35 分钟以上，完全褪色则表示活力良好。

三、凝固型酸乳加工工艺

（一）基本工艺流程

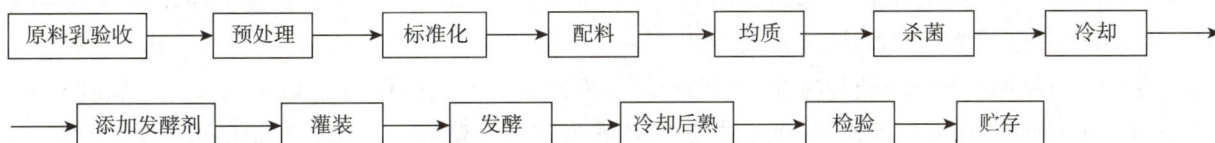

原料乳验收 → 预处理 → 标准化 → 配料 → 均质 → 杀菌 → 冷却 →

→ 添加发酵剂 → 灌装 → 发酵 → 冷却后熟 → 检验 → 贮存

（二）工艺要点

1. 原料乳的验收　用于酸乳生产的牛乳必须具有最高的卫生质量，细菌含量低，无阻碍酸乳发酵的物质，牛乳中不得含有抗生素、噬菌体、CIP 清洗剂残留物或杀菌剂。因此乳品厂用于制作酸乳的原料乳要经过选择，并对原料乳进行认真的检验，原料乳应符合 GB 19301—2010 的规定，要求牛乳酸度在 18°T 以下，杂菌数不高于 $2×10^6$ CFU/mL，总固形物不低于 11.5%，其中非脂乳固体不低于 8.5%。

2. 预处理　原料乳预处理见巴氏杀菌乳。

3. 标准化　目前乳品工厂对原料乳进行标准化，一般是通过添加乳制品、浓缩原料乳和重组原料乳 3 种途径。

（1）直接添加乳制品　通过在原料乳中直接加混全脂或脱脂乳粉或强化原料乳中的乳成分（如加入乳清粉、酪蛋白粉、奶油、浓缩乳等），来达到原料乳标准化的目的。

（2）浓缩原料乳　原料乳通常通过蒸发浓缩、反渗透浓缩或超滤浓缩的方法进行浓缩。

（3）复原乳　由于奶源条件的限制，以脱脂乳粉、全脂乳粉、无水奶油等为原料，根据所需原料乳的化学组成，用水来配制成标准原料乳。

4. 配料

（1）加糖　一般用蔗糖或葡萄糖作为甜味剂，其添加量可根据各地口味不同有所差异。加糖的目的是提高酸乳的甜味，同时也可提高黏度，有利于酸乳的凝固性。将原料乳加热到 50℃ 左右，加糖量一般为 5%～8% 的砂糖，继续升温至 65℃。用原料乳将糖溶解后用泵循环通过过滤器进行过滤。

（2）添加乳粉　用作发酵乳的脱脂乳粉质量必须高，无抗生素、防腐剂。脱脂奶粉可提高干物质含量，改善产品组织状态，促进乳酸菌产酸，一般添加量为1%～1.5%。它们在投料前必须经过感官评定和理化指标检验。当不采用鲜乳做原料乳而采用脱脂乳制作脱脂酸乳时，脱脂乳可直接进入标准化罐中，按上述进行处理。

（3）稳定剂　在酸乳中使用稳定剂主要目的是提高酸乳的黏稠度并改善其质地、状态与口感，一般在凝固型酸乳中不加。常用的稳定剂有阿拉伯胶、明胶、果胶、琼脂等，添加量为0.1%～0.5%。乳中添加稳定剂时一般与蔗糖、乳粉等预先混合均匀，边搅拌边添加，或将稳定剂先溶于少量水或少量乳中，再于适当搅拌条件下加入。

5. 均质　均质处理可使原料充分混匀，有利于提高酸乳的稳定性和黏稠度，并使酸乳质地细腻，口感良好。均质压力为20～25MPa。

6. 杀菌　杀菌的目的在于杀灭原料乳中的杂菌，确保乳酸菌的正常生长和繁殖，钝化原料乳中对发酵菌有抑制作用的天然抑制物，使牛乳中的乳清蛋白变性，以达到改善组织状态，提高黏稠度和防止成品乳清析出。杀菌条件为90～95℃，5分钟。

7. 添加发酵剂　杀菌后的乳应立即降至45℃左右，以便接种发酵剂。菌种的接种量根据菌种活力、发酵方法、生产时间安排和混合菌种配比不同而定。一般生产发酵剂，产酸活力在0.7%～1.0%，此时接种量应为2%～4%。加入的发酵剂应事先在无菌操作条件下搅拌成均匀细腻的状态，不应有大凝块，以免影响成品质量。

8. 灌装　可根据市场需要选择玻璃瓶或塑料杯等容器，在灌装前需对容器进行清洗和蒸汽灭菌。对一些灌装容器上残留的洗涤剂（如氢氧化钠）和消毒剂（如氯化物）必须清洗干净，以免影响菌种活力，确保酸乳的正常发酵和凝固。

9. 发酵　用保加利亚乳杆菌与嗜热链球菌的混合发酵剂时，温度保持在41～42℃，培养时间3～4小时（2%～4%的接种量）。达到凝固状态时即可终止发酵。发酵终点判定：滴定酸度达到70°T以上；pH低于4.6；奶变黏稠，凝固。

发酵时应注意避免震动，否则会影响组织状态；发酵温度应恒定，避免温度波动；掌握好发酵时间，防止酸度不够或过度以及乳清析出。

10. 冷却、后熟　发酵好的凝固酸乳，应立即移入0～4℃的冷库中，迅速抑制乳酸菌的生长，以免继续发酵而造成酸度升高。在冷藏期间，酸度仍会有所上升，同时风味成分双乙酰含量会增加。试验表明冷藏24小时，双乙酰含量达到最高，超过24小时又会减少。因此，发酵凝固后必须在0～4℃储藏24小时后再出售，通常把该冷藏过程称为后熟，一般最大冷藏期为7～14天。

（三）产品质量要求

质量标准系引用中华人民共和国国家标准《食品安全国家标准 发酵乳》（GB 19302—2010）。

1. 感官指标　见表3－9。

表3－9　发酵乳感官指标

项目	指标		检验方法
	发酵乳	风味发酵乳	
色泽	色泽均匀一致，呈乳白色或微黄色	具有与添加成分相符的色泽	取适量试样置于50mL烧杯中，在自然光下观察色泽和组织状态。闻其气味，用温开水漱口，品尝滋味
滋味、气味	具有发酵乳特有的滋味、气味	具有与添加成分相符的滋味和气味	
组织状态	组织细腻、均匀，允许有少量乳清析出；风味发酵乳具有添加成分特有的组织状态		

2. 理化指标 见表 3 – 10。

表 3 – 10 发酵乳理化指标

项目	指标		检验方法
	发酵乳	风味发酵乳	
脂肪（g/100g）	≥3.1	≥2.5	GB 5413.3
非脂乳固体（g/100g）	≥8.1	–	GB 5413.39
蛋白质（g/100g）	≥2.9	≥2.3	GB 5009.5
酸度（°T）	≥70.0		GB 5413.34

注：脂肪指标仅适用于全脂产品。

3. 微生物限量 见表 3 – 11。

表 3 – 11 发酵乳微生物限量

项目	采样方案及限量（若非指定，均以 CFU/g 或 CFU/mL 表示）				检验方法
	n	c	m	M	
大肠菌群	5	2	1	5	GB 4789.3 平板计数法
金黄色葡萄球菌	5	0	0/25g	–	GB 4789.10 定性检验
沙门菌	5	0	0/25g	–	GB 4789.4
酵母	≤100				GB 4789.15
霉菌	≤30				

注：样品的分析及处理按 GB 4789.1 和 GB 4789.18 执行。

4. 乳酸菌指标 见表 3 – 12。

表 3 – 12 发酵乳乳酸菌数指标

项目	限量［CFU/g（mL）］	检验方法
乳酸菌数	≥1×10^6	GB 4789.35

注：发酵后经热处理的产品对乳酸菌数不作要求。

（四）凝固型酸乳生产常见的质量问题及控制措施

1. 凝固性差 主要原因如下。

（1）原料乳 乳中含有抗生素，会抑制乳酸菌的生长；使用乳腺炎乳；原料乳掺假，特别是掺碱，使发酵所产的酸消耗于中和，而不能积累达到凝乳要求的 pH，从而使乳不凝或凝固不好。

（2）发酵温度和时间 发酵温度低于最适温度，发酵时间短，发酵室温度不均匀。

（3）噬菌体污染 造成发酵缓慢、凝固不完全。

（4）发酵剂活力弱 接种量太少。

（5）加糖量 加糖量过大，产生较高的渗透压，抑制了乳酸菌的生长。

2. 乳清析出 主要原因如下。

（1）原料乳热处理 偏低或时间不够。至少使 75% 的乳清蛋白变性，这就要求 85℃，20～30 分钟或 90℃，5～10 分钟的热处理。

（2）发酵时间 过长或过短。

（3）其他因素 原料乳中总干物质含量低；酸乳凝胶时机械振动；乳中钙盐不足；发酵剂添加量过大。

3. 风味不良 主要表现如下。

（1）无芳香味 主要由于菌种选择及操作工艺不当所引起。正常的发酵乳生产应保证两种以上的菌混合使用并选择适宜的比例，任何一方占优势均会导致产香不足，风味变劣；高温短时发酵和固体含量不足也是造成芳香味不足的因素。芳香味主要来自发酵剂酶分解柠檬酸产生的丁二酮物质，所以原料乳中应保证足够的柠檬酸含量。

（2）酸乳的不洁味 主要由发酵剂或发酵过程中污染杂菌引起。污染丁酸菌可使产品带刺鼻怪味，污染酵母菌不仅产生不良风味，还会影响发酵乳的组织状态，使发酵乳产生气泡。

（3）酸度不佳 发酵过度、冷藏温度高和加糖量低会偏酸；发酵不足或加糖过高会偏甜。

（4）原料乳异常 牛体臭、氧化臭味及由于过度热处理或添加了风味不良的炼乳或乳粉等制造的发酵乳，也是造成其风味不良的原因之一。

4. 霉菌生长 发酵乳贮藏时间过长或温度过高时，往往在表面出现霉菌。黑斑点易被察觉，而白色霉菌则不易被注意。这种发酵乳被人误食后，轻者有腹胀感觉，重者引起腹痛下泻。因此要严格保证卫生条件，并根据市场情况控制好贮藏时间和贮藏温度。

5. 口感不佳 优质发酵乳柔嫩、细滑，清香可口。但有些发酵乳口感粗糙，有砂状感。这主要是由于生产发酵乳时，采用了高酸度的乳或劣质的乳粉。因此，生产发酵乳时，应采用新鲜牛乳或优质乳粉，并采取均质处理，使乳中蛋白质颗粒细微化，以达到改善口感的目的。

6. 发酵不良 原料乳中含有抗生素和磺胺类药物，以及病毒感染。控制措施：用于生产发酵乳制品的原料乳，必须做抗生素和磺胺等抑制微生物生长繁殖的药物的检验。

四、搅拌型酸乳加工工艺

（一）基本工艺流程

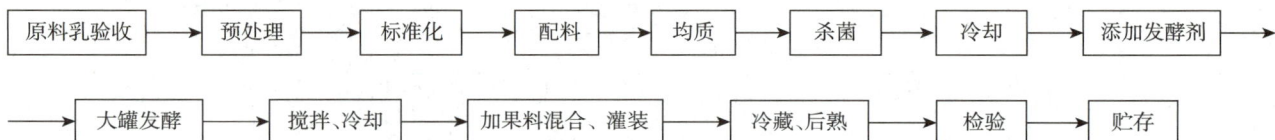

原料乳验收 → 预处理 → 标准化 → 配料 → 均质 → 杀菌 → 冷却 → 添加发酵剂 →

大罐发酵 → 搅拌、冷却 → 加果料混合、灌装 → 冷藏、后熟 → 检验 → 贮存

（二）工艺要点

1. 原料乳的验收、预处理、标准化、配料、均质、杀菌、冷却、添加发酵剂 其工艺同凝固型酸乳。

2. 发酵 搅拌型酸乳的发酵是在发酵罐中进行的，应控制好发酵罐的温度，避免波动。发酵罐上部和下部温差不要超过1.5℃。

3. 冷却 搅拌型酸乳冷却的目的是快速抑制乳酸菌的生长和酶的活性，以防止发酵过程产酸过度及搅拌时脱水。冷却在酸乳完全凝固（pH 4.6~4.7）后开始，冷却过程应稳定进行，冷却过快将造成凝块收缩迅速，导致乳清分离；冷却过慢则会造成产品过酸和添加果料的脱色。搅拌型酸乳的冷却可采用片式冷却器、管式冷却器、表面刮板式热交换器、冷却罐等。

4. 搅拌 通过机械力破碎凝胶体，使凝胶体的粒子直径达到0.01~0.4mm，并使酸乳的硬度和黏度及组织状态发生变化。在搅拌型酸乳的加工中，这是一道重要的工序。

（1）搅拌的方法 机械搅拌使用宽叶片搅拌器，搅拌过程中应注意既不可过于激烈，又不可搅拌过长时间。搅拌时应注意凝胶体的温度、pH及固体含量等。通常搅拌开始用低速，以后用较快的速度。

（2）搅拌时的质量控制

1）温度：搅拌的最适温度为0~7℃，但在实际加工中使40℃的发酵乳降到0~7℃不太容易，所以搅拌时的温度以 20～25℃为宜。

2）pH：酸乳的搅拌应在凝胶体 pH 达 4.7 以下时进行，若在 pH 4.7 以上时搅拌，会因酸乳凝固不完全、黏性不足而影响其质量。

3）干物质：较高的乳干物质含量对搅拌型酸乳防止乳清分离能起到较好的作用。

4）添加物：在搅拌过程中可添加果酱或果料而制成相应的果料酸奶，或添加香料而制成调味酸奶。

5. 加果料混合、灌装　果蔬、果酱和各种类型的调香物质等，可在酸乳自缓冲罐到包装机的输送过程中加入，这种方法可通过一台变速的计量泵连续加入酸乳中。在果料处理中，杀菌是十分重要的，对带固体颗粒的水果或浆果进行巴氏杀菌，其杀菌温度应控制在能抑制一切有生长能力的细菌，而又不影响果料的风味和质地的范围内。

6. 冷藏、后熟　将灌装好的酸乳于 0～7℃冷库中冷藏 24 小时进行后熟，进一步促使芳香物质的产生和黏稠度的改善。

（三）产品质量要求

搅拌型酸乳的质量标准系引用中华人民共和国国家标准《食品安全国家标准 发酵乳》（GB 19302—2010），具体要求见凝固型酸乳质量标准。

（四）搅拌型酸乳生产常见的质量问题及控制措施

1. 组织砂状　即从发酵乳的外观看，出现粒状组织。主要原因：①发酵温度不当；②原料乳受热过度；③乳粉用量过大；④较高温度下的搅拌。

2. 乳清分离　主要原因：①搅拌速度过快，过度搅拌；②泵送过程造成空气混入产品；③酸乳发酵过度；④冷却温度不适；⑤干物质含量不足。

3. 风味不正　操作不当而混入大量空气，造成酵母和霉菌的污染。

4. 色泽异常　在生产中因加入的果蔬处理不当而引起变色、褪色。

> **知识链接**
>
> #### 乳糖不耐症
>
> 乳糖在人体中不能被直接吸收，需要在乳糖酶的作用下水解成葡萄糖和半乳糖后才能被吸收。缺少乳糖酶的人群在摄入牛乳后，未被水解的乳糖直接进入大肠，会被大肠微生物发酵而产酸、产气，刺激大肠蠕动加快，造成腹鸣、腹泻等症状，称乳糖不耐症或乳糖不耐受。
>
> 不少人患有乳糖不耐症，影响了这类人群对乳制品的消费，不利于这类消费者通过乳制品获取营养，可利用食用低乳糖牛乳产品（如营养舒化奶）和酸奶产品来代替。

PPT

第三节　乳粉加工技术

乳粉也称奶粉，是以新鲜牛乳或以新鲜牛乳为主，添加一定数量的植物蛋白质、植物脂肪、维生素、矿物质等原料，经杀菌、浓缩、干燥等工艺过程而制得的粉末状产品。乳粉的特点是在保持乳原有品质及营养价值的基础上，产品含水量低，体积小、重量轻，储藏期长，食用方便，便于运输和携带，更有利于调节地区间供应的不平衡。品质良好的乳粉加水复原后，可迅速溶解恢复原有鲜乳的性状。因而，乳粉在我国的乳制品结构中仍然占据着重要的地位。

一、乳粉加工工艺

（一）基本工艺流程

原料乳验收 → 标准化 → 配料 → 预热、均质 → 杀菌 → 真空浓缩 → 喷雾干燥 →

→ 冷却筛粉 → 检验 → 包装 → 成品

（二）工艺要点

1. 配料　乳粉生产过程中，除了少数几个品种（如全脂乳粉、脱脂乳粉）外，都要经过配料工序，各配料比例按产品配方要求进行配制。配料时所用的设备主要有配料缸、真空混料机和加热器。牛乳或水通过加热器后得以升温，其他配料加入真空混料机上方的料斗中，物料不断地被吸入并在混料机内与牛乳或水相混合，然后又回流到配料缸内，周而复始，直到所有的配料溶解完毕并混合均匀为止。

2. 均质　生产全脂乳粉、全脂甜乳粉以及脱脂乳粉时，一般不必经过均质操作，但若乳粉的配料中加入了植物油或其他不易混匀的物料时，就需要进行均质操作。均质时的压力一般控制在 14 ~ 21MPa，温度控制在 60℃ 为宜。二级均质时，第一级均质压力为 14 ~ 21MPa，第二级均质压力为 3.5MPa 左右。均质后脂肪球变小，从而可以有效地防止脂肪上浮，并易于消化吸收。

3. 杀菌　牛乳常用的杀菌方法见表 3 - 13。具体应用时，不同的产品可根据本身的特性选择合适的杀菌方法。低温长时间杀菌法的杀菌效果不理想，所以已经很少应用。目前最常见的是采用高温短时灭菌法，因为该方法可使牛乳的营养成分损失较小，乳粉的理化特性较好。

表 3 - 13　牛乳常见的杀菌方法

杀菌方法	杀菌温度/时间	杀菌效果	所用设备
低温长时间（LTLT）杀菌法	60 ~ 65℃/30 分钟 70 ~ 72℃/15 ~ 20 分钟	可杀死全部病原菌，杀菌效果一般	容器式杀菌缸
高温短时（HTST）灭菌法	85 ~ 87℃/15 秒 94℃/24 秒	杀菌效果好	板式、列管式杀菌器
超高温瞬时（UHT）灭菌法	120 ~ 140℃/2 ~ 4 秒	杀菌效果最好	板式、列管式杀菌器

4. 真空浓缩　所谓浓缩，就是用加热的方法，使牛乳中的一部分水分汽化，并不断除去，从而使牛乳中的干物质含量提高。为了减少牛乳中营养物质的损失，现在工厂一般都采用真空浓缩的方式。

（1）真空浓缩设备　种类繁多，按加热部分的结构可分为列管式、板式和盘管式三种；按其二次蒸汽利用与否，可分为单效和多效浓缩设备。生产中最常用的是列管降膜式。列管式真空浓缩设备的浓缩原理：设备由多根垂直管组成的加热室和一个蒸发分离室组成，料液由加热器顶部的分配盘均匀分布于蒸发器列管内，液体在重力作用下，沿管壁呈液膜状向下流动，管外围绕着高温蒸汽，真空下料液沸腾，部分水汽化，蒸发产生的二次蒸汽与物料同时降至底部，一起以切线方向进入分离器，由于离心力的作用，密度较大的牛乳液滴立即与二次蒸汽分离，二次蒸汽被分离后立即被水力喷射器由顶部排出，浓缩液由底部抽出。

（2）真空浓缩的优点

1）真空条件下牛乳的沸点降低，这样牛乳可以避免受到高温作用，对产品的色泽、风味、溶解度等都大有好处。

2）蒸发过程（多效蒸发器）利用二次蒸汽可节省蒸汽消耗，提高干燥设备能力，降低成本。

3）使喷雾后的粉粒粗大，有良好分散性和冲调性，其速溶性大大提高。

4）由于真空浓缩排出了乳中的空气及氧气，使粉粒气泡减少，降低了乳粉中脂肪的氧化作用，改善了奶粉的保存性。

5）经浓缩后进行喷雾干燥的乳粉颗粒致密、坚实，相对密度大，利于包装。

（3）真空浓缩的条件　一般真空度为21~8kPa，温度为50~60℃。单效蒸发时间约为40分钟，多效是连续进行的。

（4）影响浓缩的因素

1）加热器总加热面积：加热面积越大，乳受热面积就越大，在相同时间内乳所接受的热量亦越大，浓缩速度就越快。

2）蒸汽的温度与物料间的温差：温差越大，蒸发速度越快。

3）乳的翻动速度：乳翻动速度越大，乳的对流越好，加热器传给乳的热量也越多，乳既受热均匀又不易发生焦管现象。另外，由于乳翻动速度大，在加热器表面不易形成液膜，而液膜能阻碍乳的热交换。乳的翻动速度还受乳与加热器之间的温差、乳的黏度等因素的影响。

4）乳的浓度与黏度：随着浓缩的进行，浓度提高，比重增加，乳逐渐变得黏稠，流动性变差。

（5）浓缩终点的确定　牛乳浓缩的程度将直接影响乳粉的质量。连续式蒸发器在稳定的操作条件下，可以正常连续出料，其浓度可通过检测而加以控制；间歇式浓缩锅需要逐锅测定浓缩终点。在浓缩到接近要求浓度时，浓缩乳黏度升高，沸腾状态滞缓，微细的气泡集中在中心，表面稍呈光泽，根据经验观察即可判定浓缩的终点。但为准确起见，可迅速取样，测定其比重、黏度或折射率来确定浓缩终点。一般要求原料乳浓缩至原体积的1/4，乳干物质达到45%左右。浓缩后的乳温一般47~50℃，不同产品的浓缩程度：全脂乳粉为11.5~13°Bé，相应乳固体含量为38%~42%；脱脂乳粉为20~22°Bé，相应乳固体含量为35%~40%；全脂甜乳粉为15~20°Bé，相应乳固体含量为45%~50%；大颗粒奶粉可相应提高浓度。

5. 喷雾干燥　浓缩后的乳打入浓乳罐内之后应立即进行干燥。乳粉加工中所用的干燥方法有冷冻干燥、滚筒干燥和喷雾干燥。现在国内外普遍采用喷雾干燥法，其包括离心喷雾法和压力喷雾法。

（1）喷雾干燥原理　浓乳在高压或离心力的作用下，经过雾化器在干燥室内喷出，形成雾状。压力喷雾干燥浓乳的雾化是通过高压泵和喷嘴来完成的，浓乳在高压泵的作用下通过一狭小的喷嘴后，瞬间得以雾化成无数微细的小液滴。离心喷雾干燥浓乳的雾化是通过高速旋转的圆盘来完成，乳被高速旋转的转盘（转速在5000~20000r/min）甩向四周，形成雾滴达到雾化的目的。雾化后的浓乳变成了无数微细的乳滴（直径为10~200μm），大大增加了浓乳表面积。微细乳滴经与鼓入的热风接触，其水分便在0.01~0.04秒内瞬间蒸发完毕，雾滴被干燥成细小的球形颗粒，单个或数个粘连飘落到干燥室底部，而水蒸气被热风带走，从干燥室的排风口抽出。整个干燥过程仅需15~30秒。

（2）喷雾干燥条件　压力式喷雾干燥法生产乳粉和离心式喷雾干燥法生产乳粉时，工艺条件通常分别控制在表3-14和表3-15中所列出的范围。

表3-14　压力喷雾干燥法生产乳粉的工艺条件

项目	全脂乳粉	全脂加糖粉
浓缩乳浓度（°Bé）	11.5~13	15~20
乳固体含量（%）	38~42	45~50
浓缩乳温度（℃）	45~60	45~50
高压泵工作压力（kPa）	10000~20000	10000~20000
喷嘴孔径（mm）	2.0~3.5	2.0~3.5
喷嘴数量（个）	3~6	3~6

续表

项目	全脂乳粉	全脂加糖粉
喷嘴角度（rad）	1.047～1.571	1.222～1.394
进风温度（℃）	140～180	140～180
排风温度（℃）	75～85	75～85
排风相对湿度（%）	10～13	10～13
干燥室负压（Pa）	98～196	98～196

表 3－15　离心喷雾干燥法生产乳粉的工艺条件

项目	全脂乳粉	全脂加糖乳粉
浓乳干物质含量（%）	45～50	45～50
浓乳温度（℃）	45～55	45～55
转盘转速（r/min）	5000～20000	5000～20000
转盘数量（只）	1	1
进风温度（℃）	约200	约200
干燥温度（℃）	约90	约90
排风温度（℃）	约85	约85
浓乳浓度（°Bé）	13～15	14～16

（3）喷雾干燥阶段　喷雾干燥是一个较为复杂的过程，包括浓乳微粒表面水分汽化及微粒内部水分不断地向其表面扩散的过程。只有浓乳的水分含量超过其平衡水分，微粒表面的蒸气压超过干燥介质的蒸气压时，干燥过程才能进行。喷雾干燥一般经过预热、恒速干燥和降速干燥三个阶段。在干燥室内，整个干燥过程用时25～30秒。由于微小液滴中水分不断蒸发，使乳粉的温度不超过75℃。干燥的乳粉含水分2.5%左右，从塔底排出，而热空气经旋风分离器或袋滤器分离所携带的乳粉颗粒而净化，或排入大气或进入空气加热室再利用。

（4）二次干燥（二段干燥）　为了提高喷雾干燥的热效率，可采用二次干燥法。

1）二次干燥能降低干燥塔的排风温度，使含水分较高（6%～7%）的乳粉颗粒再在流化床或干燥塔中二次干燥至含水量2.5%～5%。

2）在塔底设置固定流化床，使奶粉颗粒在塔底低温条件下沸腾干燥。因为可以提高喷雾干燥塔中空气进风温度，使粉末的停顿时间缩短（仅几秒钟）；而在流床干燥中空气进风温度相对较低（130℃），粉末停留时间较长（几分钟），可以生产出较优质的乳粉。另外，热空气消耗也很少。

传统干燥和二次干燥将干物质含量48%的脱脂浓缩奶干燥到含水量3.5%，所需条件见表3－16。

表 3－16　传统干燥和二次干燥条件

方式	传统干燥	二次干燥
进风温度（℃）	200	250
出风温度（℃）	94	87
空气室出口（Aw）	0.09	0.17
总消耗热（kJ/kg 水）	4330	3610
能力（kg 粉/h）	1300	2040

由此可见，二次干燥能耗低（20%），生产能力更大（57%），附加干燥仅耗5%的热能，乳粉质量通常更好，但需要增加流化床。

（5）喷雾干燥的优缺点　　与其他干燥方法相比，喷雾干燥方法有许多优点，因而获得广泛采用与迅速发展。

1）优点

A. 干燥速度快，物料受热时间短：由于浓乳被液化成微细乳滴，具有很大的表面积。若按雾滴平均直径为 $50\mu m$ 计算，则每升浓乳可分散成 146 亿个微小雾滴，其总表面积为 $54000m^2$。这些雾滴在 $150\sim200℃$ 的热风中强烈而迅速地汽化，所以干燥速度快。

B. 干燥温度低，乳粉质量好：在喷雾干燥过程中，雾滴从周围热空气中吸收大量热，使周围温度迅速下降，同时也保证了被干燥的雾滴本身的温度大大低于周围热空气的温度，所以，尽管干燥室内温度很高，但物料受热时间短、温度低、营养成分损失少。

C. 工艺参数可调，容易控制质量：选择适当的雾化器、调节工艺条件可以控制乳粉颗粒状态、大小，并使含水量均匀，成品冲调后具有良好的流动性、分散相和溶解性。

D. 产品不易污染，卫生质量好：喷雾干燥过程是在密闭状态下进行的，干燥室内保持 $100\sim400Pa$ 的负压，能有效避免粉尘的外溢，减少浪费，保证产品安全卫生。

E. 产品呈松散状态，不必再粉碎：喷雾干燥后，乳粉呈粉末状态，只要过筛团块粉即可分散。

F. 操作调节方便，机械化、自动化程度高：有利于连续化和自动化生产操作人员少，劳动强度低，具有较高的生产效率。

2）缺点

A. 干燥塔体积庞大：占用面积大、空间大，而且造价高、投资大。

B. 耗能、耗电多：为了保证乳粉中含水量符合要求，一般将排风湿度控制到 $10\%\sim13\%$，故需耗用较多的热风，热效率低，热风温度在 $150\sim170℃$ 时，热效率仅为 $30\%\sim50\%$；热风温度在 $200℃$ 时，热效率可达 55%，即每蒸发 $1kg$ 水分需要加热蒸汽 $3.0\sim3.3kg$，能耗大大高于浓缩。

C. 粉尘黏壁现象严重：清扫、收粉工作量大。

6. 冷却、筛粉　　喷雾干燥结束后，应立即将乳粉送至干燥室外并及时冷却，避免乳粉受热时间过长，特别是全脂乳粉，受热时间长会导致乳粉游离脂肪酸增加，严重影响乳粉的品质，使之在保存中容易引起脂肪氧化酸败，乳粉的色泽、滋味、气味也会受到影响。出粉冷却的方法一般有以下三种：气流出粉冷却、流化床出粉冷却和人工出粉自然冷却。

乳粉过筛的目的是将粗粉和细粉混合均匀，并除去乳粉团块、粉渣，使乳粉均匀、松散，便于晾粉冷却。

7. 计量包装　　乳粉冷却完成后即可进行包装，包装规格、容器及材质依乳粉的用途不同而异。工业用粉采用 $25kg$ 的大袋包装，家庭采用 $1kg$ 以下小包装。包装要求称量准确、排气彻底、封口严密、装箱整齐、打包牢固。包装间在工作前必须经紫外线照射 30 分钟灭菌后方可使用，室温保持在 $20\sim25℃$，相对湿度不大于 75%。

二、乳粉生产常见的质量问题及控制措施

1. 脂肪分解味（酸败味）　　由于乳中解脂酶的作用，使乳粉中的脂肪水解而产生游离的挥发性脂肪酸。为了防止这一缺陷，必须严格控制原料乳的微生物数量，同时杀菌时将脂肪分解酶彻底灭活。

2. 氧化味（哈喇味）　　不饱和脂肪酸氧化产生的。

3. 棕色化　　水分在 5% 以上的乳粉贮藏时会发生羰氨反应产生棕色化，温度高会加速这一变化。

4. 吸潮　　乳粉中的乳糖呈无水的非结晶的玻璃态，易吸潮。当乳糖吸水后使蛋白质彼此黏结而使乳粉结块，因此应保存在密封容器里。

5. 细菌引起的变质　乳粉打开包装后会逐渐吸收水分，当水分超过5%以上时，细菌开始繁殖，而使乳粉变质，所以乳粉打开包装后不应放置过久。

三、乳粉加工实例——婴幼儿配方乳粉

母乳是婴儿最好的营养品，牛乳被认为是人乳的最好代用品。但牛乳的营养组成与人乳有所不同，牛乳中蛋白质和灰分量比人乳多，而乳糖则较少。用牛乳喂养婴儿会产生种种营养障碍，很难满足婴儿的生长发育需要。因此，需要将牛乳中的各种成分进行调整，使之接近于母乳，并加工成方便食用的粉状产品。

（一）婴儿乳粉营养成分调整

1. 蛋白质的调整　牛乳蛋白质含量高，为人乳的5倍，且酪蛋白与乳清蛋白的比例为5∶1，人乳接近1∶1。因此，人乳的蛋白质在婴儿胃中形成凝块细小易消化，牛乳凝块大易导致婴儿消化不良，故必须加以调整。调整方法如下：①加脱盐的干酪乳清，增加乳清蛋白量，调整酪蛋白与乳清蛋白近于人乳比例；②用蛋白分解酶对乳中酪蛋白进行分解。

2. 脂肪的调整　牛乳和人乳的脂肪含量无大差别，但构成油脂的脂肪酸含量不同，牛乳脂肪中饱和脂肪酸多，不饱和脂肪酸少，尤以亚油酸、亚麻酸类的必需脂肪酸少（为脂肪酸总量的2.2%，人乳的12.8%）。所以牛乳脂肪的吸收率比人乳脂肪低20%以上。调整方法如下：①强化亚油酸，以提高乳脂肪的消化率，强化量达脂肪酸总量的13%；②改善乳脂肪的结构；③改善脂肪的分子排列。以上可通过加植物脂肪解决，如精制玉米油、大豆油等。

3. 糖类的调整　牛乳和人乳中的糖类绝大部分是乳糖，但牛乳中乳糖含量比人乳少得多，且主要是α型，人乳主要是β型。β型乳糖对双歧杆菌的生长繁殖有刺激作用，抑制大肠埃希菌的生长繁殖；α型则能促进大肠埃希菌的生长。人乳中乳糖/蛋白质约为6.5，而牛乳约为1.5。

4. 矿物质的调整　牛乳中矿物质含量相当于人乳的3.5倍，这会增加婴儿的肾脏负担。通常用大量添加脱盐乳清粉的办法加以稀释。但需要补加铁等微量元素，并且控制 Ca/P = 1.2 ~ 2.0，K/Na = 2.88 左右为宜。

5. 维生素的调整　婴儿乳粉应充分强化维生素，特别是叶酸和维生素C，它们对芳香族氨基酸的代谢起辅酶作用，婴儿乳粉一般添加的维生素为维生素A、维生素B_1、维生素B_6、维生素B_{12}、叶酸、维生素C、维生素D、维生素E等。维生素E的添加量以控制维生素E（mg）和多不饱和脂肪酸（g）的比例大于或等于0.8为宜。

（二）工艺流程

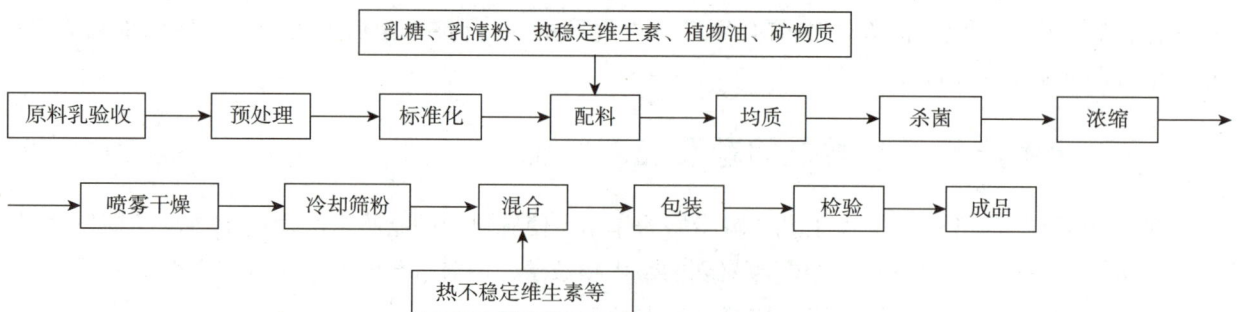

（三）加工工艺

1. 原料乳的验收和预处理　应符合生产特级乳粉的要求。

2. 标准化　将全脂原料乳与脱脂乳等混合后，使其符合标准组成的要求。

3. 配料　按比例要求将各种物料混合于配料缸中，开动搅拌器，使物料混匀。

4. 均质、杀菌、浓缩　混合料均质压力一般控制在 5 ~ 14MPa；杀菌时最好采用超高温瞬时 135℃/4 秒的杀菌方式。真空浓缩时，真空度为 66.66 ~ 93.33kPa，温度为 35 ~ 40℃，浓缩至原体积的 1/4，物料浓度控制在 46% 左右。

5. 喷雾干燥　喷雾压力为 15MPa，进风温度为 140 ~ 160℃，排风温度为 80 ~ 88℃。

6. 过筛　粉料通过 16 目筛，孔径 1.08mm，除去块状物。

7. 混合　添加可溶性多糖类和对热不稳定的维生素 B_1、维生素 B_6、维生素 C 等，在混合机内搅拌混合均匀。

8. 再过筛　通过 26 目筛，孔径为 0.63mm，进一步除去块状物。

9. 计量装填　最好采用自动计量装填机。

10. 充氮　为防止脂肪、维生素氧化，采用充氮包装尤为重要。

11. 检验　进行微生物、理化和感官指标检验，符合质量标准要求后即为成品。

第四节　冰淇淋加工技术

PPT

《冷冻饮品 冰淇淋》（GB/T 31114—2014）中对冰淇淋的定义：以饮用水、乳和（或）乳制品、蛋制品、水果制品、豆制品、食糖、食用植物油等的一种或多种为原辅料，添加或不添加食品添加剂和（或）食品营养强化剂，经混合、灭菌、均质、冷却、老化、冻结、硬化等工艺制成的体积膨胀的冷冻饮品。冰淇淋按脂肪含量可分为全乳脂冰淇淋、半乳脂冰淇淋和植脂冰淇淋三类，每一类又可分为清型冰淇淋和组合型冰淇淋。按硬度可分为硬质冰淇淋和软质冰淇淋，硬质冰淇淋是经硬化置于冰柜内的冰淇淋，软质冰淇淋在制造过程中没有最后硬化。

一、冰淇淋加工工艺

（一）基本工艺流程

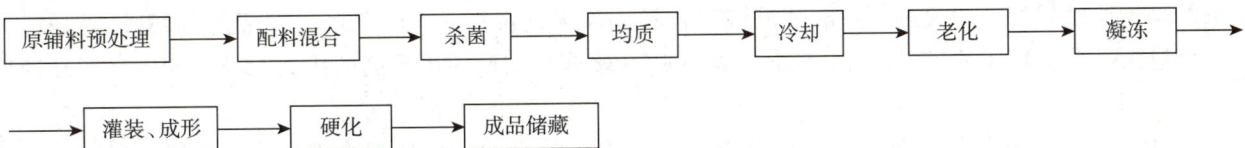

原辅料预处理 → 配料混合 → 杀菌 → 均质 → 冷却 → 老化 → 凝冻 →

→ 灌装、成形 → 硬化 → 成品储藏

（二）工艺要点

1. 原辅料预处理　原辅料的种类很多，性状各异，在配料之前要根据它们的物理性质进行预处理。

（1）鲜牛乳　使用之前用 120 目尼龙或金属绸过滤除杂，或进行离心分离。

（2）乳粉　使用混料机或高速剪切缸，将乳粉加温水溶解，也可先均质使乳粉分散更均匀。

（3）奶油　检查其表面有无杂质。若无杂质再用刀切成小块，加入杀菌缸。

（4）稳定剂和蔗糖　稳定剂与其质量 5 ~ 10 倍的蔗糖混合，再溶解于 80 ~ 90℃ 的软化水中。

（5）液体甜味剂　先用 5 倍左右的水稀释、均匀，再经 100 目尼龙或金属绸过滤。

（6）蛋制品　鲜蛋可与鲜乳一起混合，过滤后均质使用；冰蛋要加热融化后使用。

（7）果汁　在使用之前需搅匀或均质处理。

🔗 **知识链接**

冰淇淋起源

人们总认为"冰淇淋"是外来物品，其实最早的冰制冷饮起源于中国。当时，帝王们为了消暑，把冬天的冰贮存在地窖里，到了盛夏再拿出来享用。大约在唐朝末年，在夏季人们也可以制冰了，当时在莲子绿豆汤或薄荷百合汤中放入冰粒是很流行的冰饮。到了元代，聪明的商人在冰中加上果浆和牛乳出售，这已经非常接近现代的冰淇淋了。而在西方，冰淇淋最早起源于中世纪的北欧地区，它结合了蛋奶沙司和鲜奶布蕾塔的烹饪传统制作而成。此外，中东地区通常将果香、花香、果汁冻（波斯语 sharbat）加入冰沙中作为提神饮品。

2. 配料混合　配料是冰淇淋生产重要的一个环节。由于原辅料的种类繁多，性状各异，因此配制时的加料顺序显得尤为重要。先往配料缸里加入鲜牛乳、脱脂乳等低黏度的原料及半量左右的水，然后加入黏度稍高的原料，如糖浆、乳粉液、稳定剂和乳化剂等，再加入黏度高的原料，如稀奶油、炼乳、果葡糖浆、蜂蜜等，对于一些数量较少的固体料，如可可粉、非脂乳固体等，可用细筛撒入配料缸内，最后以水或牛乳做总量调整，使混合料的总固体保持在规定的范围内。

3. 杀菌　主要有巴氏杀菌、高温短时杀菌、超高温瞬时杀菌等方法。

（1）巴氏杀菌　温度一般为 60～85℃，处理 15～30 分钟。该种方法由于所需时间较长，生产效率低，目前大型企业已经很少采用。

（2）高温短时杀菌　温度一般为 85～90℃，处理 3～5 分钟，或 95℃ 处理 1～2 分钟。该种方法比巴氏杀菌的杀菌能力强，且能节省稳定剂用量，减少营养素的损失，改善产品品质，还可以连续化生产，生产能力大。中小企业多采用该法杀菌。

（3）超高温瞬时杀菌　温度为 120～135℃，处理 1～3 秒。该法生产能力大，杀菌时间短，杀菌效果好，几乎可达到或接近灭菌要求。可节省冰淇淋稳定剂用量，营养素损失较少，维生素几乎不受破坏，节省能源，节省工作时间，提高工作效率，降低成本，稳定产品质量。

4. 均质　主要作用包括使混料均匀，防止脂肪球上浮，改善冰淇淋组织，促进消化吸收等。

均质是在均质机内完成的。均质压力和温度与混合料的凝冻操作及冰淇淋的形体组织有十分密切的关系，是均质效果好坏的关键。一般冰淇淋混合料均质最适温度为 65～70℃。若高于 70℃，凝冻时膨胀率会过大，将有损于冰淇淋形体。均质一般采用两段式，前段使用较高的压力 15～20MPa，后端使用低压 2～5MPa。

5. 冷却　混合料经均质处理后，应将其迅速冷却至 0～4℃，以便尽快进入老化阶段，温度的迅速降低能使混合料黏度增加，可有效地防止脂肪球的聚集和上浮，避免混合料酸度的增加，阻止香味物质的逸散和延缓细菌繁殖。冷却温度要适应生产工艺要求，不可将混合料冷却至低于 0℃，因温度过低容易使混合料产生冰结晶，影响冰淇淋品质。

6. 老化　将混合原料在 2～4℃ 的低温下贮藏一段时间进行物理成熟的过程，又称之为"成熟"。其实质是脂肪、蛋白质和稳定剂的水合作用。稳定剂充分吸收水分，使料液黏度增加，有利于凝冻搅拌时膨胀率的提高。老化时间长短与温度有关。一般在 2～4℃ 进行老化需要延续 4 小时；在 0～1℃ 老化时则需 2 小时；而高于 6℃，即使延长老化时间也得不到良好的效果。老化持续时间与混合料的组成成分和稳定剂品种也有关，干物质越多，黏度越高，老化所需要的时间越短。

7. 凝冻　冰淇淋加工中一个重要的工序。它是将配料、杀菌、均质、老化后的混合物料在强制搅拌下进行冷冻，使空气以极微小的气泡均匀混入混合物料中，使冰淇淋中的水分在形成冰晶时呈微细的冰结晶，这些小冰结晶的产生和形成对于冰淇淋质地的光滑、硬度、可口性及膨胀率来说都是必需的。

凝冻的目的是使混合料更加均匀，冰淇淋组织更加细腻，使冰淇淋获得适当的膨胀率，稳定性提高，可加速硬化成型进程。

8. 成型 将凝冻后的半固体冰淇淋分装到各种形状的包装容器中，然后进行后续的硬化，制成各式各样的冰淇淋。冰淇淋的成型可以根据所制产品的品种、形态要求，采用各种不同类型的成型设备进行，如纸杯、冰砖、蛋筒、注模成型、巧克力涂层、异型冰淇淋切割线等多种成型灌装机。

9. 硬化 将成型后的冰淇淋迅速置于 -25℃ 以下的温度，经过一定时间的速冻，再保持在 -18℃以下，使冰淇淋组织固定，形成极微小的冰结晶，使其硬度增加并保持一定的松软度的过程。凝冻后的冰淇淋不经硬化者为软质冰淇淋，多为商店现制现售。若灌入容器中再经硬化，则成为硬质冰淇淋，为工业化生产必需步骤。冰淇淋硬化情况的优劣对成品品质有重要的影响。硬化迅速，则冰淇淋融化少，组织中的冰结晶细，成品组织润滑；若硬化缓慢，则部分冰淇淋融化，冰的结晶粗糙，品质较差。包装容器的形状和大小、速冻室的温度与空气的循环状态、冰淇淋的组成成分和膨胀率等，都会影响到冰淇淋的硬化情况的优劣。

冰淇淋硬化方式主要有以下三种。

（1）盐水硬化 将冰淇淋放入冰盐混合物中进行硬化。其中盐占25%，保持温度在 -27 ~ -25℃硬化 14 ~ 18小时。

（2）速冻库硬化 以氨为制冷剂，保持温度在 -27 ~ -25℃，硬化 10 ~ 20 小时。

（3）速冻隧道硬化 在长度为 12 ~ 15m 长的隧道中，保持温度在 -40 ~ -35℃，硬化 30 ~ 50 分钟。

（三）产品质量要求

质量标准系引用中华人民共和国国家标准《冷冻饮品 冰淇淋》（GB/T 31114—2014）。

1. 感官指标 见表 3 - 17。

表 3 - 17 冰淇淋感官指标

项目	指标					
	全乳脂		半乳脂		植脂	
	清型	组合型	清型	组合型	清型	组合型
色泽	主体色泽均匀，具有品种应有的色泽					
形态	形态完整，大小一致，不变形，不软塌，不收缩					
组织	细腻滑润，无气孔，具有该品种应有的组织特征					
滋味气味	柔和乳脂香味，无异味		柔和淡乳香味，无异味		柔和植脂香味，无异味	
杂质	无正常视力可见外来杂质					

2. 理化指标 见表 3 - 18。

表 3 - 18 冰淇淋理化指标

项目	指标					
	全乳脂		半乳脂		植脂	
	清型	组合型	清型	组合型	清型	组合型
非脂乳固体(g/100g)	≥6.0					
总固形物(g/100g)	≥30.0					
脂肪(g/100g)	≥8.0		≥6.0	≥5.0	≥6.0	≥5.0
蛋白质(g/100g)	≥2.5	≥2.2	≥2.5	≥2.2	≥2.5	≥2.2

注：组合型产品的各项指标均指冰淇淋主体部分；非脂乳固体含量按原始配料计算。

二、冰淇淋生产常见的质量问题及控制措施

（一）风味缺陷

1. 过甜或甜味不足　主要原因是配料不准确。因此，要抽样化验含糖量与总干物质含量，加强配方管理工作。

2. 香气不正　其原因主要为香精未按要求添加以及吸收外界气味。因此，在生产过程中应严格控制香精的品质和用量，并在贮存时，应使用专用冷库，尤其不能与有强烈气味的物品放在一起。

3. 异味　冰淇淋产品有时还会出现油哈味、烧焦味及蒸煮味、酸败味、咸味等。

（二）组织缺陷

1. 组织粗糙　冰淇淋组织粗糙的主要原因是总干物质量不足、砂糖与非脂乳固体量比例不当、所用稳定剂的品质较差或用量不足等。为避免该缺陷的发生，应及时调整配方，提高总干物质含量，尤其是非脂乳干物质与砂糖的比例，同时使用良好的稳定剂。

2. 组织松软　冰淇淋组织强度不够，过于松软，这主要与冰淇淋中含有过多的气泡、干物质不足、均质效果太差、膨胀率过高有关。通过增加总固形物含量、均质效果、控制膨胀率，可改变组织松软缺陷。

3. 组织坚实　冰淇淋组织过于坚硬，是由于所含总干物质过高或膨胀率较低引起的。应适当降低总干物质的含量，降低料液黏性，提高膨胀率。

4. 质地过黏　在原料中使用稳定剂过多或质量差、膨胀率过低、总干物质含量过高所致。应控制原料用量及质量、规范工艺操作。

5. 面团状组织　在配制冰淇淋混合料时，稳定剂用量过多或加入时溶解搅拌不均匀、均质压力过高、硬化过缓等均能产生这种组织缺陷。应严格控制稳定剂用量，并充分溶解搅拌均匀，选用合适的均质压力。

6. 奶油状组织　高脂肪的冰淇淋在凝冻中，有时脂肪球不稳定，被搅打成奶油状。这种奶油状组织主要是由于脂肪球的乳化分散不完全形成的。另外，进入凝冻机的混合料温度过高、凝冻机的运转效果不良也会产生这种缺陷。

7. 融化较快或缓慢　冰淇淋融化较快是由于在原料中所含稳定剂和总干物质过低，因此，应适当增加稳定剂和总干物质的含量，或另选用品质好的稳定剂。相反，冰淇淋融化过慢，是由于原料中含脂量过高、稳定剂用量过多以及使用较低的均质压力等因素所造成的。

（三）冰淇淋收缩

1. 影响冰淇淋收缩的主要因素

（1）膨胀率过高　相对减少了固体的数量及流体的成分，因此，在适宜的条件下，容易发生收缩。

（2）蛋白质不稳定　这容易形成冰淇淋的收缩。主要是由于乳固体的脱水采用了高温处理，或是由于牛乳及乳脂的酸度过高等。

（3）糖含量过高　冰淇淋中糖分含量过高，相应地降低了混合料的凝固点。

（4）细小的冰结晶体　在冰淇淋中，极细小的冰结晶产生细腻的组织，针状冰结晶使冰淇淋组织冻得较为坚硬。

（5）空气气泡　凝冻机的搅拌器快速搅拌，使空气在一定压力下被搅拌成许多细小的空气气泡，

由于空气气泡的压力与气泡本身的直径成反比，因此气泡小则其压力反而大，故在冰淇淋中，细小空气气泡更容易从冰淇淋组织中逸出。

2. 控制措施

（1）采用品质较好、酸度低的鲜乳或乳制品为原料，在配制冰淇淋时用低温老化，这样可以防止蛋白质含量的不稳定。

（2）在冰淇淋混合原料中，糖分含量不宜过高，且不宜采用淀粉糖浆，以防凝冻点降低。

（3）严格控制冰淇淋凝冻搅拌操作，防止膨胀率过高。

（4）严格控制硬化室和冷藏库内的温度，防止温度波动，尤其是当冰淇淋膨胀率较高时更需注意，以免使冰淇淋受热变软或融化等。

第五节　干酪加工技术

PPT

《食品安全国家标准 干酪》（GB 5420—2021）中定义：干酪是指成熟或未成熟的软质、半硬质、硬质或特硬质、可有包衣的乳制品，其中乳清蛋白/酪蛋白的比例不超过牛（或其他奶畜）乳中的相应比例（乳清干酪除外）。

干酪可由下述任一方法获得：①乳和（或）乳制品中的蛋白质在凝乳酶或其他适当的凝乳剂的作用下凝固或部分凝固后（或直接使用凝乳后的凝乳块为原料），添加或不添加发酵菌种、食用盐、食品添加剂、食品营养强化剂，排出或不排出（以凝乳后的蛋白质凝块为原料时）乳清，经发酵或不发酵等工序制得的固态或半固态产品；②加工工艺中包含乳和（或）乳制品中蛋白质的凝固过程，并赋予成品与①所描述产品类似的物理、化学和感官特性。

一、干酪的分类

干酪制作历史悠久，不同的产地、制造方法、组成成分、形状外观，都会产生不同的名称和品种的干酪。

（一）国际通用分类

通常把干酪划分为三大类，即天然干酪、再制干酪和干酪食品。

1. 天然干酪　以乳、稀奶油、脱脂乳、酪乳或这些原料的混合物为原料，经凝固，并排除部分乳清而制成的新鲜或经发酵成熟的产品。

2. 再制干酪（融化干酪）　用天然干酪经粉碎、混合、加热融化、乳化后而制成的产品，含乳固体40%以上。

3. 干酪食品　用天然干酪或融化干酪经粉碎、混合、加热融化而制成的产品。产品中奶酪含量必须占50%以上。

（二）其他分类

1. 按水分在干酪非脂成分中的比例不同分类　可分为特硬质、硬质、半硬质、半软质和软质干酪。

2. 按脂肪在干酪非脂成分的比例不同分类　可分为全脂、中脂、低脂和脱脂干酪。

3. 按发酵成熟情况的不同分类　可分为细菌成熟干酪、霉菌成熟干酪和新鲜的干酪。

二、干酪加工工艺

(一) 基本工艺流程

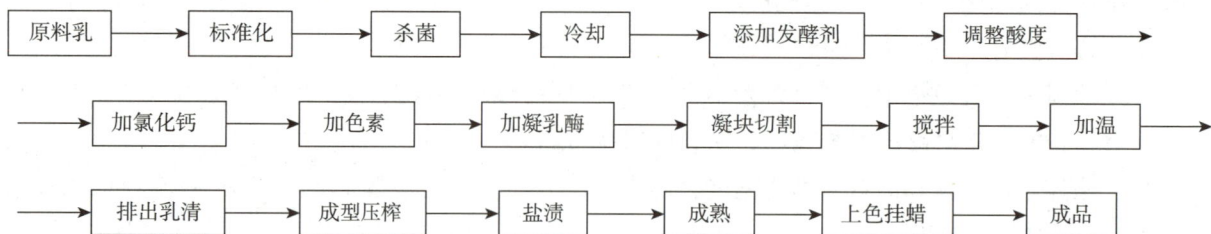

原料乳 → 标准化 → 杀菌 → 冷却 → 添加发酵剂 → 调整酸度 →

→ 加氯化钙 → 加色素 → 加凝乳酶 → 凝块切割 → 搅拌 → 加温 →

→ 排出乳清 → 成型压榨 → 盐渍 → 成熟 → 上色挂蜡 → 成品

(二) 工艺要点

1. 原料乳验收及处理 生产干酪的原料乳，必须经过严格的检验，浓度为70%的酒精检验为阴性，要求抗生素检验阴性等，除牛奶外也可使用羊奶。原料乳经离心除菌机进行净乳处理，不仅可以除去乳中大量杂质，而且可以将乳中90%的细菌除去，尤其对比重较大的菌体芽孢特别有效，可避免干酪生产中杀菌温度过低对干酪的生产和成熟造成的危害。

2. 标准化 为了保证每批干酪的成分均匀一致，在加工之前要对原料乳进行标准化处理，除了对脂肪标准化外，还要对酪蛋白以及酪蛋白/脂肪的比例（C/F）进行标准化，一般要求 C/F = 0.7。

3. 杀菌 生产中多采用 63~65℃、30分钟的保温杀菌（LTLT），或75℃、15秒的高温短时杀菌（HTST）；常采用的杀菌设备为保温杀菌缸或板式换热器。为了确保杀菌效果，抑制丁酸菌等产气芽孢菌，在生产中常添加适量的硝酸盐（硝酸钠或硝酸钾）或过氧化氢，硝酸盐的添加量一般为牛乳的0.02~0.05g/kg，过多的硝酸盐虽能抑制发酵剂的正常发酵，但会影响干酪的成熟和成品风味及安全性。

4. 添加发酵剂和预酸化 生产干酪的发酵剂主要有乳酸链球菌、乳油链球菌、干酪乳杆菌、丁二酮链球菌、嗜酸乳杆菌、保加利亚乳杆菌、噬柠檬酸明串珠菌等，通常选取两种以上配成混合发酵剂。

一般取原料乳量的1%~2%作发酵剂，边搅拌边加入，并在30~32℃条件下充分搅拌3~5分钟，然后在此条件下发酵10~15分钟，以保证充足的乳酸菌数量和达到一定的酸度，此过程称为预酸化。

5. 酸度调整与添加剂的加入 为使干酪终产品品质一致，应在预酸化后取样测定酸度，要求乳酸度应为0.20%~0.22%（应根据干酪种类而不同），为使干酪成品质量一致，可用1mol/L的盐酸调整酸度。

干酪生产中的添加剂是 $CaCl_2$ 和安那妥。在100kg原料乳中添加5~20g $CaCl_2$（预先配成10%的溶液），以调节盐类平衡，促进凝块的形成。每1000kg原料乳中加30~60g安那妥的碳酸钠抽提液使干酪颜色均匀一致。

6. 添加凝乳酶和凝乳的形成 通常按凝乳酶效价和原料乳的量计算凝乳酶的用量。用1%的食盐水将酶（干粉）配成2%溶液，并在28~32℃下保温30分钟，然后加入乳中，充分搅拌2~3分钟；添加凝乳酶后，在32℃条件静置40分钟左右，即可使乳凝固。

7. 凝块切割 当乳凝块达到适当硬度时，要进行切割以利于乳清脱出，切割时可由下列方法判定：用消毒过的温度计以45°角度插入凝块中，挑开凝块，凝乳裂口如锐刀切痕，而呈现透明乳清，即可开始切割，切割用具为干酪刀，使其切成0.7~1.0cm³的小块，应注意动作要轻、稳，防止将凝块切得过碎和不均匀，影响干酪的质量。

8. 凝块的搅拌及加温 切割后有凝聚现象，必须搅拌，可用干酪耙或干酪搅拌器轻轻搅拌，保持颗粒悬浮度，经过15分钟后，搅拌速度可稍微加快，搅拌中乳酸菌继续发酵产酸，促进乳清排出。

通过加温调节凝乳颗粒大小和酸度，促进凝块收缩和乳清排出，加温方式可直接通蒸汽入干酪槽夹层，或直接将热水加入乳清中。在整个升温过程中应不停地搅拌，以促进凝块的收缩和乳清的渗出，防止凝块沉淀和相互粘连，当凝乳粒收缩为切割时的一半，或凝乳粒内外硬度均一时即可停止搅拌，判定时可将干酪粒在手中握紧，若粒之间不粘连即可停止搅拌。

9. 成型压榨 将干酪块切成方砖形或小立方体，装入成型器中，放入压榨机上进行压榨定型，压榨的压力与时间依干酪的品种各异，一般分为预压榨和正式压榨。

（1）预压榨 一般压力为0.2~0.3MPa，时间为20~30分钟。

（2）正式压榨 将干酪反转后装入成型器内以0.4~0.5MPa的压力，在10~15℃（有的品种要求在30℃左右）条件下压榨12~24小时，压榨后称为生干酪。如果制作软质干酪，则凝乳不需压榨。

10. 干酪的成熟 通常在成熟库（室）内进行，成熟时温度一般为5~15℃，相对湿度在一般细菌成熟硬质和半硬质干酪为85%~90%，而软质干酪及霉菌成熟干酪为95%；当相对湿度一定时，硬质干酪在7℃条件下需8个月以上的成熟，在10℃时需6个月以上，而在15℃时则需4个月左右。软质干酪或霉菌成熟干酪需20~30天。

（三）产品质量要求

质量标准系引用中华人民共和国国家标准《食品安全国家标准 干酪》（GB 5420—2021）。

1. 感官指标 见表3-19。

表3-19 干酪感官指标

项目	指标	检验方法
色泽	具有该类产品正常的色泽	
滋味、气味	具有该类产品特有的的滋味和气味	取适量试样置于洁净的白色盘（瓷盘或同类容器）中，在自然光下观察色泽和状态，嗅其气味，用温开水漱口，品尝滋味
状态	具有该类产品应有的组织状态	

2. 微生物限量 见表3-20。

表3-20 干酪微生物限量

项目	采样方案及限量				检验方法
	n	c	m	M	
大肠菌群（CFU/g）	5	2	10^2	10^3	GB 4789.3

注：样品的采样及处理按GB 4789.1和GB 4789.18执行。

三、干酪生产常见的质量问题及控制措施

干酪的质量缺陷是由于原料乳的质量、异常微生物繁殖及制造过程中操作不当所引起的。其缺陷可分成物理性、化学性及微生物性缺陷。

（一）物理性缺陷及其控制措施

1. 质地干燥 由于凝乳块在较高温度下"热烫"，引起干酪中水分排出过多而导致制品干燥。凝乳切割过小、加温搅拌时温度过高、酸度过高、处理时间较长及原料含脂率低等，都能引起制品干燥。控制措施：除改进加工工艺外，也可采用石蜡或塑料包装及在温度较高条件下成熟等方法。

2. 组织疏松 即凝乳中存在裂隙。当酸度不足时，乳清残留于其中，压榨时间短或成熟前期温度过高均能引起此种缺陷。控制措施：可采用加压或低温成熟方法加以防止。

3. 脂肪渗出（多脂性） 由于脂肪过量存在于凝乳块表面或其中而产生。其原因大多是由于操作温

度过高、凝块处理不当或堆积过高所致。控制措施：可通过调节生产工艺来防止。

4. 斑点　由操作不当引起的缺陷，尤其是在切割和热烫工艺中由于操作过于剧烈或过于缓慢引起。

5. 发汗　即成熟干酪渗出液体，主要是由于干酪内部游离液体量多且压力不平衡所致，多见于酸度过高的干酪。控制措施：除改进工艺外，控制酸度十分必要。

（二）化学性缺陷及其控制措施

1. 金属性变黑　由铁、铅等金属与干酪成分生成黑色硫化物，根据干酪质地的状态不同而呈绿、灰和褐色等色调。控制措施：操作时除考虑设备、模具本身外，还要注意外部污染。

2. 桃红或赤变　当使用色素时，色素与干酪中的硝酸盐结合而成更浓的有色化合物。控制措施：应认真选用色素及其添加量。

（三）微生物缺陷及其控制措施

1. 酸度过高　由发酵剂中微生物繁殖过快引起。控制措施：降低发酵温度并加入适量食盐抑制发酵。增加凝乳酶的量，在干酪加工中将凝乳切成更小的颗粒，或高温处理，或迅速排出乳清。

2. 干酪液化　由于干酪中存在液化蛋白质的微生物，从而使干酪液化。此种现象多发生于干酪表面。引起液化的微生物易在中性或微酸性条件下繁殖。

3. 发酵产气　在干酪成熟过程中产生少量的气体，形成均匀分布的小气孔是正常的，而由微生物发酵产气产生大量的气孔却为缺陷。在成熟前期产气是由于大肠埃希菌污染，后期产气则是由梭状芽孢杆菌、丙酸菌及酵母菌繁殖产生的。控制措施：对原料乳离心除菌，或使用产生乳酸链球菌肽的乳酸菌作为发酵剂，也可添加硝酸盐，调整干酪水分和盐分。

4. 生成苦味　苦味是由于酵母及不是发酵剂中的乳酸菌引起，而且与液化菌有关。此外，高温杀菌、凝乳酶添加量大、成熟温度过高均可导致产生苦味。

5. 恶臭　干酪中如存在厌氧芽孢杆菌，会分解蛋白质生成硫化氢、硫醇、亚胺等物质产生恶臭。生产过程中要防止这类菌的污染。

6. 酸败　由微生物分解乳糖和脂肪等产酸引起。污染菌主要来自原料乳、牛粪及土壤等。

（四）干酪的质量控制措施

控制干酪的质量应注意以下五个因素。

1. 环境卫生　确保清洁的生产环境，防止外界因素造成污染。

2. 原料要求　对原料乳要严格进行检查验收，以保证原料乳的各种成分组成、微生物指标符合生产要求。

3. 工艺管理　严格按生产工艺要求进行操作，加强对各工艺指标的控制和管理。保证产品的成分、外观和组织状态，防止产生不良的组织和风味。

4. 生产设备　干酪生产所用的设备、器具等应及时清洗和消毒，防止微生物和噬菌体等的污染。

5. 包装、贮藏　干酪的包装和贮藏应安全、卫生、方便。贮藏条件应符合规定指标。

第六节　其他乳制品加工技术

PPT

一、奶油加工工艺

奶油是以牛、羊等动物乳为原料，分离后得到稀奶油，经杀菌、成熟、搅拌、压炼等工序制成的以乳脂肪为主要成分的乳制品。根据《食品安全国家标准 稀奶油、奶油和无水奶油》（GB 19646—2010），奶油可分为稀奶油、奶油和无水奶油。

（一）基本工艺流程

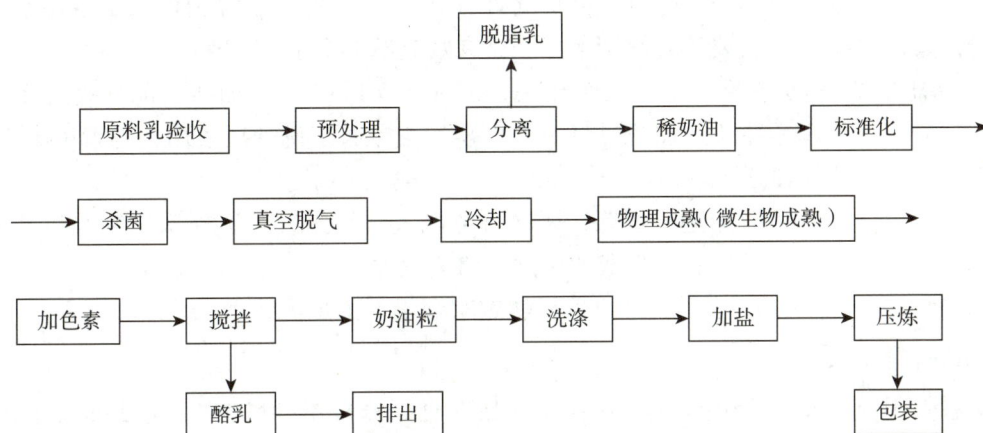

```
                                        脱脂乳
                                          ↑
原料乳验收 → 预处理 → 分离 → 稀奶油 → 标准化 →

→ 杀菌 → 真空脱气 → 冷却 → 物理成熟（微生物成熟）→

加色素 → 搅拌 → 奶油粒 → 洗涤 → 加盐 → 压炼
          ↓                                ↓
        酪乳 → 排出                       包装
```

（二）工艺要点

1. 原料乳及稀奶油的验收 生产奶油的原料一般为生牛乳，小部分以稀奶油作为原料。生产奶油的原料乳在色、香、味、组织状态、脂肪含量、密度、酸度等各方面应为正常的乳，原料乳的质量略差而不适于制造奶粉、炼乳时，也可用作制造奶油的原料，但其均必须满足 GB 19301—2010 的要求。制造奶油的稀奶油，应达到稀奶油标准的一级或二级。

2. 稀奶油的分离 现代工厂普遍采用离心法来进行分离，根据乳脂肪和乳中其他成分的密度不同，利用离心力的作用使密度不同的两部分分离出来，生产中通过奶油分离机的高速旋转产生的离心力，将原料乳分离成稀奶油和脱脂乳，此时稀奶油的脂肪含量一般为35%～45%。

3. 稀奶油的杀菌 杀菌条件一般采用85～90℃，10～30秒。当稀奶油含有金属气味时，应改为75℃，10分钟杀菌，以减轻其显著程度；如有特异气味时，应将温度提高到93～95℃，以减轻其缺陷；但热处理不应过分强烈，以免引起蒸煮味之类的缺陷。

4. 稀奶油的真空脱气 真空脱气是将稀奶油输送至真空度为20kPa真空机，使稀奶油在62℃时沸腾，以达到脱气的目的。

5. 稀奶油的物理成熟 物理成熟的方法有"冷—热—冷"工艺和"热—冷—冷"工艺，稀奶油的物理成熟工艺见表3-21。

表 3-21 稀奶油的物理成熟工艺

种类	步骤	工艺	温度	时间（小时）
"冷—热—冷"工艺	1	冷	6～8	2～3
	2	热	18～23	2～3
	3	冷	>13	≥8
"热—冷—冷"工艺	1	热	20	2～3
	2	冷	6～8	2～3
	3	冷	13～14	≥8

对于某些甜奶油，不需要微生物代谢过程，可在6～8℃下保持2～3小时，然后直接升温至8～11℃，经大约8小时后，即可完成物理成熟。

6. 稀奶油的微生物成熟 稀奶油的微生物发酵一般采用丁二酮链球菌、乳脂链球菌、乳酸链球菌和柠檬明串珠菌作发酵剂。发酵剂的添加量为1%～7%，一般随碘值的增加而增加，低添加量适于低碘值稀奶油，温度为21℃左右，高添加量适于高碘值稀奶油，温度为15~16℃。发酵过程会产生乳酸、柠檬酸、丁二酮和醋酸等芳香物质。

7. 奶油的洗涤　奶油的洗涤水温为3~10℃，洗2~3次，第一次洗涤水温比奶油粒低1~2℃，第二次、三次各降2~3℃，降温过急，色泽不均，冬季水温高些，夏季水温稍低。洗涤用水量为等量酪乳量或为稀奶油量的50%，水质要符合饮用水标准，有效氯不得高于0.02%。

8. 加盐　加盐量以2%为基准，由于压炼损失，需加2.5%~3%，加盐之前，盐需经120~130℃烘3~5小时过30目筛处理后使用。加盐时将一半食盐均匀撒布于奶油层表面，静置10~15分钟，再旋转搅拌器3~5分钟，同样的操作加第二次、第三次，一般2~3次加完。

9. 压炼　新鲜奶油洗涤后立即进行压炼，要尽可能除去洗涤水，关上旋塞及制造机孔盖旋转搅拌5~10分钟，转速为10r/min，使颗粒汇聚成奶油层，将表面水压出，之后稍微打开旋塞及制造机孔盖，旋转2~3次，使口向下排水，并在不同地方取样测定水含量，不足需补水。

（三）产品质量要求

质量标准系引用中华人民共和国国家标准《食品安全国家标准 稀奶油、奶油和无水奶油》（GB 19646—2010）。

1. 感官指标　见表3-22。

表3-22　奶油感官指标

项目	指标	检验方法
色泽	呈均匀一致的乳白色。乳黄色或相应辅料应有的色泽	取适量试样置于50mL烧杯中，在自然光下观察色泽和组织状态。闻其气味，用温开水漱口，品尝滋味
滋味、气体	具有稀奶油、奶油、无水奶油或相应辅料应有的滋味和气味，无异味	
组织状态	均匀一致，允许有相应辅料的沉淀物。无正常视力可见异物	

2. 理化指标　见表3-23。

表3-23　奶油理化指标

项目	稀奶油	奶油	无水奶油	检验方法
水分(%)	–	≤16.0	≤0.1	奶油按GB 5009.3的方法测定 无水奶油按GB 5009.3中的卡尔费休法测定
脂肪(%)	≥10.0	≥80.0	≥99.8	GB 5413.3[a]
酸度[b](°T)	≤30.0	≤20.0	–	GB 5413.34
非脂乳固体[c](%)	–	≤2.0		

注：[a]无水奶油的脂肪（%）=100%-水分（%）；
[b]不适用于以发酵稀奶油为原料的产品；
[c]非脂乳固体（%）=100%-脂肪（%）-水分（%）（含盐奶油还应减去食盐含量）。

3. 微生物限量　见表3-24。

表3-24　奶油微生物限量

项目	n	c	m	M	检验方法
菌落总数[b]	5	2	10000	100000	GB 4789.2
大肠菌群	5	2	10	100	GB 4789.3 平板计数法
金黄色葡萄球菌	5	1	10	100	GB 4789.10 平板计数法
沙门菌	5	0	0/25g（mL）	–	GB 4789.4
霉菌	≤90				GB 4789.15

采样方案[a]及限量（若非指定，均以CFU/g或CFU/mL表示）

注：[a]样品的分析及处理按GB 4789.1和GB 4789.18执行；
[b]不适用于以发酵稀奶油为原料的产品。

二、炼乳加工工艺

《食品安全国家标准 浓缩乳制品》（GB 13102—2022）时炼乳的定义：以生牛（羊）乳为原料经浓缩去除部分水分制成的产品和（或）以乳制品为原料经加工制成的相同成分和特性的产品，包括淡炼乳、加糖炼乳、调制炼乳。

1. 淡炼乳　以生牛（羊）乳和（或）其制品为原料，脱脂或不脱脂，添加或不添加食品添加剂和营养强化剂，经加工制成的商业无菌状态的液体产品。

2. 加糖炼乳（甜炼乳）　以生牛（羊）乳和（或）其制品为原料，脱脂或不脱脂，添加食糖，添加或不添加食品添加剂和营养强化剂，经加工制成的黏稠状产品。

3. 调制炼乳　以生牛（羊）乳和（或）其制品为主要原料，脱脂或不脱脂，添加或不添加食糖、食品添加剂和营养强化剂，添加其他原料，经加工制成的液体或黏稠状产品。包括调制淡炼乳和调制加糖炼乳（调制甜炼乳）。

（一）基本工艺流程

以甜炼乳的生产加工为例介绍炼乳的基本工艺流程。

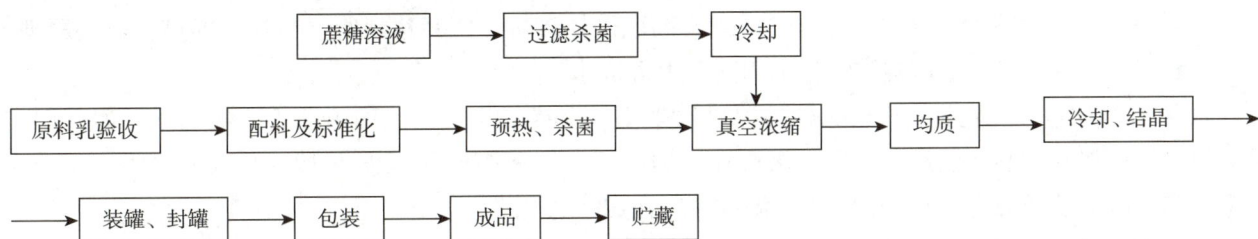

```
蔗糖溶液 → 过滤杀菌 → 冷却
                          ↓
原料乳验收 → 配料及标准化 → 预热、杀菌 → 真空浓缩 → 均质 → 冷却、结晶 →

→ 装罐、封罐 → 包装 → 成品 → 贮藏
```

（二）工艺要点

1. 原料乳的验收　原料乳应严格按要求验收，生乳（原料乳）应符合 GB 19301 的要求。

（1）控制芽孢菌和耐热细菌的数量　由于炼乳生产需真空浓缩，乳的实际受热温度仅为 65～70℃。而 65℃对于芽孢菌和耐热细菌是较适合的生长条件，有可能导致乳的腐败，所以应严格地控制原料乳中的微生物数量，特别是芽孢菌和耐热菌。

（2）乳蛋白热稳定性好　要求乳能耐受强热处理，酸度不能高于 18°T，并且要求 72% 中性酒精检验呈阴性、盐离子平衡。盐离子的平衡主要受饲养季节、饲料和哺乳期的影响。

2. 配料及标准化　按照国家标准、产品配方进行标准化配料。

3. 预热杀菌　在配料标准化之后、浓缩之前。加热杀菌还有利于下一步浓缩，故称为预热，亦可统称为预热杀菌。

（1）预热目的

1）杀灭原料乳中的病原菌和大部分杂菌，以保证产品的卫生，破坏和钝化酶的活力，防止成品产生脂肪水解、酶促褐变等不良现象，同时提高成品的保存性。

2）牛乳在真空浓缩前预热，一方面保证沸点进料，可使浓缩过程稳定，蒸发速度提高；另一方面可防止低温的原料乳进入浓缩设备，原料乳与加热器温差过大，骤然受热，易在加热器表面焦化结垢，影响传热效率与成品质量。

3）使乳蛋白质适当变性，同时一些钙盐会沉淀下来，提高了酪蛋白的热稳定性，对淡炼乳可防止其在以后高温灭菌时凝固；还可以获得适宜的黏度，避免成品出现变稠和脂肪上浮等现象。

（2）预热方法和工艺条件

1）低温长时法：这是比较传统的方法，又称为保持式杀菌法，一般采用夹套加热，温度在100℃以下，时间较长。

2）高温短时法：一般采用片式或管式换热器加热，温度80～85℃，时间3～5分钟。

3）超高温瞬间法：该方法将牛乳加热到沸点以上，温度为120℃，时间2～4秒，可以使牛乳呈现无菌状态。

4. 加糖 可以赋予制品甜味并利用蔗糖溶液的渗透压抑制微生物的繁殖，提高制品的保存性。为了充分抑制细菌的繁殖和达到预期的效果，必须添加足够的蔗糖。然而，蔗糖添加过多会导致乳糖结晶析出。炼乳的蔗糖含量应在规定的范围内，一般以62.5%～64.5%最适宜。

生产甜炼乳时蔗糖的加入方法有以下三种。

（1）杀菌前加入 将蔗糖等直接加入原料乳中，经预热杀菌后吸入浓缩罐中。

（2）杀菌后将糖浆加入 原料乳和65%～75%的浓糖浆分别经95℃、5分钟杀菌，冷却至57℃后混合浓缩。

（3）浓缩后期加入 先将牛乳单独预热并真空浓缩，在浓缩即将结束时，将浓度约为65%的杀菌蔗糖溶液吸入真空浓缩罐中，再短时间浓缩。

5. 真空浓缩 浓缩是使牛乳中水分蒸发以提高乳固体含量，使其达到所要求浓度的过程。其原理、方法、设备与乳粉生产中的浓缩过程基本相同，不再赘述。

6. 浓乳均质 在炼乳生产中视具体情况可以采用一级或二级均质。国内多为一级均质。如采用二级均质，第一级在预热之前进行，第二级应在浓缩之后。第一级均质压力为10～14MPa，温度为50～60℃；第二级均质压力为3.0～3.5MPa，温度控制在50℃左右。

7. 冷却结晶 在甜炼乳生产中，冷却结晶是最关键也是最困难的一个环节，此环节对产品质量影响很大。真空浓缩锅里放出的浓缩乳，温度为50℃左右，如果不及时冷却，会加剧成品在贮藏期变稠与褐变的倾向，所以必须迅速冷却至常温。通过冷却结晶可使处于饱和状态的乳糖形成细微的结晶，保证炼乳具有细腻的感官品质。

结晶温度是个关键条件：温度过高不利于迅速结晶；温度过低，黏度增大，也不利于迅速结晶。结晶的最适温度可根据炼乳中乳糖水溶液的浓度来选择。投入晶种也是强制结晶的条件之一。炼乳结晶时，为达到微细的目的，一般冷却分为两个阶段，即先将出罐后的炼乳在搅拌的同时迅速冷却至28℃，为了加速结晶可加入0.025%的微细晶种或1%的成品炼乳，并在此温度下保持1小时左右，然后进一步冷却至12～15℃。

冷却结晶的方法一般可分为间歇式和连续式两大类。间歇式冷却结晶常采用蛇形管冷却结晶器。连续式冷却结晶常采用连续瞬间冷却结晶机，此设备与冰淇淋的凝冻机有些类似。

8. 装罐与包装 炼乳经检验合格后方可装罐。空罐必须用蒸汽杀菌（90℃以上保持10分钟），沥干水分或烘干后方可使用。装罐时，务必除去气泡并尽量装满，封罐后及时擦罐，再贴标签。大型工厂多用自动装罐机，能自动调节流量和封口；或采用脱气设备脱气再用真空封罐机封口。

9. 贮藏 炼乳贮藏于仓库内，应离开墙壁及保暖设备30cm以上。仓库内的温度应恒定，不得高于15℃，空气湿度不应高于85%。如果贮藏温度常发生变化，则乳糖可能形成大的结晶。如果贮藏温度过高，则容易出现变稠的现象。贮藏中每月应进行1～2次翻罐。

（三）产品质量要求

质量标准系引用中华人民共和国国家标准《食品安全国家标准 浓缩乳制品》（GB 13102—2022）。

1. 感官指标　见表 3 – 25。

表 3 – 25　浓缩乳制品感官指标

项目	指标				检验方法
	淡炼乳	食品工业用浓缩乳	加糖炼乳	调制炼乳	
色泽	呈均匀一致的乳白色或乳黄色或产品应有的色泽			具有产品应有的色泽	取适量试样置于洁净的无色玻璃器皿中，在自然光下观察色泽和组织状态。闻其气味，用温开水漱口，品尝滋味。加工中未经热处理的食品工业用缩乳，品尝前应进行煮沸预处理。冷冻的食品工业用浓缩乳应在完全解冻状态下进行检验
滋味、气味	具有乳的滋味和气味		具有乳的香味、甜味纯正	具有产品应有的滋味和气味	
状态	具有产品应有的组织状态，无正常视力可见异物；液体产品应无凝块、无沉淀；黏稠状产品应组织细腻，质地均匀，黏度适中				

2. 理化指标　淡炼乳、加糖炼乳的理化指标见表 3 – 26。

表 3 – 26　淡炼乳、加糖炼乳理化指标

项目	指标						检验方法
	淡炼乳			加糖炼乳			
	全脂	部分脱脂	脱脂	全脂	部分脱脂	脱脂	
蛋白质[a] (g/100g)	≥非脂乳固体[b]的34%						GB 5009.5
脂肪(x)(g/100g)	≥7.5	1.0 < x < 7.5	≤1.0	≥8.0	1.0 < x < 8.0	≤1.0	GB 5009.6
非脂乳固体(g/100g)	–	≥17.5	–	–	≥20.0	–	
乳固体[c](g/100g)	≥25.0	≥20.0	≥20.0	≥28.0	≥24.0	≥24.0	
水分(g/100g)					≤27.0		GB 5009.3
酸度(°T)	≤48.0						GB 5009.239

注：[a] 蛋白质含量的计算，应以氮(N)×6.38；
　　[b] 非脂乳固体(%) = 100% – 水分(%) – 蔗糖(%) – 脂肪(%)，蔗糖按照 GB 5413.5 检验；
　　[c] 乳固体(%) = 100% – 水分(%) – 蔗糖(%)。

3. 微生物限量　淡炼乳、调制淡炼乳应符合商业无菌的要求。加糖炼乳致病菌限量应符合《食品安全国家标准 预包装食品中致病菌限量》（GB 29921—2021）的规定，微生物限量见表 3 – 27。

表 3 – 27　加糖炼乳微生物限量

项目	采样方案及限量				检验方法
	n	c	m	M	
菌落总数(CFU/g)	5	2	10^4	10^5	GB 4789.2
大肠菌群(CFU/g)	5	1	10	10^2	GB 4789.3

注：样品的采集及处理按 GB 4789.1 和 GB 4789.18 执行。

练 习 题

答案解析

一、单选题

1. 在消毒奶生产过程中，为避免乳脂肪上浮而进行的操作工序是（　　）。

　　A. 均质　　　　　　　B. 浓缩　　　　　　　C. 过滤　　　　　　　D. 标准化

2. 冰淇淋的香精、色素应在 ( ) 工序加入。

    A. 配料   B. 均质   C. 老化   D. 凝冻

3. 乳品厂收购回来的原料乳来不及加工，其贮藏的最佳方法是 ( )。

    A. 4℃的低温冷藏   B. −15℃的冻藏

    C. 0～−1℃的半冻藏   D. 63℃，30分钟杀菌后常温贮藏

4. 牛乳经62～65℃，30分钟保温的杀菌方式称为 ( )。

    A. 干热灭菌   B. 高温短时间 (HTST) 杀菌

    C. 低温长时间 (LTLT) 杀菌   D. 超高温 (UHT) 杀菌

5. 市场上能在常温下储藏和销售的液体奶，属于 ( )。

    A. 乳粉   B. 发酵酸奶   C. 巴氏消毒奶   D. 超高温灭菌奶

6. 正常新鲜牛乳的滴定酸度一般为 ( )。

    A. 18～20°T   B. 6～8°T   C. 20～22°T   D. 16～18°T

7. 用于发酵酸乳的乳酸菌主要有两种，除嗜热链球菌外，另一种是 ( )。

    A. 保加利亚乳杆菌   B. 嗜酸乳杆菌   C. 沙门菌   D. 双歧杆菌

8. 奶牛产犊后七天内分泌的乳，称为 ( )。

    A. 末乳   B. 初乳   C. 常乳   D. 乳房炎乳

二、简答题

1. 简述超高温灭菌与巴氏杀菌的区别。

2. 凝固型酸乳凝固后是否可以不冷却，为什么？酸乳加工过程中杀菌的目的有哪些？

（胡梦红）

书网融合……

本章小结   微课   题库

第四章

粮食制品加工技术

学习目标

知识目标

1. **掌握** 粮食制品的加工工艺和操作要点。
2. **熟悉** 面包制品、蛋糕、饼干制品、月饼、膨化食品原辅材料组成及特性。
3. **了解** 面包制品、蛋糕、饼干制品、月饼、膨化食品的概念及分类。

能力目标

1. 学会面包、饼干、膨化食品加工流程及操作；学会用面包、饼干、膨化食品质量标准判断和分析问题，并能初步提出改善措施。

2. 能独立制作普通型海绵蛋糕与戚风蛋糕，并能分析解决蛋糕制作中出现的质量问题及解决方法。

3. 能独立制作广式月饼和苏式月饼，熟悉馅料及糖浆的制作技术；能分析解决月饼制作中出现的质量问题及解决方法。

素质目标

通过本章的学习，树立食品加工产品安全生产意识、质量意识和环保意识；培养发现问题、分析问题、解决问题的能力及创新思维。

情境导入

情景 粮食是人们摄取能量最主要、最经济的来源。随着经济发展和人民生活水平的提高，人们食用粮食已不满足于米饭、面条等比较单一的形式，而是更加注重食物种类的多样性，因此出现了多种多样的粮食制品，如面包、饼干、蛋糕、月饼等，以满足消费者的需求。随着科学技术的发展，粮食加工已经发展成为关系国计民生，与人民生活密切相关的重要行业。

思考 1. 粮食制品加工的关键工艺是什么？

2. 如何延长粮食制品的货架期？

PPT

第一节 面包加工技术

面包是以小麦面粉为主要原料，以酵母和其他辅料一起加水调制成面团，再经发酵，整形、成形、烘烤等工序加工制成的发酵食品。按照面包用途，分为主食面包和点心面包两大类；按照面包质感，分为软式面包和硬式面包两大类；按面包口味，分为甜面包和咸面包。

一、面包加工的原料及要求

面包加工最基本的原料有四种，即面粉（高筋粉或面包粉）、酵母、盐和水。其他辅料常见的有油脂、糖、蛋制品、乳制品、面包改良剂等。

（一）面粉

面粉是由蛋白质、碳水化合物、灰分等成分组成的，在面包发酵过程中，起主要作用的是蛋白质和碳水化合物。面粉中的蛋白质主要由麦胶蛋白、麦谷蛋白、麦清蛋白和麦球蛋白等组成，其中麦谷蛋白、麦胶蛋白能吸水膨胀形成面筋质。这种面筋质能随面团发酵过程中的 CO_2 气体膨胀，并能阻止 CO_2 气体的溢出，提高面团的保气能力，它是面包制品形成膨胀、松软特点的重要条件。面粉中的湿面筋含量在 30% ~40% 时最适宜做面包，26% ~30% 中等，23% ~26% 稍差。面粉使用前必须过筛，以清除杂质，打碎团块，也可起到调节粉温作用，同时使面粉中混入一定量空气，有利于酵母生长繁殖。

（二）酵母

酵母在面包加工中有以下作用：①发酵产生 CO_2，使面团膨松并在焙烤过程中膨大，使面包组织疏松；②增加面包风味，发酵产物如乙醇、有机酸、醛、酮类、酯类等能增加面包风味；③酵母本身富含营养物质，能够提高面包的营养价值。

鲜酵母是将很多单体酵母压缩成的块形物，每克压榨酵母含有单体酵母 50 亿~100 亿个。鲜酵母使用方便，发酵力强，发酵速度快，价格便宜，但是不易保存和运输，必须放于冷藏库中保藏。鲜酵母在冷藏中处于休眠状态，因此，使用前需将其活化。将鲜酵母放在 24~30℃（不超过 30℃）温水中，加少量糖，最好在搅拌机中搅拌均匀，静置 20~30 分钟，当表面出现大量气泡时即可投入生产。

活性干酵母易于保存，但是发酵力稍差。需活化，具体方法：1kg 活性干酵母，500g 砂糖，用 7kg、27~30℃ 温水调成液状，发酵 30~45 分钟即可使用。速效干酵母溶解速度快，一般无须经活化这道手续，可直接加于搅拌缸内。

（三）水

水在面包加工中有以下作用：①能使面粉中的蛋白质充分吸水形成面筋；②能使面粉中的淀粉吸水糊化，变成可塑性面团；③能溶解盐、糖、酵母等干性辅料；④能帮助酵母生长繁殖，促进酶对蛋白质和淀粉的水解；⑤可以控制面团的软硬度和面团的温度。水的用量及要求为面粉量的 55% ~60%，中等硬度，偏酸性。微酸性水质有助于面包发酵，但酸度不能过高，pH 5~6 之间，一般使用自来水即可，必要时做适当处理和调节。当 pH 过低时，可用碳酸钠中和；当水的 pH 高时，可用乳酸中和，水温控制在 28~30℃。

（四）盐

食盐在面包加工中有以下作用：①增加风味，尤其在甜面包中增加适量的盐，风味更佳；②强化面筋，盐可以使面筋质地变密，增加弹性，从而增加面筋的筋力；③调节发酵速度，能抑制有害菌种的产生；④改善品质，适当用盐可以改善面包的色泽和组织结构。食盐用量为面粉重的 0.6% ~3%。甜面包在 2% 以内，咸面包不超过 3%。食盐一般在搅拌后期加入。

（五）其他辅料

油脂是面包生产中的重要辅料，能改善面包的品质，增加面包的柔软度，使面包产生特殊的香味，增加面包的食用价值和保鲜期；糖可供给酵母食料，改善发酵条件，并可调节面包风味，改良烘烤特性，使外皮色泽美观，常用的为蔗糖、淀粉糖浆、葡萄糖、饴糖等，用量为面粉量的 5% ~6%；牛奶或奶粉具有独特的奶香味，它可使面包瓤心组织细腻、柔软、疏松而富有弹性。

二、面包加工工艺

（一）基本工艺流程

1. 直接发酵法（一次发酵）

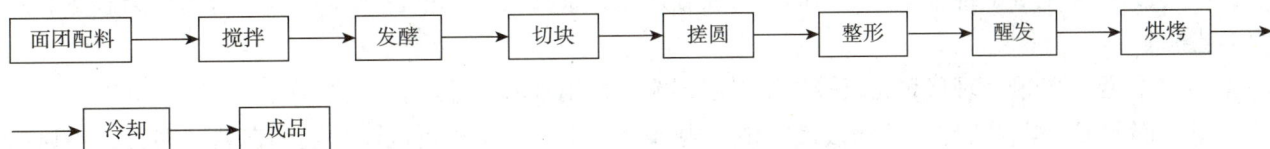

面团配料 → 搅拌 → 发酵 → 切块 → 搓圆 → 整形 → 醒发 → 烘烤 →

→ 冷却 → 成品

2. 中种发酵法（二次发酵法/间接法）

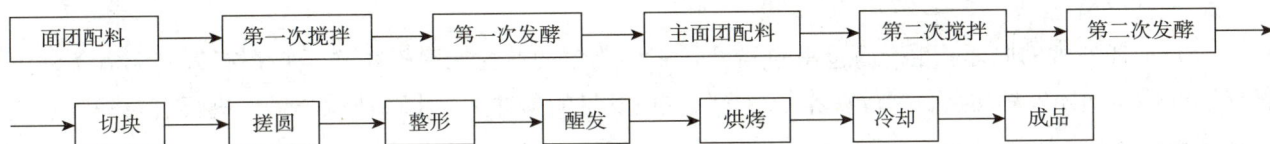

面团配料 → 第一次搅拌 → 第一次发酵 → 主面团配料 → 第二次搅拌 → 第二次发酵 →

→ 切块 → 搓圆 → 整形 → 醒发 → 烘烤 → 冷却 → 成品

（二）工艺要点

1. 面团调制　将称量好的高筋粉、酵母、糖、奶粉等干性物料，倒入搅拌机中，搅拌均匀后，加入水、牛奶等湿性物料，搅拌成团，再加入盐和油脂，搅拌直至面筋形成。最后加入奶油，用慢档搅拌均匀后，再用快档搅拌。面团打好后，将面团取出。

（1）面团形成的基本过程

1）物料拌和阶段：搅拌初期，部分面粉中的蛋白质和淀粉开始吸水，其面筋性蛋白质初步形成网络结构，为表面吸水阶段。

2）面团的形成：继续搅拌，水和其他物料分散渐趋均匀，干粉逐渐消失，面粉中蛋白质和淀粉进一步吸水胀润，为内部吸水阶段。

3）面团的成熟：水分分布均匀，软硬度、弹性良好，光滑而柔润，整个面团调制成熟。

4）面团的破坏：继续搅拌，面团的面筋开始断裂（或弱化），面团的弹性和韧性减弱。

（2）影响面团形成的主要因素

1）面粉中蛋白质的质和量：面团在调制时，两种面筋蛋白质迅速吸水胀润。面筋吸水量为干蛋白质量的180%～200%。

2）面团温度：面团的温度低，蛋白质吸水缓慢，面团形成的时间长；反之，如果面团的温度高，面筋蛋白质的吸水增大，其胀润作用也增强。

3）面粉粗细度：颗粒粗的面粉与水接触面小，使水分的渗透速度降低，会使面团变得干燥发硬，结合力差，难以辊轧和成形。

4）糖：糖在面团调制过程中起反水化作用，可调节面团的胀润度。

5）油脂：油脂具有疏水性，在面团调制过程中，油脂形成一层油膜包在面粉颗粒外面，使面粉中蛋白质难以充分吸水胀润，抑制了面筋的形成，并且使已经形成的面筋难以互相结合，从而降低面团弹性，提高可塑性。

（3）面团调制技术

1）面团调制过程：面团→伸展→折叠→卷起→压延→揉打。如此反复不断地进行，使原辅料充分揉匀并与空气接触，发生氧化。

2）空气的掺入：掺入的空气，特别是氧在烘烤食品中很重要，它可产生气泡，使二氧化碳气体易扩散。

3）加水必须适量：面团加水量要根据面粉吸水能力和面粉中蛋白质含量而定，一般为面粉量的55%～60%（其中包括液体辅料），加水量多会造成面团过软，给工艺操作带来困难；加水量过少，造成面团发硬，延迟发酵时间，并使制品内部组织粗糙。

4）搅拌必须适度：搅拌不足，面筋没有充分形成，面团的工艺性能不良；搅拌过度，会破坏面团的工艺性能。

5）面团温度控制：现代调粉机多采用夹层调粉缸，用水浴保温。

（4）面团搅拌效果判定　面团表面光滑、内部结构细腻，手拉可成半透明的薄膜，即拉一小块面团出来，搓圆，用双手平行上下拉扯，拉成薄膜状，观察是否均匀。

2. 面团发酵

（1）面团发酵的原理　生产面包用的酵母是一种典型的兼性厌氧微生物，它在有氧和无氧条件下都能够存活。面团发酵初期，酵母在养分和氧气供应充足的条件下，生命活动旺盛，进行有氧呼吸，能迅速将糖分解成 CO_2 和 H_2O，并放出一定的能量。

有氧呼吸：$C_6H_{12}O_6 \longrightarrow 6CO_2 + 6H_2O + 2821.4kJ$

乙醇发酵：$C_6H_{12}O_6 \longrightarrow 2C_2H_5OH + 2CO_2 + 100.5kJ$

在整个发酵过程中，酵母代谢是一个复杂的生化反应过程。在生产实践中，为了使面团充分发起，要有意识创造条件使酵母进行有氧呼吸，产生大量二氧化碳。如在发酵后期要进行多次揿粉，排除二氧化碳，增加氧气。

（2）影响面团发酵的主要因素　配方中面粉、糖、水、食盐等辅料与面团发酵都有密切的关系。面粉主要是影响面粉中的面筋和酶，面团发酵过程中产生大量二氧化碳气体，面筋形成网络结构，使面团膨胀形成海绵状结构；酵母在发酵过程中，需要淀粉酶将淀粉不断地分解成单糖供酵母利用。加水量多少和面团弹性直接相关，正常情况下，含水量多的面团容易被二氧化碳气体膨胀，从而加快面团的发酵速度；含水量不足，面团对气体的抵抗力较强，从而会抑制面团的发酵速度。所以面团含水量高，对发酵是有利的。食盐和糖都具有高渗透压，其添加量会影响面粉对水的吸收能力，从而影响面团弹性。面团的酸度也会影响发酵速度，酸度50%来自乳酸，其次是醋酸。乳酸与酵母发酵中产生的乙醇发生酯化作用，可改善面包的风味。

（3）面团发酵技术　面包的气体产生来源于两个方面：①空气混入；②发酵产生 CO_2 气体。

（4）气体保留　气体能保留在面团内部，是由于面团内的面筋网络已形成均匀薄膜，其强度足以承受气体膨胀的压力而不会破裂，从而使气体不会逸出而保留在面团内。气体保留性能实质来自面团的扩展程度，当面团发酵至最佳扩展范围时，其气体保留性也最好。

3. 成形、醒发与烘烤

（1）成形　将发酵成熟的面团做成一定的形状称为成形。成形包括切块、称量、搓圆、静置、做形、入模或装盘等工序。切块和称量是指按成品的重量要求，将面团分块和称量。面包坯经过烘烤后有7%～10%的重量损耗。搓圆是将不规则的小面块搓成圆形，排出部分二氧化碳，使其结构均匀，表面光滑。静置也称中间醒发，目的是使面筋恢复弹性，使酵母适应新的环境恢复活力，使面包坯外形端正、表面光亮。做形是技巧性很强的工序，可按照设计的形状采用不同方法。做形可用做形机，也可手工操作。

（2）醒发　目的是清除在成形中产生的内部应力，增强面筋的延伸性，制品松软多孔。醒发条件通常为在正常环境条件下，鲜酵母用量为3%的中种面团，经3～4小时即可完成发酵。最终发酵程度的判定如下。

1）观察面团的体积：当发酵至原来体积的 4～5 倍时，即可认为发酵完成。

2）观察面团按压情况：将手指稍微沾水，插入面团后迅速抽出，面团无法恢复原状，同时手指插入部位有些收缩，即可判断为发酵成熟标志。

3）膨胀到烤后容积的 80%：如果根据经验知道烤后面包的大小，那么发酵膨胀到 80% 的程度即可，其余 20% 留在烘烤时膨胀，这样即可烤出预期的面包。

4）观察透明度、触感：发酵开始时有不透明、硬的感觉，随着膨胀，面包坯变软，膜变薄，接近半透明的感觉。用手轻轻触碰，有暄松的感觉。发酵过度时用手触碰，面团破裂塌陷。

（3）面包烘烤　所谓"三分做，七分烤"。烘烤是面包加工的关键工序，由于这一工序的热作用，使生面包坯变成结构疏松、易于消化、具有特殊香气的面包。在烘烤过程中，面包发生一系列变化。在入烤炉开始的几分钟，面团体积膨胀迅速，这被称为烤炉最佳期。气体受热，体积增大；由于温度上升，二氧化碳可溶性降低；由于温度升高，酵母变得相当活跃；还有其他物质（例如乙醇和水的混合物）的汽化。一般情况下，烤炉最佳期不超过 10 分钟。剩下的烘烤确保面包坯的中心温度达到 100℃。

1）面包的烘烤原理：面团醒发入炉后，在烘烤过程中，由热源将热量传递给面包的方式有传导、对流和辐射，这三种传热方式在烘烤中是同时进行的。

2）面包在烘烤过程中的温度变化：在烘烤中，面包内的水分不断蒸发，面包皮不断形成与加厚以至面包成熟。烘烤过程中面包温度变化情况如下：①面包皮各层的温度都达到并超过 100℃，最外层可达 180℃ 以上，与炉温几乎一致；②面包皮与面包心分界层的温度，在烘烤将近结束时达到 100℃，并且一直保持到烘烤结束；③面包心内任何一层的温度直到烘烤结束均不超过 100℃。

3）面包在烘烤过程中的水分变化：在烘烤过程中，面包中发生的最大变化是水分的大量蒸发，面包中水分不仅以气态方式与炉内蒸汽交换，也以液态方式向面包中心转移。当烘烤结束时，使原来水分均匀的面包坯，成为水分不同的面包。

4）面包在烘烤过程中的体积变化：体积是面包最重要的质量指标。面包坯入炉后，面团发酵产生的 CO_2 及水蒸气、乙醇等受热膨胀，产生蒸汽压，使面包体积迅速增大，这个过程大致发生在面包坯入炉后的 5～7 分钟内。因此，面包坯入炉后，应控制上火，即上火不要太大，应适当提高底火温度，促进面包坯的起发膨胀。如果上火大，就会使面包坯过早形成硬壳，限制面包体积的增长，还会使面包表面断裂，粗糙、皮厚有硬壳，体积小。

4. 面包的冷却与包装　面包出炉以后，要经过一段时间的冷却，其目的主要是防止面包变形与霉变。刚出炉的面包温度很高，其中心温度约 98℃，皮硬瓤软，没有弹性。如果立即进行包装，面包容易破碎或变形。此外，由于温度高，易在包装内形成水滴，使皮和瓤吸水变软，同时给霉菌繁殖创造条件。所以面包出炉后必须经过冷却，才能包装。冷却方法有自然冷却法和吹风冷却法。面包的包装十分必要，主要作用有以下几点。

（1）面包包装后不直接与空气接触，可以保持产品的卫生，防止细菌和杂质污染。

（2）面包包装后要延缓老化，因为不包装的面包暴露在空气中，水分损失会越来越多，引起面包重量和体积下降，干硬掉屑，品质变劣。

（3）面包包装后可保持面包的风味，因为面包老化后会失去松软适口的特点，口味变劣。

（4）面包包装后可防止运输途中的破损变形。

（5）面包包装的图案可增加产品的宣传效果，增强销售力。有了包装才可能将食品标准印刷标明，使消费者对产品增加信任感。面包的包装材料，包括纸制品包装和塑料制品包装。塑料制品包装是目前使用最多的种类，具有使用方便、透明度强的优点，一般都制成塑料袋。不论哪一种，都要选择无毒、无异味，允许与食品接触的包装材料。

> **知识链接**
>
> ### 包装对面包质量的影响
>
> 在面包的生产过程中，为了延长保质期，可按限量要求添加所允许的添加剂。同时，不同的包装形式对于面包保质期也有重要的影响作用，应根据不同的需要，选择合适的包装形式及材料。
>
> 真空包装材质对于延长面包的保质期有促进作用，面包在真空包装条件下接触氧气的机会减少，水分不易散失。若在此基础上采用单独包装形式，可减少面包之间的交叉影响，进而保质期可相对有所延长。

三、面包加工实例

（一）工艺流程

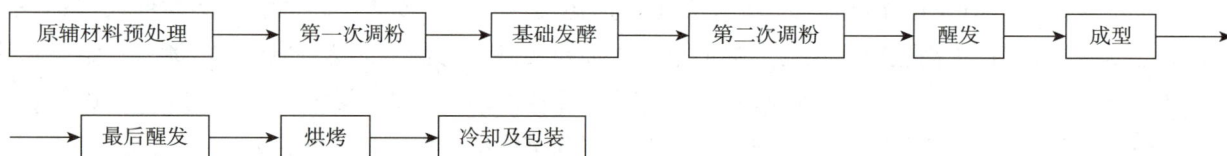

（二）原料辅料

高筋粉 10kg，酵母 200g，水 6kg，食盐 200g，白糖 500g，油脂 400g，改良剂 10g。配方见表 4-1。

表 4-1　主食面包标准配方

第一次调粉	百分比	第二次调粉	百分比
高筋粉	70%	高筋粉	30%
酵母	2%	白砂糖	5%
面团改良剂	0.1%	食盐	2%
水	40%	油脂	4%
		水	20%

（三）加工工艺

1. 原辅材料预处理　按实际用量称量各原辅料，并进行一定处理。面粉需用 80 目面粉筛过筛，糖、盐必须去除团块，固体油脂需在电炉上熔化。

2. 第一次调粉　7kg 高筋粉、200g 酵母、10g 改良剂和 4kg 水全部加入搅拌机中，进行第一次面团调制。先低速搅拌约 4 分钟，再高速搅拌约 2 分钟，调至面团成熟，面团温度控制在 24℃。

3. 基础发酵　调好的面团以圆团状放入面盆内，在恒温恒湿发酵箱内进行第一次发酵，发酵条件为温度 27℃左右，相对湿度 70%~75%，发酵时间 2~4 小时，发酵至原来体积的 4~5 倍。

4. 第二次调粉　将除油脂以外的所有原料同发酵结束的面团一起放入搅拌机中，进行第二次面团调制。先低速搅拌 3 分钟，再高速搅拌约 6 分钟，成团后将油脂加入，再低速搅拌 3 分钟，高速搅拌 6 分钟，调至面团成熟。

5. 醒发　将和好的面团取出后，在室温下醒发约 20 分钟。

6. 成型

（1）分割与称量的要求　将面团分割称量为 100g/块，将面团分割成小块时，面团发酵仍然在进行中，因此要求面团的分割时间越短越好，最理想是 15~25 分钟以内完成，时间太长会导致发酵过度而影响面包成品的品质。由于面包坯在烘烤后将有 10%~12% 的重量损耗，故在称量时要把这一重要损耗计算在内。称量是关系到面包成品大小是否一致的关键，称重时要避免超重和不足。

（2）搓圆的要求　搓圆是将分割后的不规则小块面团搓成圆球状。经过搓圆之后，使面团内部组织结实、表面光滑，再经过 15~20 分钟静置，面坯轻微发酵，使分块切割时损失的 CO_2 得到补充。搓圆分为手工操作与机械操作。

（3）中间醒发的要求　面团在切块和搓圆过程中内部及表面会产生机械损伤。搓圆后的面块还会使内部呈紧张状态，可称为加工硬化现象。要使面团结构松弛一下，减少因机械加工而产生的硬化状态，并且使受损伤的面块通过醒发得到复苏，烘焙制品中的大部分产品，在机械加工以后都需要一个松弛的过程。醒发通常是在温度 28~29℃ 和相对湿度 70%~75% 的条件下，醒发 10~20 分钟。

（4）造型的要求　常见的面包有圆形、方形、长方形、蛋形、多边形、三角形、腰圆形等。主食面包以手工圆形和模具方形居多。通常表面辅以装饰，面包装饰用的原辅料主要有蛋液、白砂糖、果仁、水果蜜饯及椰丝等。

7. 最后醒发　将装好面团的烤盘放在架上或托盘上送入最终发酵室。发酵室的温度保持在 30~50℃（通常是 38℃）、湿度为 80%~90%（通常是 80%）。最终发酵时间由于酵母用量、发酵温度、面团成熟度、面团软硬、成型时排气程度等不同，通常在 30~60 分钟发酵完成。

8. 烘烤　将醒发好的面团放入烤箱中，烘烤初期，烤箱的上火温度 200℃，下火温度 180℃，时间为 20~25 分钟。

9. 成品冷却及包装　一般要使面包瓤心冷却到 35℃，而面包表层温度达到室温时为宜。夏季室温 35~40℃，需排风，春、秋、冬季室温 30℃，可自然冷却。面包的包装形式一般以小包装为主。所谓小包装，是指直接与产品接触的包装（也叫内包装、销售包装），它起直接保护商品的作用。面包使用的包装有纸形包装和塑料袋包装两种。

（四）产品质量要求

质量标准系引用中华人民共和国国家标准《食品安全国家标准 糕点、面包》（GB 7099—2015）。

1. 感官指标　见表 4-2。

表 4-2　面包感官指标

项目	要求	检验方法
色泽	具有产品应有的正常色泽	将样品置于白瓷盘中，在自然光下观察色泽和状态，检查有无异物。闻其气味，用温开水漱口后，品其滋味
滋味、气味	具有产品应有的滋味和气味，无异味	
状态	无霉变、无生虫及其他正常视力可见的外来异物	

2. 理化指标　见表 4-3。

表 4-3　面包理化指标

项目	指标
酸价（以脂肪计）（KOH）（mg/g）≤	5
过氧化值（以脂肪计）（g/100g）≤	0.25

注：酸价和过氧化值仅适用于配料中添加油脂的产品。

四、面包生产常见的质量问题及控制措施

（一）面包的体积过小

在面包加工过程中，由于酵母用量不足、酵母失去活力、面粉筋力不足、搅拌时间过长或过短、盐的用量不足或过量、缺少改良剂、最后醒发时间不够等原因，使得面包体积过小。

控制措施：增加酵母用量；检验新购进或储存时间较长的酵母的发酵力后使用，不用失效的酵母；选择面筋含量高的面粉；正确掌握搅拌时间；将盐的用量控制在面粉用量的 1% ~2.2% 之间；加入改良剂；减少配方中糖的用量配比；将面团醒发至原体积的 2~3 倍。

（二）面包内部组织粗糙

由于面粉筋力不足、搅拌不当、造型时使用干面粉过多、面团太硬、发酵时间过长、油脂不足等原因，会使面包内部组织粗糙，呈蜂窝状，口感不够细腻。

控制措施：在加工时，使用高筋面粉，并将面筋充分扩展；掌握好搅拌时间；在造型、整形时使用的干面粉越少越好，并加入足够的水分；调整好发酵所需的时间；加入 4% ~6% 的油脂润滑面团。

（三）面包表皮颜色过深

面包在焙烤过程中会出现表皮颜色过深的现象，其产生原因通常有以下几种：烤箱温度过高，尤其是上火；发酵时间不足；糖的用量过多；烤箱内的水汽不足等。

控制措施：按不同品种正确掌握烤箱的使用温度，减少上火的温度；延长发酵时间；减少糖的用量，将其控制在面粉用量的 6% ~8% 之间；烤箱内加喷水蒸气设备或用烤盘盛热水放入烤箱内增加烘烤湿度。

（四）面包表皮过厚

面包在焙烤过程中除了会出现表皮颜色过深的现象，还可能出现表皮过厚的现象，主要由以下原因引起：烤箱温度过低；基本发酵时间过长；最后醒发不当；糖、奶粉的用量不足；油脂不足；搅拌不当等。

控制措施：提高烤箱的温度；减少基本发酵的时间；严格控制醒发室的温度和湿度；加大糖及奶粉的用量；增加油脂；注意搅拌程序。醒发的时间过久或无湿度醒发，表皮会因失水过多而干燥，使得面包表皮过厚。

（五）面包塌陷

由于面粉筋力不足、酵母用量过大、盐用量少、缺少改良剂、糖－油脂－水比例失调、搅拌不足、醒发时间过长、移动时震动太大，会使面包在放入烤箱前或放入烤箱焙烤初期出现下陷的现象。

控制措施：使用高筋面粉；减少酵母使用量；增加盐的用量；增加改良剂；调整糖－油脂－水比例；增加搅拌时间将面筋打起；缩短最后醒发时间；面包在放入烤箱前动作要轻。

第二节　蛋糕加工技术

PPT

蛋糕是以鸡蛋、面粉、白砂糖为主要原料，经打蛋、注模、烘烤而成的组织松软的制品。蛋糕一般分为乳沫类蛋糕（清蛋糕）、面糊类蛋糕（油蛋糕）、戚风蛋糕三大类。这三大类型是各类蛋糕制作及品种变化的基础，由此演变而来的还有各种水果蛋糕、果仁蛋糕、巧克力蛋糕、裱花蛋糕和花色小蛋糕等。

一、蛋糕加工的原料及要求

原料主要包括鸡蛋、面粉和淀粉。面粉和淀粉一定要过筛（60目以上），否则可能有块状粉团进入蛋糊中，而使面粉或淀粉分散不均匀，导致成品蛋糕中有硬心。

二、蛋糕加工工艺

（一）基本工艺流程

原料准备 → 搅打 → 拌粉 → 注模 → 烘烤（或蒸煮）→ 冷却 → 脱模 → 包装

（二）工艺要点

1. 搅打　蛋糕加工过程中最为重要的一个环节，其主要目的是通过鸡蛋和糖或油脂和糖的强烈搅打而将空气卷入其中，鸡蛋形成泡沫，油脂由于搅打充气而蓬松，为鸡蛋多孔状结构奠定基础。

（1）清蛋糕蛋液的搅打

1）原料选择：面粉应用低筋面粉；鸡蛋要新鲜，因为鲜鸡蛋的蛋白黏度比较高，形成的泡沫稳定性好；其他配料如赋香剂、色素，需要在搅打时加入，以便混合均匀。

2）蛋糊搅打的程度：蛋糊打得好坏将直接影响成品蛋糕的质量，特别是蛋糕的体积质量。蛋糊打得不充分，则烘烤后的蛋糕胀发不够，蛋糕的体积变小，蛋糕松软度差；蛋糊打过头，则因蛋糊的持泡能力下降，蛋糊下榻，烘烤后的蛋糕虽能胀发，但因其持泡能力下降而出现表面"凹陷"现象。打好的鸡蛋糊成稳定的泡沫状且乳白色，体积为原来的2.5倍左右。

3）打蛋的温度控制：蛋糊的起泡性与持泡性，还与打蛋时的温度有关。打蛋时新鲜蛋清的温度应控制在17～22℃。温度过高，蛋清的胶黏性减弱，起泡性增强，易于起泡胀发，但持泡能力下降；温度过低，蛋清稠度大，不易拌入空气，打发时间较长。因此，冬季打蛋时应采取保暖措施，如用热水，保持蛋液温度20℃左右，以达到良好的搅打效果，以保证蛋糊质量。

4）油脂能影响蛋白的搅打：油脂破坏蛋清的起泡性，使蛋清液起泡量减少，使气泡易消失。当容器周围残留有油脂时，起泡性变差。因此，打蛋时容器一定要清洁。

5）打蛋时间要控制好：搅打时间过长会使蛋液中混入的空气过多，蛋白薄膜易破裂，造成蛋液质量降低；搅打时间过短，混入空气不够，制品不易起发。

（2）油蛋糕油脂的搅打

1）原料选择：面粉应选低、中筋面粉；鸡蛋要新鲜；油脂要选用可塑性、融合性好的油脂，以提高空气的拌和能力。

2）油脂搅打的程度：将油脂（奶油、人造奶油等）稍微变软后放入搅拌机内搅打，搅打至呈淡黄色、蓬松而细腻的膏状即可。

2. 拌粉　将过筛后的面粉与淀粉的混合物加入蛋糊中搅匀的过程。对清蛋糕来说，若蛋糊经强烈的冲击或搅动，泡就会被破坏，不利于烘烤时蛋糕胀发。因此，加粉时要慢慢将面粉倒入蛋糊中，同时轻轻翻动蛋糊，以最轻、最少翻动次数，拌至见不到干粉为止。对油蛋糕来说，则可将过筛后的面粉、淀粉和疏松剂慢慢加入打好的人造奶油与糖的混合物中，用打蛋机的慢档或人工搅动来拌匀面粉。

3. 注模　蛋糕成型一般都要借助于模具，选用模具时要根据制品特点与需要灵活掌握。一般常用模具的材料为不锈钢、马口铁、金属铝，其形状有圆形、长方形、桃心形、花边形等，还有高边和低边之分。注模操作应该在15～20分钟完成，以防蛋糕糊中的面粉下沉，使产品质地变硬。注模时还应掌握好注模量，一般以填充模具的 7~8 成为宜，不能过满，以防烘烤后体积膨胀溢出模外，既影响了制品外形美观，又造成了蛋糕糊的浪费；反之，如果注模量过少，制品在烘烤过程中，会由于水分挥发相对过多，而使蛋糕制品的松软度下降。

4. 熟制

（1）烘烤 完成蛋糕制作的最后加工步骤，是决定产品质量的重要一环，烘烤不仅是熟化的过程，而且对成品的色泽、体积、内部组织、口感和风味有重要的作用。蛋糕烘烤的工艺条件主要是烘烤温度和烘烤时间，工艺条件同原料种类、制品大小和厚薄有关。蛋糕烘烤的炉温一般在 200℃ 左右。油蛋糕的烘烤温度为 160~180℃，清蛋糕的烘烤温度为 180~220℃，烘烤时间 10~15 分钟。在相同烘烤条件下，油蛋糕比清蛋糕的温度低，时间长一些。长方形大蛋糕坯的烘烤温度要低于小圆蛋糕盒花边型蛋糕，时间要稍长些。蛋糕在烘烤过程中一般会经历胀发、定型、上色和熟化 4 个阶段。

1）胀发：制品内部的气体受热膨胀，体积迅速增大。

2）定型：蛋糕糊中的蛋白质凝固，制品结构定型。

3）上色：当水分蒸发到一定程度后再加上蛋糕表面温度的上升，其表面形成了美拉德反应和焦糖化反应，使蛋糕表皮色泽逐渐加深而产生金黄色，同时也产生了特殊的蛋糕香味。

4）熟化：随着热的进一步渗透，蛋糕内部温度继续升高，原料中的淀粉熟化而使制品熟化，制品内部组织烤至最佳程度，既不粘手，也不发干，且表面色泽和硬度适当。面糊装模后入炉前，应依产品性质及所需条件的不同，事先将烤箱调整为适当的温度、时间等，再入炉烘烤。在烘烤的过程中，到烘烤所需时间的 2/3 时，将烤盘掉头，以使整个产品都能均匀受热，而烤出最佳的产品品质与色泽。烘烤过程中如下火温度太高，产品尚未达其熟度时，可降低烤温或将原烤盘的下方再垫一个烤盘，预防产品底部上色太早；同理，若上火温度太高使表面上色太早时，则可视情况盖上牛皮纸，以降低产品直接受热的温度。蛋糕烤熟程度可以根据蛋糕表面颜色深浅或蛋糕中心的蛋糊是否粘手为标准。成熟的蛋糕表面一般为均匀的金黄色。若有像蛋糊一样的乳白色，说明并未熟透；蛋糕中的蛋糊仍粘手，说明未烤熟；不粘手，烘烤即可停止。蛋糕烘烤时不宜多次拉出炉门做烘烤状况的判断，以免面糊受热胀冷缩的影响而使面糊下陷。常用的判断方法如下。

A. 眼试法：烘烤过程中待面糊中央已微微收缩下陷，有经验者可以通过收缩比率判断。

B. 触摸法：当眼试法无法正确判断时，可借助手指检验触及蛋糕顶部，如有沙沙及硬挺感，此时应可出炉。

C. 探针法：初学者最佳判断法。此法是取以竹签直接刺入蛋糕中心部位，当竹签拔出时，无生面糊粘住时即可出炉。

（2）蒸制 蒸蛋糕时，先将水烧开后再放上蒸笼，大火加热蒸 2 分钟后，在蛋糕表面结皮之前，用手轻拍蒸笼边或稍振动蒸笼以破坏蛋糕表面气泡，避免表面形成麻点；待表面结皮后，火力稍降，并在锅内加少量冷水，再蒸几分钟使糕坯定型后加大炉火，直至蛋糕蒸熟。出炉后，撕下白细布，表面涂上麻油以防粘皮。冷却后可直接切块销售，也可分块包装出售。

5. 冷却、脱模、包装 蛋糕出炉后，应趁热从烤盘（模）中取出，并在蛋糕面上刷一层食用油，使表面光滑细润，同时也起保护层的作用，可减少蛋糕内水分的蒸发。然后，平放在铺有一层布的案台上自然冷却，对于大圆蛋糕，应立即翻倒，底面向上冷却，可防止蛋糕顶面遇冷缩变形。成功地将制品脱模，是烘烤制作的最后步骤，待脱模后再视其需要进行适当的装饰。在蛋糕的冷却过程中应尽量避免重压，以减少破损和变形。蛋糕冷却后，要迅速根据需要进行包装，以减少环境条件对蛋糕品质的影响。

知识链接

改性大豆蛋白在蛋糕中的应用

鸡蛋蛋白质在焙烤食品中是一种不可缺少的原料，这主要是由于鸡蛋蛋白质具有独特的溶解性、起泡性、乳化性和热凝固性。但同时鸡蛋也是胆固醇的一个重要来源。因而，在蛋糕配方中利用植物性蛋白全部或者部分代替鸡蛋蛋白已成为人们关注的课题。

大豆蛋白不仅资源丰富，而且蛋白质含量高，氨基酸种类全，营养价值高，通常作为食品工业中重要的基础原料。然而大豆蛋白具有较差的起泡性，将大豆蛋白分离并进行适度改性，提高其气泡性能，应用到蛋糕加工中可以代替鸡蛋蛋白，并且能降低蛋糕中胆固醇含量。

三、蛋糕加工实例

（一）乳沫类蛋糕（清蛋糕）

1. 工艺流程

原料 → 蛋糊调制 → 装盘 → 烘烤 → 冷却、脱模 → 包装

2. 原料辅料

低筋粉（蛋糕粉）300g，砂糖300g，水60~90g，鸡蛋600g，色拉油60g，香兰素3g，蛋糕油30~35g。

3. 加工工艺

（1）蛋糊调制　清蛋糕蛋糊调制主要有三种方法：糖蛋搅拌法、分蛋搅拌法、乳化法。

1）糖蛋搅拌法：将鸡蛋与糖搅打起泡后，再加入其他原料拌和的一种方法。这是制作海绵蛋糕常用的传统方法。

2）分蛋搅拌法：将蛋白和蛋黄分开，均加入一定量的糖，分别搅打，再混合在一起，然后加入过筛的面粉。此法特别适合于非常松软的海绵蛋糕的制作。

3）乳化法：指在制作海绵蛋糕时加入了乳化剂（蛋糕油）的方法。操作时，先使蛋糖打匀，再加入面粉量10%的蛋糕油，待蛋糖打发白时，加入过筛的面粉，用中速搅拌至乳白色，最后加入30%的水和15%的植物奶油搅匀即可。

（2）装盘　调制好的蛋糊需立即注模成型，一般要求在15~20分钟完成，若不能立即装盘，应在冰箱暂存。海绵蛋糕蛋糊比较稀薄，注入小型烤模后稍加振动，面糊表面即可变平整，注入大型烤模后，可用刮片轻轻刮平。蛋糊装盘高度以低于烤模1.5~2.0cm为宜，防止因蛋糊烘烤过程中膨发溢出烤模。为了防止烘烤后蛋糕粘住烤模，通常在装盘前，于模内先均匀地涂一层油脂或衬一张硫酸纸。

（3）烘烤　将注入蛋糊的烤盘放入已预热到190℃的烤箱中烘烤，烘烤时间为15分钟，烘烤至棕黄色即可。

（4）冷却　烘烤结束后立即取出，出炉后稍冷却，然后脱模，再继续冷却，包装。

4. 产品质量要求

系引用中华人民共和国国家标准《糕点通则》（GB/T 20977—2007）。

（1）感官指标　见表4-4。

表4-4　烘烤类糕点感官指标

项目	指标
形态	外形整齐，底部平整，无霉变，无变形，具有该品种应有的形态特征
色泽	表面色泽均匀，具有该品种应有的色泽特征
组织	无不规则大空洞。无糖粒，无粉块。带馅类饼皮厚薄均匀，皮馅比例适当，馅料分布均匀、细腻，具有该品种应有的组织特征
滋味与口感	味纯正，无异味，具有该品种应有的风味和口感特征
杂质	无可见杂质

（2）理化指标　见表4-5。

表4-5　烘烤类糕点理化指标

项目	烘烤糕点	
	蛋糕类	其他
干燥失重（％）	≤42.0	
蛋白质（％）	≥4.0	–
粗脂肪（％）	–	≤34.0
总糖（％）	≤42.0	≤40.0

（二）油蛋糕

1. 工艺流程

原料 → 蛋糊调制 → 装盘 → 烘烤 → 冷却、脱模 → 包装

2. 原料辅料
面粉1000g，白糖1330g，蛋浆1330g，猪油330g，瓜子仁33g，青梅33g，桂花33g。

3. 加工工艺

（1）熔化猪油　按规定称量猪油于一容器中，然后将容器置于40℃左右温水中，使猪油稍微熔化，以备调糊所用。

（2）拌料　面粉过筛与白糖同入搅拌机中混合均匀，再加入蛋浆搅拌均匀，并使其成为乳白色蛋糕糊。

（3）调糊　将蛋糕糊、桂花逐渐加入温油中，拌和成均匀的面糊。

（4）浇模　将梅花形或桃形蛋糕模具涂抹好油，然后摆入烤盘中，将面糊注入模具内，每模注料45g或90g。

（5）烘烤　进炉温度超过180℃左右，出炉温度约为220℃。待成品表面棕红色，即可出炉。

4. 产品质量要求
系引用中华人民共和国国家标准《糕点通则》（GB/T 20977—2007）。

（1）感官指标　应符合表4-4。

（2）理化指标　应符合表4-5。

（三）戚风蛋糕

1. 工艺流程

原料 → 蛋糊调制 → 装盘 → 烘烤 → 冷却、脱模 → 包装

2. 原料辅料
蛋黄部分：低筋粉100g，泡打粉3g，色拉油50g，蛋黄75g，香草香精1g，牛乳60g，细砂糖30g，盐2g。蛋白部分：蛋白150g，细砂糖99g，塔塔粉1g。

3. 加工工艺

（1）蛋黄糊调制　加入蛋黄，搅至细砂糖与盐溶化，再加入水，继续搅打，打至一定程度后，再依次加入已事先过筛混匀的面粉、泡打粉、香草香精混合物，快速搅打数分钟，直至用手挑起以后，面糊往下倾为止，最后再慢速搅拌 2~3 分钟。

（2）蛋白糊调制　加入蛋清快速搅打，直至搅拌至白沫状，把糖加入，打发后，蛋白糊挺拔得像公鸡尾巴状，可以停止搅拌，蛋白糊形成。

（3）两种蛋糊混匀　取 1/3 已打发的蛋白糊加入拌匀的蛋黄糊中搅匀，然后将其倒入剩余的打发后的蛋白糊中，轻轻搅拌均匀即可。

（4）装模　把混匀的蛋糊装入事先铺好油纸的模具中，不要装得太满，装六成满即可。

（5）烘烤　一般温度为 170℃，时间在 30 分钟左右。

（6）冷却　先冷却，后脱模，再继续冷却。

4. 产品质量要求　系引用中华人民共和国国家标准《糕点通则》（GB/T 20977—2007）。

（1）感官指标　应符合表 4 - 4。

（2）理化指标　应符合表 4 - 5。

四、蛋糕生产常见的质量问题及控制措施

1. 凝结程度　蛋糕凝结程度不够，多由鸡蛋不新鲜所致，新鲜的鸡蛋蛋液浓稠，发泡力强，不新鲜的鸡蛋蛋液则较稀薄，蛋黄黏壳或散黄，发泡力低，烘烤后凝结程度不及新鲜鸡蛋牢固。

控制措施：加工蛋糕时须选用新鲜鸡蛋。

2. 膨松性　蛋糕膨松性较差首先从膨松剂上找原因。市售的发酵粉又称泡打粉，它是一种复合膨松剂，其品牌甚多。

控制措施：宜选用膨胀性好的品种，且在贮藏过程中应防止吸潮分解，以免降低效用。

3. 香气　蛋糕香气不正常，多是香料调配不当引起。

控制措施：应选用香味良好的香精香料，并依照规定量使用，避免用量过多或不足。

4. 外形　一方面未使用蛋糕发泡乳化剂的蛋糕面糊，由于稳定性差，空气泡容易发生合并和破裂，使蛋糕面糊中的空气泡量减少；另一方面，面糊浇注入烤模后在炉外停留时间太长，使蛋糕面糊的表层水蒸气蒸发干燥，结成一层皮膜，在进入烤炉中烘烤时，该层皮膜也会妨碍蛋糕制品体积膨发。

控制措施：前后工序配合好，做好面糊，入模后及时入炉烘烤，如因故在炉外停留无法返工时，可将面糊顶表层稍予搅动后入炉烘烤。

5. 蓬松度　由蛋糕面糊搅打不当引起。调制海绵蛋糕面糊时，对鸡蛋和砂糖的搅打，无论是搅打不足还是搅打过度，都会导致蛋糕体积小，蓬松不够；调制奶油蛋糕面糊时，脂肪与砂糖粉或与面粉搅打发松的程度不足，包含空气泡量小，会使蛋糕体积减小；而搅打发松过度，由于面糊中含空气量太多，使蛋糕的体积过于膨大，到烘烤后期和冷却过程中会形成蛋糕顶面向下凹陷，内部组织结构变差，气孔粗大，有损制品品质。

控制措施：当搅打发松的程度接近"最适点"之前，改用中速搅打，以利及时观察、测定。宁可在接近"最适点"之前停止搅打，也不可搅打过度。

6. 蛋糕中心凝聚，而顶面向下凹陷　多因烘烤操作不当引发。在蛋糕烘烤过程中，从外表看似乎已烤熟，而内部尚未凝固熟透之时，如果移动烤模位置，受到震动，或是打开炉门或取出观察，受到冷空气的侵袭，突然受冷，都会引起蛋糕中心凝聚，结成团块而塌落，造成顶面向下凹陷。

控制措施：在蛋糕尚未熟透之前，切不可移动烤模和打开炉门，以免受到震动或冷空气侵袭。

7. 蛋糕顶面出现白色斑点 多因砂糖颗粒太粗，未完全溶化而造成。

控制措施：制作海绵蛋糕宜选用颗粒较细的砂糖，制作奶油蛋糕使用的砂糖，必须磨成细的糖粉。

8. 蛋糕外表层出现较大的斑点或条纹 由搅拌混合不均匀所引起。如膨松剂事先未与面粉混合均匀，在搅拌缸内有死角，使搅拌器不能全部搅拌到，特别是在缸的底部与黏附在缸的上部边缘部分的物料，未能与蛋糕面糊充分混合均匀，会在蛋糕的外表层出现较大的斑点或条纹。

控制措施：膨松剂与面粉先行混合，过筛2次，可使其混合均匀。若因搅拌缸结构问题，可在搅拌过程中适时停机，用人工将黏附的物料刮下或将未搅拌到的物料翻出再搅拌，使全部物料混合均匀。

9. 蛋糕表面出现细小浅色斑点 搅拌操作失误所致。海绵蛋糕在使用蛋糕发泡乳化剂的情况下，搅打发泡只需3~5分钟即可完成。由于搅打时间太短，砂糖尚未完全溶化，这时加入面粉，就使砂糖更加难以溶化，在蛋糕表面将会出现细小浅色斑点。

控制措施：将鸡蛋与砂糖先行搅打数分钟，待糖溶化后再加入发泡乳化剂。

10. 蛋糕收缩变小 主要由冷却不当引起。

控制措施：较大的海绵蛋糕在出炉后应立即翻转倒出烤模，让顶面向下，这样可防止在冷却过程中过度收缩变小。

11. 蛋糕发干欠松软 蛋糕出炉后如存放在干燥通风的地方时间太久，会使蛋糕水分蒸发过多而变得干燥。

控制措施：蛋糕出炉冷却后应贮藏在温度较低的容器中，及时销售，避免存放过久。

12. 蛋糕脱模困难，易粘烤模造成破损 烤模不合格或烤模内蛋糕残屑未清除干净造成。如烤模表面粗糙或烤模造型不好，烤模内黏附的蛋糕残屑未清除干净，模内油脂未涂均匀等，都可造成蛋糕脱模困难，易粘烤模造成破损。

控制措施：选用光洁的金属材料，改进烤模结构造型；残屑清除干净，油脂涂抹均匀或用衬纸垫衬，最好是在烤模内涂上防粘涂料。

第三节 饼干加工技术

《食品安全国家标准 饼干》（GB 7100—2015）将饼干定义为：以谷类粉（和/或豆类、薯类粉）等为主要原料，添加或不添加糖、油脂及其他原料，经调粉（或调浆）、成型、烘烤（或煎烤）等工艺制成的食品，以及熟制前或熟制后在产品之间（表面或内部）添加奶油、蛋白、可可、巧克力等的食品。饼干的配方与面包相比，其生产所用的原辅料与面包相似，所不同的是饼干使用的面粉为低筋粉，而且饼干生产中需用较多的香精、香料、色素、抗氧化剂、化学疏松剂等。饼干的花色品种很多，要将饼干准确分类是比较困难的。目前多按原料配比来分类，具体见表4-6。

表4-6 按原料配比分类

种类	油糖比	油糖与面粉比	品种
粗饼干类	0:10	1:5	硬饼干、发酵硬饼干
韧性饼干类	1:2.5	1:2.5	低档甜饼干，如动物、什锦饼干等
酥性饼干类	1:2	1:2	一般甜饼干，如椰子、橘子饼干等
甜酥性饼干类	1:1.35	1:1.35	高档酥饼类甜饼干，如桃酥等
发酵饼干类	10:0	1:5	中、高档苏打饼干

一、饼干加工的原料及要求

制作饼干的主要原辅料有面粉、油脂、水、甜味剂、膨松剂、淀粉、香料和色素等。

（一）面粉

面粉是饼干生产第一大配料，如何根据各类饼干的特性，正确合理地选用小麦粉，这是关系到制作饼干成败的关键之一。由于饼干生产的特性，对面粉湿面筋数量与质量的要求很高，应根据饼干的种类而定。例如，韧性饼干宜选用面筋弹性中等、延伸性好、面筋含量较低的面粉，湿面筋含量在21%~26%为宜。酥性饼干应尽量选用延伸性大、面筋含量较低的面粉，湿面筋含量在21%~26%为宜。苏打饼干要求面粉的湿面筋含量高或中等、面筋弹性强或适中，一般湿面筋含量在28%~35%为宜。

（二）水

水是参与组成面团不可缺少的物质，无足够水分则不能充分形成面筋，更不能组成具有特定工艺特性的面团。制作饼干时加水应一次加足，以便调制出具有良好工艺特性的面团。

（三）甜味剂

生产中最常用的甜味剂为砂糖和糖浆（或饴糖），砂糖一般都磨碎成糖粉或溶化为糖浆使用。甜味剂不仅给予制品以甜味，而且能调节面团面筋的胀润度及产生焦糖，起上色剂作用。

（四）油脂

饼干用油脂具有较好的稳定性及风味。此外，不同的饼干对油脂还有不同的要求。

1. 韧性饼干用油脂　韧性饼干用油脂为6%~8%，但因油脂对饼干口味影响很大，因此多选用品质纯净的棕榈油。

2. 酥性饼干用油脂　酥性饼干用油脂为14%~30%，应选用风味好的优质黄油。

3. 苏打饼干用油脂　苏打饼干的酥松度和层次结构，是衡量成品质量的重要指标，因此要求使用起酥性与稳定性兼优的油脂，使用量为面粉的12%左右。

（五）食盐与调味料

食盐既是调味料，又是面团强筋剂，一般添加量为1.5%左右。香精与香料一般情况下，不会影响面团的特性，仅增加饼干的风味。

（六）疏松剂

1. 酵母　在饼干生产中的作用如下。

（1）使面团膨大　这是酵母的重要作用之一。

（2）改善面筋　在发酵过程中，淀粉、蛋白质发生复杂的生物、化学变化，产生乙醇、酯类和有机酸等物质，能增加面筋的伸展性和弹力。

（3）增加饼干的风味　发酵过程中一系列的产物，如乙醇、有机酸、醛类、酮、酯类等，都会给饼干增添特别的风味。

（4）提高产品的营养价值　酵母的蛋白质含量很高，且含有多种维生素，尤其是B族维生素。

2. 复合疏松剂　一般由三个部分组成。

（1）碳酸盐　用量占20%~40%，作用是产生气体。

（2）酸性盐或有机酸　用量占35%~50%，作用是与碳酸盐反应、控制反应速度、调整食品酸碱度，并起膨松剂的作用。

（3）助剂　有淀粉、脂肪酸等，作用是改善膨松剂的保存性，防止其吸潮失效，调节气体产生速率或使气泡均匀产生，助剂含量一般为 10%～40%。

（七）淀粉

淀粉主要起稳定剂和填充剂的作用。它能够调节面粉的面筋度，增加面团的可塑性，降低弹性，防止饼干收缩变形。淀粉对饼干成品的外观形态、口感、起发度、结构层次、色泽及破碎率影响很大，一般使用量为面粉的 4%～7%。

二、饼干加工工艺

（一）基本工艺流程

原辅料预处理 → 面团的调制 → 辊轧 → 成型 → 焙烤 → 冷却 → 包装

（二）工艺要点

1. 面团调制

（1）韧性面团的调制　韧性面团调制完成后要求温度比酥性面团高，面团温度一般为 38～40℃，故称为"热粉"。

影响韧性面团调制工艺的有关因素如下。

1）配料次序：先加面、水、糖，然后加油脂。

2）糖、油用量：糖量不超过面粉重的 30%，油脂不超过 20%。

3）控制面团的温度：36～40℃，温度过高，化学疏松剂易分解挥发。

4）面粉面筋的选择：湿面筋含量在 30% 以下。

5）添加面团改良剂：亚硫酸氢钠、焦亚硫酸钠。

6）面团的静置：和面使内部产生一定的张力，需静置 15～20 分钟。

调粉的终点标志：面团调制好后，面筋的网状结构被破坏，面筋中的部分水分向外渗出，面团变柔软、弹性显著减弱，这是调粉完毕的标志。

（2）酥性面团的调制　酥性面团要求面团的调制温度控制在 30℃ 以下，俗称"冷粉"。调粉必须遵循有限胀润的原则，适当控制面筋性蛋白质的吸水率，使面团获得有限的弹性。

影响酥性面团调制工艺的有关因素如下。

1）配料次序：应先将油、糖、水等辅料在调粉机中预混均匀，再投入面粉、淀粉、奶粉等原料。

2）糖、油脂用量：糖油都具有反水化作用，是控制面筋胀润的主要物质。糖油可达面粉重的 32%～50% 及 40%～50%。

3）加水量：不能过多，调粉过程中不能随便加水，更不能一边搅拌一边加水，控制在 3%～5%。

4）调粉温度：应控制在 20～26℃。

5）调粉时间和静置时间：调粉时间一般为 5～10 分钟，是否需要静置，视面团各种性能而定。

6）加淀粉和头子量：头子含较多的湿面筋，加入量必须控制在面团量的 1/8～1/10。淀粉的添加只能使用面粉量的 5%～8%，过多会影响饼干的胀发力和成品率。

调粉的终点标志：酥性面团调制的终点，与糖、油、水的用量有关。一般情况下，面团搅拌均匀后，看起来酥松、抓起来能捏成团、渗出油即为调粉的终点标志。

（3）苏打饼干面团的调制　利用酵母的发酵作用和油酥的起酥效果，使成品质地酥松，断面有清晰的层次结构。较多的油脂一部分在和面时加入，另一部分则与少量面粉、食盐拌成油酥，在辊轧面团时加入面片中。将配方中用盐量的 30% 加入面粉中调制面团，其余 70% 加入油酥中。选用低筋面粉，用二次发酵法。第一次发酵面粉用量40%~50%，酵母0.5%~0.7%，加水量40%~45%，调粉4分钟，面团温度冬季28~32℃，夏季25~28℃；第二次发酵，调粉5分钟，温度较第一次稍高。

2. 成型 经辊轧工序轧成的面片，经各种型号的成型机制成各种形状的饼干坯，如动物形、花纹形、字母形等各种花纹图案。

（1）辊印成型 加料斗底部是一对直径相同的辊筒，左为料槽辊，右为花纹辊，两相对转动，完成喂料阶段。紧贴住花纹辊的刮刀刮去多余部分，即形成饼坯的底面。橡皮脱模辊与其相对滚动，当花纹辊中的饼坯底面贴住橡胶辊上的帆布时，就会在重力和帆布黏力的作用下，使饼坯脱模，再由帆布输送带送到烤炉网带或钢带上进入烘烤。这种设备结构简单，占地面积小，没有头子，是近年来普遍推广的机种。但是这种机器生产的品种却有较多的限制，它只适用于产油脂量多的酥性饼干。

（2）辊切成型 人们根据辊印成型机的原理将冲印成型机进行了改进，设计出了目前国际上较流行的新式设备辊切成型机，主要用于生产韧性饼干。这种机械不仅占地小、效率高，具有制片灵活、可作厚薄调节、噪声小等优点，而且对面团的适应性较强，既适用于韧性、苏打饼干，也适用于酥性、甜酥性饼干，同时适合生产各类高、中档，咸、甜、厚、薄饼干。

（3）其他成型

1）摆动式冲印成型机：冲印成型就是先将面团经过多次辊轧，形成面带，然后进行冲印。冲印后必须将饼坯与头子分离，这也是完成冲印的最后一道工序。这道工序常称为分拣。韧性饼干和苏打饼干面团因具有一定的弹性，头子的分离工作并不困难；酥性饼干面团头子分离时，由于面皮弹性小，结合力差，机械运转不协调时，头子容易断裂，会给分拣工作带来困难。

2）钢丝切割成型机：利用挤压机构将面团从型孔挤出，型孔有花瓣形和圆形多种，每挤出一定厚度，用钢丝切割成饼坯。挤出时还可以将不同颜色的面团同时挤出，形成花色外观。

3）挤条成型机：机械与钢丝切割机相同，所不同的只是挤出型孔的形状不同，而且挤出后不是立即用钢丝切下，而是先挤成条状，再用切割机切成一定长度的饼坯，钢丝切割成型的型孔的基本型是圆的，而挤条成型的型孔断面是扁平的。

4）挤浆成型机：利用液体泵将糊状面团间断挤出，挤出孔一般垂直向下，挤出时做S形的运动，能得到不同外形的纽结状饼干。

3. 烘烤

（1）烘烤的目的

1）产生二氧化碳气体和水蒸气的压力，使饼干具有膨松的结构。

2）使淀粉糊化，即使淀粉胀润、糊化变为易于消化的形态，也就是烘熟。

3）得到好的色、香、味。

4）使面团中的酵母及各种酶失去活性，以保持饼干的品质不易变化。

5）蒸发水分，使饼干具有稳定形态和松脆的产品。

（2）烤炉 饼干烘烤炉是饼干生产线的重要组成部分，饼干烤炉有热风循环烘炉、远红外线烘炉、导热油炉等。一般的烤炉可分四个温区：升温膨胀区、蒸发定型区、脱水区、上色区。出炉后还有冷却区。

烘烤炉的温度和饼干坯烘烤的时间，随着饼干品种与块形大小的不同而异。一般饼干的烘烤炉温保持在230~270℃。酥性饼干和韧性饼干炉温为240~260℃，烘烤3.5~5分钟，成品含水率为2%~4%。苏打饼干炉温为260~270℃，烘烤时间4~5分钟，成品含水率2.5%~5.5%。粗饼干炉温为200~210℃，烘烤7~10分钟，成品含水率为2%~5%。如果烘烤炉的温度较高，可以适当缩短烘烤时间。炉温过高或过低，都会影响成品质量，过高时容易烤焦，过低会使成品不熟，色泽发白。

4. 冷却与包装

（1）冷却 烘烤出炉的饼干，其表面层温度约180℃，中心温度约110℃，含水量8%～10%，质地非常柔软，容易变形，而且温度散发迟缓。如果此时进行包装，就会影响饼干内部的热量散发和水分蒸发，会缩短饼干的保质期并且饼干易产生裂缝。冷却最适宜的温度是30～40℃，室内相对湿度70%～80%。

（2）包装及储藏 冷却后的饼干应及时包装。大的饼干生产线都采用自动化包装。包装材料有马口铁、纸板、聚乙烯塑料袋、蜡纸等，目前饼干大多采用印制精美的纸盒包装。饼干适宜的储藏条件是低温、干燥、空气流通、空气清洁、避免日照的场所。库温应在20℃左右，相对湿度以不超过70%～75%为宜。

三、饼干加工实例

（一）韧性饼干

1. 工艺流程

原辅料预处理 → 面团调制 → 静置 → 辊轧 → 辊切成型 → 烘烤 → 成品冷却及包装

2. 原料辅料

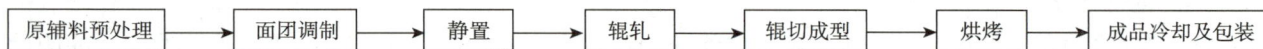

饼干粉5kg，淀粉500g，水1.4kg，油脂400g，糖粉500g，糖浆150g，盐35g，碳酸氢铵40g，焦亚硫酸钠适量。韧性饼干原辅材料见表4-7。

表4-7 韧性饼干原辅料

原料	饼干粉	淀粉	水	油脂	糖粉	糖浆	盐	碳酸氢铵	焦亚硫酸钠
比例（%）	100	10	28	8	10	3	0.7	0.8	适量

3. 加工工艺

（1）原辅材料预处理 选料注意选择优质、无杂、无虫、不结块的原料。辅料应符合食用级标准，防止失效和假冒伪劣产品。面粉在用前最好过筛，剔除线头、麸皮及其他异物。

（2）面团调制 将各种原辅材料按照配方和操作要求配合好，然后放在和面机中搅打成合适软硬度的面团。该种面团是在面筋蛋白质充分吸水胀润的条件下进行调制的，油和糖的用量一般较少，形成的面筋量较大，烘烤时易于收缩变形。为了防止这种情况，将油脂和水加热到一定温度来提高面团的温度，促使面团充分胀润，同时采取多浆式调粉机长时间搅打，使已经形成的面筋在机桨的不断撕裂下逐渐超越其弹性限度而降低弹性。

面团的调制先将水和糖一起煮沸，使糖充分溶化，稍冷却，再将油、盐、蛋等混入，搅拌均匀，加入膨松剂、抗氧化剂，最后加入预先混合均匀的小麦粉、淀粉、奶粉，调制成具有一定韧性的面团。

（3）静置 调粉成熟后的面团，放置10～20分钟后，才适宜辊轧成型。这样可以消除由于长时间搅打和拉伸而产生的内部张力，降低其弹性，恢复其松弛状态，防止成品变形而影响质量。

（4）辊轧 面团需要经过三次辊轧方可达到所要求的面带厚度。压延的比例要合适，喂料要均匀，将面团压成2mm左右厚度的面片，薄厚应一致。

（5）辊切成型 兼有辊印成型和冲印成型的优点。模辊的选型要合适，辊轮松紧要适当，面带薄厚要均匀一致，模具内部要保持清洁、图案要新颖、花纹应清晰。

（6）烘烤 隧道式和网带式的电烤炉较为常用，便于操作和控制。炉温要根据饼干的品种和在炉膛的位置分段控制，网带的速度随烤炉的长度和温度的变化灵活调节。烘烤采用先低温后高温，较低温度较长时间的烘烤方法。炉温为180～220℃，烘烤时间为8～10分钟。

（7）成品冷却及包装　冷却至40℃以下，若室温25℃，自然冷却5分钟左右即可。冷却至适宜温度，应立即进行包装。

4. 产品质量要求　系引用中华人民共和国国家标准《饼干质量通则》（GB/T 20980—2021）。

（1）感官指标　见表4-8。

表4-8　韧性饼干感官指标

项目	指标
形态	外形完整，花纹清晰或无花纹，一般有针孔，厚薄基本均匀，不收缩。不变形、无裂痕，可以有均匀泡点，不应有较大或较多的凹底
色泽	呈棕黄色、金黄色或品种应有的色泽，色泽基本均匀，表面有光泽，无白粉，不应有过焦、过白的现象
滋味与口感	具有品种应有香味，无异味，口感松脆细腻，不黏牙
组织	断面结构有层次或呈多孔状

（2）理化指标　见表4-9。

表4-9　韧性饼干理化指标

项目	指标
水分（%）	≤4.0
碱度（以碳酸钠计）（%）	≤0.4

（二）酥性饼干

1. 工艺流程

原辅料预处理 → 面团调制 → 辊印成型 → 烘烤 → 成品冷却及包装

2. 原料辅料　饼干粉5kg，淀粉200g，奶粉200g，油脂1.4kg，砂糖1.5kg，淀粉糖浆300g，盐25g，小苏打、焦亚硫酸钠、香精、抗氧化剂等适量。酥性饼干原辅材料见表4-10。

表4-10　酥性饼干原辅料

原料	饼干粉	淀粉	奶粉	油脂	糖粉	淀粉糖浆	盐	焦亚硫酸钠
比例（%）	100	4	4	28	30	3	0.5	适量

3. 加工工艺

（1）原辅材料预处理　面粉用前要过筛，捏碎面团并剔除线头、麸皮等杂质。砂糖要先化开，奶粉应先溶解，小苏打等应先溶化。

（2）面团调制　在调粉前先将糖、油、水等各种原辅料充分搅拌均匀，然后投入面粉调制成面团。调粉时间掌握在10~15分钟之间，见粉团光滑、手触不黏即可。调好的面团温度以25~30℃为宜，面团温度过低会造成黏性增大，结合能力较差而影响操作；温度过高则会增强面筋的弹性，造成饼坯收缩变形等。当面团黏度过大，膨润度不足影响操作时，可静置10~15分钟。调好的面团应干散，手握成团，具有良好的可塑性，无弹性、韧性和延伸性。

（3）辊印成型　将搅好的面团放置3~5分钟后，放入饼干成型机喂料斗。调好烘盘位置，调好帆布松紧度。用辊印成型机辊印成一定形状的饼坯，或者用手工成型。烘烤时将烤盘直接放入预热到220~240℃的烤箱，使饼坯一入炉就迫使其凝固定型。烘烤5~8分钟，饼干表面呈微红色为止。

（4）成品冷却及包装　将成品端出烤盘，震动后倒出饼干。摊匀，防止饼干弯曲变形。冷却至40℃以下，若室温为25℃，自然冷却5分钟左右即可。待饼干冷却到38~40℃后，方可包装。温度高时，饼干易出油，油脂易氧化哈败，保藏期会缩短。包装材料应符合食品标准。

4. 产品质量要求 系引用中华人民共和国国家标准《饼干质量通则》（GB/T 20980—2021）。

（1）感官指标　见表4－11。

表4－11　酥性饼干感官指标

项目	指标
形态	外形完整，花纹清晰，厚薄基本均匀，不收缩，不变形，无裂痕，不应有较大或较多的凹底
色泽	呈棕黄色、金黄色或品种应有的色泽，色泽基本均匀，表面有光泽，无白粉，不应有过焦、过白的现象
滋味与口感	具有品种应有香味，无异味，口感松脆细腻，不黏牙
组织	断面结构呈多孔状，细密，无大孔洞

（2）理化指标　见表4－12。

表4－12　酥性饼干理化指标

项目	指标
水分（%）	≤4.0
碱度（以碳酸钠计）（%）	≤0.4

（三）苏打饼干 🅔微课

1. 工艺流程

原辅料预处理 → 第一次调粉 → 第一次发酵 → 第二次调粉 → 第二次发酵 → 夹油酥 →

→ 成型 → 烘烤 → 成品冷却及包装

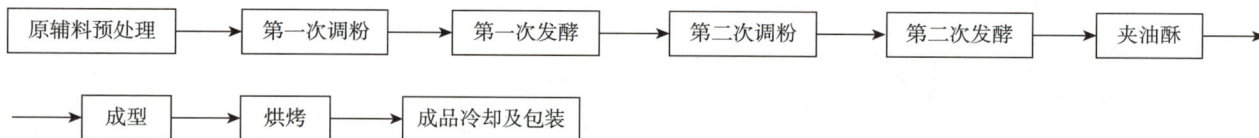

2. 原料辅料　饼干粉 5kg，奶粉 200g，酵母 50g，油脂 500g，水 1kg，淀粉糖浆 100g，盐 25g，碳酸氢钠 25g。苏打饼干原辅材料见表4－13。

表4－13　苏打饼干原辅料

原料	饼干粉	奶粉	酵母	油脂	水	淀粉糖浆	盐	碳酸氢钠
比例（%）	100	4	1	10	20	2	0.5	0.5

3. 加工工艺

（1）原辅材料预处理　将酵母加水制成悬浊液活化，油酥按配方加料用搅拌机搅拌和备用。

（2）第一次调粉　调制成发酵面团，具体为1/3面粉、1/2水、奶粉、淀粉糖浆和小苏打搅拌均匀，加温水，慢速搅拌2分钟，中速搅拌3分钟，制作成弹性适中的面团。

（3）第一次发酵　将和好的面团放入30℃、湿度为80%的醒发箱中发酵5小时。

（4）第二次调粉　调制成水面团，具体为1/3面粉、1/2水和盐搅拌均匀，加发酵面团，慢速搅拌3分钟，中速搅拌3分钟。

（5）第二次发酵　发酵温度控制在30℃、相对湿度为80%，发酵4小时。

（6）夹油酥　油酥制作用1/3面粉、全部油脂，搅拌均匀即可。面团放入压片机或手工擀成面片，左右三层叠合并加入油酥压成面片。

（7）成型　放入辊切式成型机中压片成型，或用手工成型模具印模成型。

（8）烘烤　在预热到230℃的烤箱中烘烤3～4分钟，到饼干表面微红为止。

（9）成品冷却及包装　出炉后冷却至室温，密封包装。

4. 产品质量要求 系引用中华人民共和国国家标准《饼干质量通则》（GB/T 20980—2021）。

（1）感官指标　见表 4 – 14。

表 4 – 14　苏打饼干感官指标

项目	指标
形态	外形完整，厚薄大致均匀，表面有较均匀的泡点，无裂缝，不收缩，不变形，不应有凹底
色泽	呈浅黄色、谷黄色或品种应有的色泽，饼边及泡点允许褐黄色，色泽基本均匀，表面有光泽，无白粉，不应有过焦的现象
滋味与口感	咸味或甜味适中，具有发酵制品应有香味及品种特有的香味，无异味，口感酥松或松脆，不黏牙
组织	断面结构层次分明或呈多孔状

（2）理化指标　见表 4 – 15。

表 4 – 15　苏打饼干理化指标

项目	指标
水分（%）	≤5.0
碱度（以碳酸钠计）（%）	≤0.4

四、饼干生产常见的质量问题及控制措施

1. 油脂酸败　如何防止油脂酸败和哈败是饼干生产和销售中的重要问题。油脂氧化是导致哈败的一个重要原因，油脂氧化包含许多复杂的化学反应，诱发因素有很多。面粉中富含不饱和脂肪酸、活性酶等物质，容易引发脂肪水解、氧化等问题，从而导致脂肪酸败。增白剂等面粉改良剂也会造成油脂的酸败。油脂本身也或发生酸败。

控制措施：在饼干用油中加入符合食品安全国家标准的抗氧化剂；禁止在用于含油食品的面粉中使用增白剂，也不可将含增白剂的面粉混用在含油食品中；使用符合食品安全国家标准的食用油加工饼干。

2. 二氧化硫　饼干中残留的二氧化硫主要是改良剂焦亚硫酸钠的分解产物。

控制措施：选择产品品质稳定的面粉；按照法定标准使用焦亚硫酸钠，从而杜绝焦亚硫酸钠的超标使用问题；使用生物酶制剂替代焦亚硫酸钠。

3. 微生物　菌落总数、霉菌等微生物超标。

控制措施：加强生产过程中环境、设施的卫生控制；注意烘烤后产品包装区的卫生管理，避免交叉污染；加强对操作人员卫生意识的培训，促使员工养成自觉的卫生习惯；加强对供应商的卫生管理力度。

第四节　月饼加工技术

PPT

月饼是使用面粉等谷物粉、油、糖或不加糖调制成饼皮，包裹各种馅料，经加工而成的在中秋节食用为主的传统节日食品。月饼的分类方法很多，按加工工艺可分为烘烤类、熟粉成型类等月饼；按地方风味特色，可分为广式、京式、苏式和潮式等月饼；按馅料，可分为蓉沙类、果仁类、果蔬类、肉与肉制品类、水产制品类和蛋黄类等月饼；按配方和制作方法，又可分为酥皮月饼、糖皮月饼和硬皮月饼等。

一、月饼加工的原料及要求

（一）饼皮的主要原料

1. 面粉 应选用符合国家标准的低筋面粉或月饼专用面粉。

2. 白砂糖或糖浆 在京式或苏式月饼中用的糖要选细糖。广式月饼是用糖浆，所以也称浆皮月饼，糖浆是用白糖加酸熬煮而成的。

3. 膨松剂类 在月饼生产中常用的膨松剂有泡打粉和碱水。广式月饼用碱水，其他类月饼用泡打粉。

4. 油脂类 月饼生产用油脂主要是花生油、起酥油或黄奶油等。

（二）制馅的主要原料

1. 果仁类 如核桃仁、瓜子仁、杏仁、芝麻、橄榄仁、腰果等，这类原料主要用于制作五仁、叉烧、什锦等硬馅类月饼，以及芝麻蓉、核桃蓉等蓉沙类月饼。

2. 糖及糖制品 如白糖、冬瓜条、橘饼、水晶肉等，这些原料主要用于制作五仁、叉烧、什锦等硬馅类月饼。

3. 豆类和种子类 如莲子、红豆、绿豆、赤豆等，这些原料主要用于红豆沙、绿豆沙、莲蓉等蓉沙类月饼。

4. 水果类 如草莓、哈密瓜、水蜜桃、橙子等各种水果汁，这些原料主要用于制作各种水果馅料。

5. 辅料 主要有果胶、琼脂、稳定剂、香精、香料及防腐剂等。

二、广式月饼加工工艺

（一）工艺流程

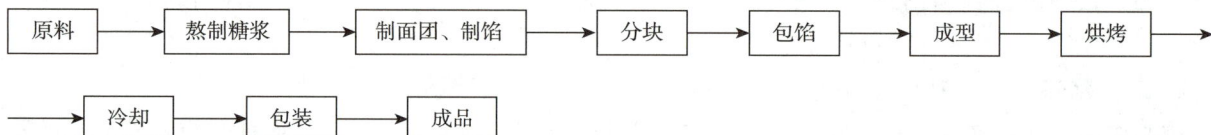

（二）工艺要点

1. 熬制糖浆 以 2kg 白砂糖加 1kg 水的比例，先将清水的 3/4 倒入锅内，加入白砂糖加热煮沸 5 ~ 6 分钟，再将柠檬酸用少许水溶解后加入糖溶液中。如糖液沸腾剧烈，可将剩余的清水逐渐加入锅内，以防糖液溅泻。煮沸后改用慢火煮 2 小时左右，煮至温度大约为 115℃，用手蘸上糖浆可以拉成丝状即成。糖浆制成后需存放 15 ~ 20 天，使蔗糖转化、发酸变软，用此糖浆调制的面团质地柔软，延伸性良好，无弹性，不收缩，制品花纹清晰，外皮光洁。在月饼加工中加入饼皮中的实际是果葡糖浆。

2. 制面团（饼皮） 将面粉过筛，置于台板上围成圈，中央开膛，倒入加工好的糖浆与碱水，先充分混合兑匀后，再加入花生油搅和均匀，然后逐步拌入面粉，拌匀后揉搓，直至皮料软硬适度，皮面光洁即可。和好的面团静置 20 ~ 30 分钟以上，使面团更好地吸收糖浆及油分，才能进行下道工序。面团要在 1 小时内成型完毕。在做月饼皮时要以饼皮的柔软度为准，且必须要和馅料的软硬程度达到一致，皮太软，容易出现粘印模的现象，皮太硬，烤出来的月饼容易产生脱皮现象、外形呆板不自然、发干并且不容易回油，达到像耳垂的软度即可。

3. 制馅 以莲子为主料（用湘莲制成的质量较好），先将莲子去皮、去心，再将莲瓣放入铜锅内煮烂，绞成泥，榨去多余水分备用。以 1∶（1 ~ 1.5）比例的砂糖，加碱水溶化，熬制，待水分基本蒸发后，加入植物油等原料，继续搅拌、炒干成稠厚的砂泥为止。

4. 包馅　先将饼馅及饼皮各分4块，皮每块约5kg，馅每块约8kg。皮、馅各分40只。取分摘好的皮料，用手掌揿扁、压平，广式月饼的皮一定要薄，如太厚，烤好的花纹会消失。放馅后，一只手轻推月饼馅，另一只手的手掌轻推月饼皮，使月饼皮慢慢展开，直到将月饼馅全部包住为止。收口朝下放在台上，稍撒干粉，以防成型时粘印模。包馅最关键的操作是要求饼皮厚薄均匀，无内馅外露，馅与皮的接触层应尽量避免有干粉，以免烘烤后起壳分离。

5. 成型　将捏好的月饼生坯放入特制的木模印内或已经加热的铜模内（模印刻有产品名称），轻轻压实、压平，压时力量要均匀，使饼的棱角分明、花纹清晰。注意封口处朝上，揿实，不使饼皮露边或溢出模口。然后再将木模敲击台板，小心将饼坯脱出（铜模在烘烤后脱模），逐个置于烘盘内，准备烘烤。

6. 烘烤　调节烤箱温度，下火为150～160℃，上火为200～20℃。在月饼生坯表面轻轻喷一层水，放入烤箱最上层烤5分钟左右，饼面呈微黄色后取出刷上一层鸡蛋液，以增加光泽。广式月饼刷蛋液不可太多，均匀即可，可以在蛋液中适当加一些色拉油，以增加月饼表面颜色的亮度。再入烤箱烤7分钟左右，取出再刷一次鸡蛋液，再烤5分钟左右，饼面呈金黄色、腰边呈象牙色即成。在最后一次进烤箱时，可以只用上火，上色更快。

7. 冷却、包装　烘烤结束后，刚出炉的月饼其表面温度可达到170～180℃，出炉后，表面立即冷却，但是内部仍处于高温，其内部水分仍剧烈向外散发，因此不能立即包装，否则会使包装容器上凝结许多水珠，造成饼皮表面发黏，花纹不清，在保存中易发生霉变。

（1）冷却　将烤好的月饼取出，放在排气好的架子上完全冷却至常温，然后放入密封容器中放2～3天，使其回油，即可食用；或将出炉月饼经稍加冷却至表皮约60℃时即刻热包装。

（2）包装　根据要求，剔除废次品，将合格月饼进行规范包装。

（三）产品质量要求

质量标准系引用中华人民共和国国家标准《月饼质量通则》（GB/T 19855—2023）。

1. 感官指标　见表4-16。

表4-16　广式月饼感官指标

项目	指标
形态	外形饱满，轮廓分明，花纹清晰，不摊塌、无跑糖及露馅现象
色泽	具有该品种应有色泽
组织	饼皮厚薄均匀，皮馅无脱壳现象，馅料无夹生；果仁月饼果仁颗粒大小适宜，蛋黄月饼馅料应完全包裹蛋黄，流心月饼馅料具有一定的流动性
滋味与口感	饼皮绵软，具有该品种应有的风味，无异味
杂质	正常视力无可见杂质

2. 理化指标　见表4-17。

表4-17　广式月饼理化指标

项目	广式蓉沙月饼	广式果仁月饼	广式蛋黄月饼	广式蔬菜月饼、肉与肉制品月饼、水产品及水产制品月饼、流心月饼
水分（g/100g）	≤25	≤28	≤23	≤30
蛋白质（g/100g）	—	≥5	—	≥5（肉与肉制品月饼、水产品及水产制品月饼）
脂肪（g/100g）	≤24	≤35	≤30	≤35
总糖（g/100g）			≤50	
馅料含量（g/100g）	≥65			≥65（流心月饼≥50）

（四）广式月饼生产常见的质量问题及控制措施

实际生产过程中，广式月饼经常出现的质量问题有很多，如月饼不回油、出炉后饼皮脱落、皮馅分离、表面花纹不清晰、颜色过深、饼皮破裂、泻脚、泻油等现象。

1. 月饼回油慢　造成月饼不回油（回软）的原因有很多，如糖浆转化度不够，糖浆水分太少，煮糖浆时炉火过猛，糖浆返砂，柠檬酸过多，馅料掺粉多，馅料太少油，糖浆、油和水比例不当，面粉筋度太高等。

控制措施：转化糖浆浓度控制在75%左右；饼皮的配料要合理，月饼皮的含水量、油量和糖浆用量要协调；月饼馅的软硬程度及其含油量要恰当，皮薄馅厚，馅是可以帮助回软的。

2. 饼皮脱落、皮馅分离　饼皮与馅料不黏结的主要原因有两个：①由于馅料中油分太高，或是馅料炒制方法有误，使馅料泻油，即油未能完全与其他物料充分混合，油脂渗透出馅料；②饼皮配方中油分太高，糖浆不够或太稀，皮搅拌过度，也会引起饼皮泻油，泻油的饼皮同样也会使饼皮与馅料脱离。另外，炉温过高、皮馅软硬不一（最主要是皮太硬）、操作时撒粉过多等也是重要原因。

控制措施：主要是防止泻油现象出现。如是馅料泻油，可以在馅料中加入3%～5%的糕粉，将馅料与糕粉搅拌均匀；如是皮料泻油，可以在配方中减少油脂用量，增加糖浆的用量。搅拌饼皮时应按正常的加料顺序和搅拌程度，也是防止饼皮泻油的关键。

3. 发霉　导致月饼发霉的原因：月饼馅料中糖和油等原材料不足，月饼皮的糖浆或油量不足，月饼烘烤时间不足，制作月饼时卫生条件不合格，月饼没有完全冷却就马上包装，包装材料不卫生等。

控制措施：等月饼彻底冷却后再进行包装，如果月饼温度高就进行包装，包装膜内就会产生水汽，几天后月饼就会发霉；使用放有保鲜剂的包装，使氧气不与月饼接触，从而保证月饼不发霉。

4. 月饼表面光泽度不理想　月饼表面的光泽度与饼皮的配方搅拌工艺、打饼技术及烘烤过程有关。配方指糖浆与油脂的用量比例是否协调，面粉的面筋及面筋质量是否优良。搅拌过度会影响表面的光泽。

控制措施：打面时不能使用或尽可能少用干面粉。最影响月饼皮光泽度的是烘烤过程，入炉前喷水是保证月饼皮有光泽的第一关。蛋液的配方及刷蛋液的过程也相当重要，蛋液的配方最好用2只蛋黄和1只全蛋，打散后过滤去除不分散的蛋白，放20分钟才能使用。刷蛋液时要均匀并多次，要有一定的厚度。

5. 月饼着色不佳　广式月饼的颜色，主要由糖浆和饼皮颜色构成。糖浆太稀，月饼烘烤时不容易上色，糖浆转化率过高，又会导致月饼颜色过深。糖浆的颜色与糖浆的煮制时间、煮制时火的大小及使用的糖浆设备有关；饼皮的颜色与调节饼皮时加入碱水浓度和用量有关，当饼皮的酸碱度偏酸性时，饼皮着色困难。

控制措施：当碱水的用量增加，饼皮碱性增大，饼皮着色加快，碱水越多，饼皮颜色越深，减少碱水的用量，就可以使饼皮的颜色变浅。减少烘烤时间和相对降低炉温，也可减轻饼皮的颜色，不过降低炉温是在保证月饼完全烤熟的前提下进行，否则月饼易发霉。

6. 糖浆返砂　引起糖浆返砂的原因：煮糖浆时水少；没有添加柠檬酸或柠檬酸过少；煮糖浆时炉火太猛；煮制糖浆时，搅动方式不恰当等。

控制措施：在煮沸之前要单向搅动，水开后则不能再搅动，否则容易出现糖粒；煮好后的糖浆最好自然放凉，不要多次移动，经常移动容易引起糖浆返砂；煮糖浆时考虑适当添加麦芽糖。

7. 泻脚　造成泻脚的主要原因：馅料水分太多，饼皮太厚或太软，烘烤炉温太低，面粉筋度过高，糖浆太浓或太多等。

控制措施：生坯成型后放置时间不宜过长；合理确定馅的配方，如糕粉、面粉和糖的比例；合理控制水分含量、糖浆的浓度和烘烤温度。

8. 饼皮破裂 通常发生在烘烤过程中，馅料太软或糖分过高、炉温尤其是面火温度太高、烘烤时间过长、饼皮太硬等原因，均会导致月饼表面出现裂纹。

控制措施：月饼在进炉前适当喷水，馅料避免搓揉过度，掌控好烘烤的温度与时间的关系才能有效地防止饼皮破裂的发生；月饼出炉后塌陷、表面出麻点等现象，也是广式月饼在生产过程中常见的质量问题，与月饼馅的糖含量、烘烤时间、皮馅的软硬度、糖浆的质量好坏息息相关。

三、苏式月饼加工工艺

（一）工艺流程

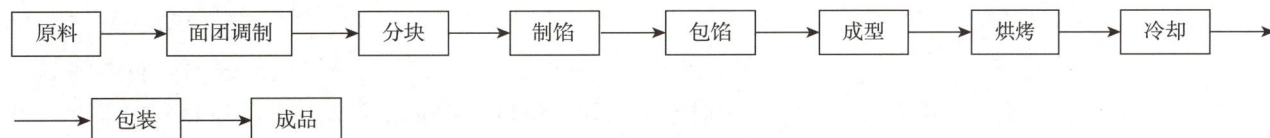

（二）工艺要点

1. 原料 选择符合质量要求、无杂质、无变质的原料，按配料表准确称量配料，将配好的原、辅材料集中堆放整齐。

2. 面团调制（酥皮制作） 制作苏式月饼饼皮要先制作水油面团和油酥面团，再用水油皮包油酥经折叠而成。

（1）制水油面团 用清洁布将料斗擦洗干净，插上电源试运转数下。将熟猪油、饴糖置入搅拌机料斗中，启动电源搅拌混合，再加入80℃的热水搅匀，然后倒入小麦粉搅拌成团取出，用湿布盖住静置备用。要求面团光滑不黏手，有良好延伸性和可塑性，不夹生面。在制作中，水、油要充分乳化；油量使用要适当；水量、水温要适当，一般用水量为面粉的50%～55%，水温控制在22℃～28℃为宜。

（2）制油酥面团 将熟猪油和小麦粉置搅拌机料斗中，启动电源搅拌，混合均匀。要求油酥面团软硬度和水油面团相一致。也可将面粉摊在案板上，加入猪油（固态猪油最好）拌和，滚成团，用手掌跟将面团一层层的向前边推边擦，把面团推擦开后，再滚回身前，卷拢成团，仍用前法继续向前推擦，这样反复操作，直至擦匀擦透为止。

（3）包酥（起酥） 又称起酥、开酥，是水油面包油酥面经擀、卷、叠、下剂制成层酥面点坯皮的过程。起酥是制作层酥制品的关键，起酥好坏直接影响成品质量。包酥在具体操作上分为大包酥和小包酥两种。

1）大包酥：又称大酥，一次可制作几十个剂坯，具有生产量大、速度快、效率高的特点，但酥层不易均匀，质量较次。制作方法：水油面包油酥面由内向外按扁，擀成牛舌形，对叠擀薄，再由外向内卷成圆筒搓长，根据品种需要下剂。

2）小包酥：又称小酥，制作方法：先将水油面和油酥面按比例要求下剂，然后用水油面剂包油酥面剂，按扁擀成牛舌形，由外向内卷成圆筒，按扁一叠三层，擀成圆皮。小包酥的特点是擀制方便、酥层清晰均匀、坯皮光滑而不易破裂，但速度慢、效率低，适宜制作各种花色酥点。

（4）分摘 分摘的酥皮要清楚，光滑而不黏搭，分量正确，在盘上排列整齐。饼皮规格重量见表4-18。

表4-18 饼皮规格重量

成品规格	83.3g/只	50g/只
饼皮重量	40g/只	24g/只

（5）制皮　将卷好的圆筒两端向上合拢，光面向下置于案板上用掌跟将其按成中间稍厚、四周稍薄的圆形暗酥皮；也可光面向下置于案板上之后，用两手按擀面杖，前后左右推拉擀压，将其擀成中厚边薄的圆形酥皮。

3. 制馅　将油、糖投入搅拌机中搅拌，待油、糖拌匀后，再加入果料、蜜饯、熟面粉和适量水拌和约10分钟。拌成的馅料手捏成团，稍碰即碎。馅内无糖块、粉块及杂质等异物。分摘后的馅心要搓成圆球形，大小一致。馅心的规格重量见表4-19。

表4-19　馅心的规格重量

成品规格	83.3g/只	50g/只
馅心重量	50g/只	30g/只

4. 包馅　左手托皮，皮的光面向下，这样包好后酥皮的光滑一面就成为饼坯的表面。右手将馅心放在酥皮中心，由下而上逐步收口，使饼皮四周厚薄均匀，收口时不能过猛，一下子收紧酥皮必破。正确的方法：左手拇指稍稍往下按，示、中、无名三指轻托皮底，配合右手"虎口"边转边把口收紧。收口处一定不能黏上油或黏有馅心、糖液等，否则收口捏不紧，烘烤时容易破口、漏馅。包馅还要求皮与馅之间不能有空隙，以免烘烤后造成制品破口、中空。苏式月饼包好馅之后，一般还要取一小块方形毛边纸贴在封口上，用以防止烘烤时油、糖外溢。

5. 成型　将包好馅、封好口的饼坯封口向下置于案板上，用半个手掌贴住饼坯轻轻往下按压（如一下子将饼坯按扁易造成饼坯裂边），将饼坯按压成约1cm厚的扁圆形生饼坯。在饼坯上面正中心盖上有字样的红印（由食用红色素调制）。盖印时动作要轻，用力实而不浮，既要使字迹清晰，又要避免压破饼皮。生坯的重量规格见表4-20。

表4-20　成品规格与生坯重量

成品规格	83.3g/只	50g/只
生坯重量	90g/只	54g/只

6. 烘烤　将成型装饰好的饼坯拿到烤盘上，封口向下摆放整齐，各饼坯间的间距要相等且不能小于饼坯的直径。拿饼入烤盘时要注意，手不要捏住饼边，否则会碰坏饼坯。正确的方法：拇指贴住饼面中心，示、中、无名三指轻托住底部拿起，放入烤盘，入炉烘烤。炉温应事先调好，一般面火可调至230℃，底火可调至200℃，不可过高或太低。过高容易烤焦，太低则容易跑糖漏馅。一般烘烤5~6分钟后观察饼坯的形态，当饼面松酥起鼓状外凸，呈金黄或橙黄色，饼边壁松发呈乳黄色即可确定其已成熟。

7. 冷却、包装　要求与广式月饼相同，可以参见其相关部分。

（三）产品质量要求

质量标准系引用中华人民共和国国家标准《月饼质量通则》（GB/T 19855—2023）。

1. 感官指标　见表4-21。

表4-21　苏式月饼感官指标

项目	要求
形态	外形圆整，面底平整，略呈扁鼓形；底部收口居中不漏底，无露酥、塌斜、跑糖、露馅现象
色泽	具有该品种应有色泽，不沾染杂色，无污染现象
组织	酥层分明，皮馅厚薄均匀，馅无夹生、大空隙；蓉沙月饼、果蔬月饼馅软油润，果仁月饼馅松不韧，果仁分布均匀
滋味与口感	具有该品种应有的风味，无异味
杂质	正常视力无可见杂质

2. 理化指标 见表 4 – 22。

表 4 – 22 苏式月饼理化

项目	苏式蓉沙月饼	苏式果仁月饼	苏式肉与肉制品月饼	苏式果蔬月饼
水分（g/100g）	≤24	≤22	≤30	≤28
蛋白质（g/100g）	—	≥5	≥5	—
脂肪（g/100g）	≤24	≤35	≤22	≤33
总糖（g/100g）	≤38	≤30	≤48	≤30
馅料含量（g/100g）	≥45	≥45	≥35	≥45

（三）苏式月饼生产常见的质量问题及控制措施

1. 饼面焦黑，饼腰部呈青灰色，外焦里生 原因是炉温过高、饼间距过小。

控制措施：适当降低炉温；饼排列间距要均匀，间距不小于 1.5cm。

2. 饼馅外露 主要原因是掀饼时封底没摆正，掀在左上；皮料太短；炉温过低，烘烤时间过长等。

控制措施：掀饼时封口居中；制皮时加水量要适当，不能过量；适当提高炉温。

3. 漏酥 主要原因是制酥皮时，压皮用力不均，皮破造成漏酥；包馅时，将酥皮掀破。

控制措施：包酥与压皮用力要均匀；包馅时，酥皮刀痕要掀向里面。

4. 饱糖 油酥太烂，底部收口没捏紧，会导致苏式月饼出现饱糖现象。

控制措施：油酥中面粉和油的比例要适当，夏天要减少油脂的使用量；包馅收口要捏紧。

5. 变形 主要是由于皮子过烂，或置盘时手捏饼过紧。

控制措施：掌握皮料用水，和面时，加水量和水温视天气和视面粉干湿情况而定；取饼置盘动作要轻巧。

6. 皮层有僵块 主要原因是由于采用大包酥，并且包酥不均匀。

控制措施：包酥压皮，要压得均匀。

> **知识链接**
>
> 月饼的由来
>
> 月饼形圆，又是合家分食，因此月饼象征着团圆和睦。据说中秋节吃月饼的习俗于唐朝开始。唐高祖年间，大将军李靖征讨匈奴得胜，八月十五凯旋归来。当时有经商的吐鲁番人向唐朝皇帝献饼祝捷。高祖李渊接过华丽的饼盒，拿出圆饼，笑指着空中明月说："应将胡饼邀蟾蜍"，说完把饼分给群臣一起吃，后来唐玄宗将胡饼改名为月饼。到北宋之时在宫廷内流行，后流传到民间，当时俗称"小饼"和"月团"。发展至明朝则成为全民共同的饮食习俗。
>
> 现如今，中秋节吃月饼是中国南北各地过中秋节的必备习俗。相较以前，现在月饼品种更加繁多，风味因地各异，其中京式、广式、苏式、潮式、滇式月饼成为我国月饼的五大种类，被中国南北各地人们所喜爱。

第五节 膨化食品加工技术

PPT

膨化食品是指以优质的谷物粉、薯粉或淀粉等为主要原料，利用挤压、油炸、烘焙等膨化技术加工而成的一类食品。它具有品种繁多、质地酥脆、携带食用方便、营养物质易于消化吸收等特点。从膨化原理上看，现在膨化食品有两大类：一类是压力膨化食品，另一类是常压高温膨化食品。挤压食品属于前者，爆玉米花属于后者。

一、膨化食品加工的原料及要求

膨化食品生产原料品质的好坏对膨化加工具有一定影响。

（一）水分

食品多由动、植物等生物材料制成，均含有一定量的水分。以挤压膨化加工为例，挤压加工对原料含水量的需求范围较大，挤压不同种类的产品，对原料含水量有不同要求，含水量变化范围可在10%～40%。

物料中水分含量与膨化食品的膨化率有关。随着水分含量降低，淀粉有形成晶格结构的倾向，晶格形成越好，膨化效果越好。

（二）淀粉

在挤压加工的原料中，应用最为广泛的是富含淀粉的谷物类，有小麦、玉米、大米、土豆及面粉、土豆粒等。淀粉存在老化现象，对膨化有影响。糊化淀粉随冷藏固化时间的延长，老化程度增加，产生晶体，导致无定形区减小，增大了膨化所需微波能，不利于微波膨化，会造成微波膨化产品膨化率降低。

（三）蛋白质

含植物蛋白质高达31.1%～39.6%的大豆是膨化的良好原料，蛋白质变性是蛋白质的一种最为基本的性质，对微波膨化影响较大。蛋白质物料经过蒸汽6分钟蒸煮，蛋白质发生30%左右的变性，此时形成的凝胶最适于微波膨化。在膨化过程中，由于蛋白质分子在气压冲击下继续发生变性，物料膨化结果快速形成，使膨化进行更顺利。

二、挤压膨化食品加工工艺

挤压膨化食品是指将原料经粉碎、混合、调湿，送入螺旋挤压机，物料在挤压机中经高温蒸煮并通过特殊设计的模孔而制得的膨化成形的食品。在实际生产中，一般还需将挤压膨化后的食品再经过烘焙或油炸，使其进一步脱水和蓬松，这既可降低对挤压机的要求，又能降低食品中的水分，赋予食品较好的质构和香味，并起到杀菌的作用，还能降低生产成本。

（一）基本工艺流程

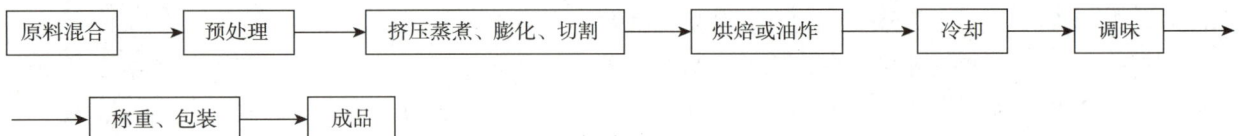

原料混合 → 预处理 → 挤压蒸煮、膨化、切割 → 烘焙或油炸 → 冷却 → 调味 →

→ 称重、包装 → 成品

（二）工艺要点

1. 预处理　在挤压前要经过加水或蒸汽处理，为淀粉的水合作用提供一些时间。这个过程对最后产品的成形效果有较大的影响。一般混合后的物料含水量在28%～35%，由混料机完成。

2. 挤压蒸煮、膨化、切割　挤压过程是膨化食品的重要加工过程，是膨化食品结构形成、营养成分形成的阶段。食品中主要成分的变化如下。

（1）淀粉的变化　挤压食品的原料主要是淀粉。原料在挤压过程中，经过高温高压和高剪切力的作用，淀粉糊化，之后又产生相互间的交联，形成网状的空间结构。该结构在挤出后，给予产品一定的形状。挤压过程中淀粉主要发生糊化和降解。

（2）蛋白质的变化　经挤压之后，蛋白质的总量（以总氮计）有所降低，有部分蛋白质发生降解，使游离氨基酸的含量升高。挤压过程中，赖氨酸损失较明显，蛋氨酸损失也较大。蛋白质经挤压后，由于其结构的变化而易受酶的作用，因而其消化率和利用率得到了提高。虽然蛋白质是挤压食品中主要的营养成分之一，但其量也不能过高，高蛋白在挤出过程中物料黏度大，膨化率低，不利于产品的生产。

（3）脂肪的变化　在相同的条件下，挤压食品与其他类型的食品相比，往往具有较长的货架期，它的这一特点除了挤压食品的水分含量较低，挤压过程是一个高温高压的过程，对原料的杀菌彻底、原料中的酶破坏彻底之外，与加工过程中脂肪的变化也有很大关系，一般认为，在挤压过程中脂肪、淀粉和蛋白质形成了复合物，复合物的形成对脂肪起到了保护作用，减少了脂肪在产品保存时的氧化程度。因此在一定程度上起到了延长产品货架期的作用。

挤压膨化食品中的脂肪有利于口感的提高，但过高的脂肪含量又会影响膨化率和货架期。所以为了增加口感，也有后期在产品表面喷涂油脂的做法。

（4）矿物质和维生素　虽然挤压过程中温度较高，但物料在套筒内停留时间较短，属于高温短时操作。物料挤出后，由于水分的闪蒸，温度下降较快。因此，相对其他谷物加工方法来说，挤压膨化过程中矿物质和维生素损失较少。

（5）风味物质和色素的变化　挤压过程中风味物质损失最多。所以膨化食品一般都采用在产品表面喷涂风味物质和色素的方法，来调节产品风味和色泽。

3. 烘焙或油炸　为便于贮存并获得较好的风味质构，需经烘焙或油炸等处理使水分降低到3%以下。

4. 包装　为了保证产品质量，包装要快速、及时。现多采用充入惰性气体包装的方法，以防止油脂氧化、酸败。

除挤压膨化技术外，高温膨化技术也常应用于间歇生产中，生产工艺较为复杂，生产周期较长，产量也受到一定的限制。但由于这种膨化技术对设备要求不是很高，对于原料的等级要求也不必非常严格，还可拓宽一些原料的利用途径，所制得的膨化食品也有其独特的质构风味特征，因而目前仍广泛应用于膨化食品的生产。

⬡ 练 习 题

答案解析

一、单选题

1. 面筋存在于（　　）。
    A. 面粉之中　　　　　　　　　　　　　B. 面团之中
    C. 面粉和面团中均存在　　　　　　　　D. 面粉和面团中均不存在

2. 在面制食品加工中，要求面粉蛋白质含量高且筋力强的产品为（　　）。
    A. 饼干　　　　　　B. 糕点　　　　　　C. 馒头　　　　　　D. 面包

3. 在酥性饼干面团调制中，一般糖的用量可达面粉的（　　），油脂用量可达40%～50%或更高一些。
    A. 20%～45%　　　B. 32%～50%　　　C. 32%～60%　　　D. 30%～50%

4. 在发酵面团中，（ ）的用量越多，酵母的产气能力就越强。

A. 糖   B. 水   C. 面粉   D. 盐

二、简答题

1. 影响饼干面团调制工艺的因素有哪些?

2. 简述一次发酵法、二次发酵法的工艺流程。

（沈 娟）

书网融合……

本章小结   微课   题库

第五章

肉制品加工技术

学习目标

知识目标

1. **掌握** 肉制品的加工工艺和操作要点。
2. **熟悉** 冷鲜肉、酱卤肉制品、肠类制品、肉干制品等肉制品的基本加工方法。
3. **了解** 冷鲜肉、酱卤肉制品、肠类制品、肉干制品的概念、加工原理及质量标准。

能力目标

能胜任冷鲜肉的加工工作；能分析冷鲜肉的质量问题，并提出合理的解决方案；能对酱卤、肉干制过程进行质量控制；能正确操作使用绞肉机、斩拌机、搅拌机、灌肠机、烟熏炉等设备；能进行酱卤肉制品、中式香肠、西式香肠、中式火腿、肉干的加工；能正确选择烘烤、烘干、油炸的方法。

素质目标

通过本章的学习，树立食品加工产品安全生产意识、质量意识、环保意识和可持续发展意识；培养严谨的科学精神和职业素养，树立正确的价值观。

情境导入

情景 肉制品加工是将生鲜肉类经过一系列的加工处理，制成各种口感、口味、形态的食品。肉制品加工的目的是延长肉类的保质期、提高肉制品的品质和口感，以及满足人们对不同口味的需求。肉制品加工的主要方法包括腌制、熏制、烤制、煮制、炸制等。其中，腌制是最常见的一种加工方法，通过将肉类浸泡在盐水或调味汁中，使其吸收调味汁的味道，同时也可以起到杀菌、防腐的作用。熏制是将腌制好的肉类放入烟熏室中，利用烟熏的方式使其更加美味可口。烤制、煮制、炸制等方法则是根据不同的肉制品种类和口味需求进行选择。

思考 1. 我国肉制品加工存在哪些问题？

2. 我国肉类工业的发展趋势如何？

第一节　冷鲜肉加工技术

PPT

冷鲜肉，又名冷却肉、冰鲜肉，是指畜禽屠宰后的胴体，在人工制冷条件下，肉的中心温度降低至 $0 \sim 4℃$，并在 $-1 \sim 1℃$ 下贮藏、流通、销售的肉。屠宰后的新鲜肉经过冷却，肌肉中的肌糖原在酶的作用下，分解产生乳酸，使肉的酸度增加，故又称"排酸肉"。酸化成熟后的肉嫩、细腻、卫生、滋味鲜美、容易咀嚼，便于消化与吸收，而且避免了冷冻肉解冻时的汁液流失，营养价值高。

一、冷鲜肉加工工艺

（一）基本工艺流程

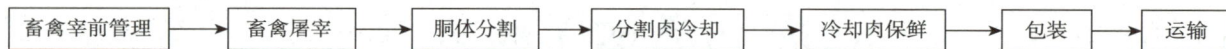

畜禽宰前管理 → 畜禽屠宰 → 胴体分割 → 分割肉冷却 → 冷却肉保鲜 → 包装 → 运输

（二）工艺要点

1. 畜禽宰前管理　屠宰的畜禽必须符合国家颁布的《家畜家禽防疫条例》《肉品检验规程》等相关规定，经检疫人员出具检疫证明，保证健康无病，方可作为屠宰对象。畜禽运到屠宰场经兽医检验后，若需饲养一段时间进行屠宰，则按产地、批次及强弱等情况进行分圈、分群饲养。畜禽屠宰前需禁食12～24小时，禁食时间必须适当，一般牛、羊宰前禁食24小时，猪12小时，家禽18～24小时。同时，畜禽屠宰杀前需用水温20℃喷淋畜体2～3分钟，以清洗体表污物。淋浴可降低屠畜体温，抑制兴奋，促使外周毛细血管收缩，便于放血充分。

2. 畜禽屠宰　畜禽宰前检验和处理做好后，即可进入屠宰环节，主要包括致晕、放血、浸烫、褪毛或剥皮、去内脏、胴体修整、检验盖印等环节。

（1）致昏　可使屠畜暂时失去知觉。常用的致晕方法有机械致昏法、电致昏法和二氧化碳致昏法等。我国最常用的方法是电致昏法，即常说的"麻电法"。电致昏法是使电流通过畜体全身，麻痹其中枢神经而使其晕倒的方法。

（2）放血　击昏后的家畜应立即倒挂并放血。

（3）浸烫、褪毛或去皮　放血后解体前，猪、鸡、鸭等需烫毛、褪毛，牛、羊需进行剥皮。水温和烫毛的时间以动物品种、年龄和季节等有所变化，浸烫时应防止"烫生"和"烫老"。浸烫完毕应趁热褪毛，褪毛的方法有手工褪毛和机械褪毛两种。在褪毛过程中，尤其是在用机械褪毛时，虽然几乎褪掉全部粗长毛，但畜体上会残留一些短绒毛或细毛，尤其是四肢、腹部肋下等处的毛较难褪净。为保证产品的规格质量，可用喷灯火焰烧燎，将喷灯上下缓慢移动，待细毛焦黄时，停止喷射，再用小刀轻轻修刮干净，然后用冷水冲净。屠宰场去皮大都采用机械去皮法，待手工去皮划线后，再利用去皮机对畜体进行去皮。

（4）去内脏　去皮或燂毛后立即开膛去内脏，开膛沿腹白线切开腹腔和胸腔，切忌划破胃肠、肝脏和胆囊。摘取内脏包括剥离食道和气管、锯胸骨、开腔（剖腹）等工序。沿颈部中线用刀划开，将食管和气管剥离，用电锯由胸骨正中锯开。出腔时将腹部纵向剖开，取出胃、肠、脾、食道、膀胱等，再划开横膈肌，取出心脏、肝脏、胆囊、肺脏和气管。摘取内脏时，要注意下刀轻巧，不能划破肠、肛、膀肌、胆囊，以免污染肉体。摘除的脏器不准落地，心、肝、肺和胃、肠、胰、脾必须分别保持自然连接，并与胴体同步编号，由检疫人员按宰后检验要求进行卫生检疫。家畜开膛取出内脏后，要将整个胴体劈成两半（猪、羊）或四分体（牛）。

（5）胴体修整　为了清除胴体上能够造成微生物繁殖的任何损伤和污血、污秽等，同时使外观整洁，提高商品价值。要求把不同的肌肉间（表面部分）和剔后暴露出的部分脂肪、筋腰、硬骨、软骨、骨渣、骨刺修净，对于肌肉要求修割的脂肪也要修净。

（6）宰后检验　检验的目的是发现各种妨碍人类健康或已丧失营养价值的胴体、脏器及组织，并做出正确的判定和处理。宰后检验的方法以感官检查和剖检为主，必要时辅之以实验室化验，主要包括视检、剖检、触检、嗅检等。

3. 胴体分割　肉的分割是按不同国家、不同地区的分割标准将胴体进行分割，以便进一步加工或直接供给消费者。分割肉是指宰后经过兽医卫生检验合格的胴体，按分割标准及不同部位肉的组织结构分割成不同规格的肉块。而冷鲜肉的分割要求屠宰后的畜禽胴体需在经过修整、检验和分级后迅速进行冷却处理，且分割操作需在达到卫生条件要求的冷却间进行，冷却间环境温度为 0 ~ 4℃，也可根据冷却工艺的不同控制在 4.5 ~ 7.0℃。

4. 分割肉冷却

（1）一次冷却　冷却前先将冷却间的干式冷风机融霜，然后将冷却间的温度降至 -4 ~ -3℃，相对湿度控制在 95% ~ 98% 后再入货，入货时应做到边入货，边供液，边开冷风机。冷却期间空气流速应控制在 0.5 ~ 2m/s，当肉冷却 8 ~ 10 小时后，室温应保持在 -2 ~ 0℃，相对湿度控制在 90% ~ 92%，再经 10 小时左右使肉体大腿最厚部位温度达到 0 ~ 4℃。这样既能保证肉体表面形成干燥膜，抑制微生物的繁殖，又能防止肉体内的水分过多蒸发而引起质量损失。

冷鲜肉的生产常用冷风机进行吹风冷却，需要在特定的冷库中进行，库内保持黑暗以免光线加速脂肪氧化，防止微生物入侵，可装紫外灯，每昼夜照射 5 小时。冷鲜肉加工不能使肉体冻结，肉体需吊挂或铺于凉肉架上，保持 3 ~ 5cm 的距离，不得堆积，入货前冷库应保持 -2℃，进肉后保持 0 ~ 4℃，在相对湿度 86% ~ 90%、空气流速 0.15 ~ 0.5m/s 的环境下，经过 14 ~ 20 小时，当肉的中心温度达到 0 ~ 4℃ 即可。

（2）二次冷却　又称两段急速冷却工艺。采用两段急速冷却工艺，第一段冷却至 -20℃ 以下，时间为 1.5 ~ 2.5 小时；第二段冷却至 0 ~ 4℃，时间为 10 ~ 12 小时。其主要特点是采用较低温度和较高的风速，在适当的时间内冷却。

二次冷却工艺有两种形式：一种是第一阶段先在连续输送吊轨的冷却间进行，第二阶段再输送到冷藏间中进行；另一种是前后两个阶段均在同一冷却间中进行。二次冷却工艺的优点是冷却后肉的质量优于一次冷却法，肉表面干燥，外观良好，肉味佳；肉干耗少，与一次冷却法相比干耗率减少 40% ~ 50%，冷却肉在分割时汁液流失减少 50%；在相同的生产规模下加工量比一次冷却法增加 1.5 ~ 2 倍。

（3）超速冷却　可缩短冷鲜肉加工时间，减少干耗，将肉放置在 -6℃ 以下的冷却间 4 小时左右，当肉尚未冻结而中心温度降至 6℃ 左右时，即将温度升高到 -1℃，相对湿度 90%，约 10 小时即可完成。

超速冷却工艺是在二次冷却工艺基础上再将温度降低和风速提高，即将肉类送入风速控制在 5m/s 左右的冷却间，使肉表面温度迅速降至 -25 ~ -23℃，持续 1 ~ 2 小时后转入 0 ~ 4℃ 冷藏间内。该冷却工艺能使肉体逐渐成熟，肌肉组织显微结构发生变化，赋予产品诱人的红色，并且肉嫩多汁、滋味鲜美、气味芳香、容易咀嚼、便于消化吸收，是较先进的科学冷却工艺。

改进冷却工艺须遵循的原则：中心温度在 16 ~ 24 小时内降至 7℃（或 4℃）以下，尽可能降低干耗和肉汁流失，保持良好的肉品质量（色泽、质构），节约能源和人力。

5. 冷却肉保鲜

肉是微生物繁殖和生存的理想环境，因此应用适当的保鲜技术来维持冷鲜肉的品质和安全是必要的。

（1）低温保藏技术　主要是使胴体温度降至 7℃ 以下，并使胴体表面干燥，从而有效阻止微生物的繁殖。

（2）辐射保鲜技术　利用电离辐射（γ 射线、电子束或 X 射线）与物质相互作用所产生的物理、化学和生物效应对食品进行加工处理的保藏技术。辐照对存在于肉类食品中的微生物，如细菌、酵母、霉菌等均有一定的破坏作用。在一般情况下，辐照处理可以减少或清除那些导致新鲜肉类食品腐败变质的微生物和病菌，极大地延长肉类的货架期。此技术具有应用范围广、节约能源、高效、可连续操作和易实现自动化等特点。

（3）超高压保鲜技术　主要通过将被包装食品放在包装容器中经 100 ~ 1000MPa 的高压下，破坏微生物的细胞壁、细胞膜及细胞间隙的结构，使蛋白质等成分发生变性，使酶活性降低来达到杀菌保鲜的目的。该技术可替代热巴氏灭菌技术，保证食物原有营养和感官特性，使产品中的微生物和酶失活，是目前最有前途的非热加工技术之一。

（4）保鲜剂的应用　保鲜剂的作用是对冷鲜肉中微生物繁殖、蛋白质氧化等腐化过程进行控制，从而延长冷鲜肉的货架期。目前，国内外关于冷鲜肉研究中用到的保鲜剂，主要是有机酸及其盐类、二氧化碳和臭氧、香辛料及中药提取物、溶菌酶、Nisin（乳酸链球菌素）、壳聚糖、丙酸钙等。

（5）栅栏技术　也称结合工艺、结合保鲜技术，它是将现有的技术与新的保鲜技术相结合而建立的一系列防腐因子，以提高微生物稳定性、食品感官品质以及营养价值。

6. 包装

（1）真空包装（VP）　通过抽真空，降低氧分压，使包装紧贴肉品，组织水分渗出，减缓微生物的生长与繁殖，限制或减少了肉内高铁肌红蛋白的形成，使肉的肌红蛋白保持在还原状态，打开包装后能像新鲜肉一样在表面形成氧合肌红蛋白，呈鲜红色。

（2）气调包装（MAP/CAP）　通过调节包装袋里的气体（二氧化碳、氧气、氮气），以不同比例混合替换原有的空气，从而抑制微生物的生长与繁殖，以减缓包装食品的生化变质，达到防腐保鲜、延长货架期的目的。

7. 运输　
冷鲜肉最重要的是保证肉品经济、安全、按时保鲜地从公司抵达消费者处，技术关键是使加工运输、中转储藏、销售、展示各个环节具有一致的冷环境。冷鲜肉的运输设备主要是铁路冷藏（或保温）车、公路冷藏车、冷藏船（舱）、航空冷藏运输，以及相适应的转运、贮藏、换装等设备。在技术上，应满足以下要求。

（1）具有良好的制冷、通风及必要的加热设备，以保证食品运输条件。

（2）运输设备要有良好的隔热能力，以减少外界环境的干扰。

（3）要有良好的装载环境和卸载工具。

（4）对于运输过程做好检测、记录，并进行事故的排查和预警。

（5）运输设备应具有成重大、有效容积大、自重小的特点，即有良好的适应性，冷鲜肉因其自身性质，主要采用短时便捷的公路冷藏车进行运输。

二、冷鲜肉加工实例——猪肉冷鲜肉

（一）工艺流程

活猪的选择与宰前处理 → 生猪屠宰与分割 → 分割肉冷却 → 冷藏 → 包装 → 成品

（二）设备及材料

1. 设备　屠宰用刀具、分割用刀具、真空预冷机、片冰机、冷库、冷却间等。

2. 材料　检疫合格的健康无病的畜禽活体。

（三）工艺要点

1. 活猪的选择与宰前处理　以优质瘦肉型猪为好，品种猪因胴体瘦肉多，肥膘少，便于加工为冷鲜白条肉、条肉，也能减少分割中肥膘类加工的工作量，提高产品出品率与加工效率。在生猪上、下车及进圈停食待宰、送宰中严禁踢打生猪，停食待宰时间应在 12 ~ 24 小时，并保证猪的饮水（屠宰前 3 小时停止），待宰猪圈内每头猪所占面积应在 $0.5m^2$ 以上。

2. 生猪屠宰与分割　按照猪的屠宰加工技术，即致晕、刺杀放血、烫毛或手工剥皮、开解体、胴体修整、检验等工序，对猪体进行屠宰。屠宰后的半胴体经检验合格后，按照我国猪分割技术对猪胴体进行分割处理。

3. 分割肉冷却 为了保证冷鲜肉品质量，现代冷鲜肉的生产多采用两段急速冷却法。

第一阶段冷却，是将分割肉放置在冷却间，冷却间条件为冷却温度 –10 ~ –8℃，冷风风速 2.0m/s，相对湿度92% ~95%，冷却时间为 3 ~4 小时，使分割肉中心温度控制在12℃以下。

第二阶段冷却，即将冷却间的冷却温度调整为 0 ~4℃，冷风风速为 1.5 ~2.0m/s，相对湿度为90% ~92%，冷却时间控制在 12 ~14 小时，使分割肉温度控制在 2 ~4℃以下。

4. 冷藏 将冷却后的肉品迅速放入冷藏间贮藏，冷藏温度为 0 ~4℃，相对湿度为85% ~90%。

5. 包装 按每袋净重 5kg 左右分割产品，用尼龙袋或聚乙烯袋抽真空包装，真空度大于 0.095MPa。包装后的冷鲜肉即可进行保鲜与销售。

（四）产品质量要求

质量标准系引用中华人民共和国国家标准《分割鲜冻猪瘦肉》（GB/T 9959.2—2008）。

1. 感官指标 见表5-1。

表5-1 分割冷鲜猪瘦肉感官指标

项目	指标
色泽	肌肉色泽鲜红，有光泽；脂肪呈乳白色
组织状态	肉质紧密，有坚实感
气味	具有猪肉固有的气味，无异味

2. 理化指标 见表5-2。

表5-2 分割冷鲜猪瘦肉理化指标

项目	指标
水分（%）	≤77
挥发性盐基氮（mg/100g）	≤15
总汞（以 Hg 计）(mg/kg)	≤0.05
镉（Cd）(mg/kg)	≤0.1
铅（以 Pb 计）(mg/kg)	≤0.2
无机砷（以 As 计）(mg/kg)	≤0.05
六六六（mg/kg）	≤0.2
滴滴涕（mg/kg）	≤0.2
敌敌畏	不得检出
金霉素（mg/kg）	≤0.1
四环素（mg/kg）	≤0.1
土霉素（mg/kg）	≤0.1
磺胺类（以磺胺类总量计）(mg/kg)	≤0.1
氯霉素	不得检出
克伦特罗	不得检出

3. 微生物限量 见表5-3。

表5-3 分割冷鲜猪瘦肉微生物限量

项目	指标
菌落总数（CFU/g）	$\leq 1 \times 10^6$
大肠菌群（MPN/100g）	$\leq 1 \times 10^4$
沙门菌	不得检出

三、冷鲜肉在冷却冷藏中常见的质量问题及控制措施

（一）冷却工艺质量控制

二次冷却工艺和超速冷却工艺会对牛肉、羊肉产生寒冷收缩现象，但猪肉因脂肪层较厚，导热性差，其酸碱度比牛肉、羊肉下降快，因而不易发生寒冷收缩现象。寒冷收缩是不可逆的，会使肉质变硬，韧性增大，嫩度变差而不易消化吸收，并且会使肉的保水性和柔软性受到较大影响，降低了肉的营养价值和质量，其主要原因是当肉体尚未发生尸僵，肌肉的 pH 未降至 6.2 以下，肌肉内含有大量的糖原和三磷酸腺苷，当肌肉表温下降太快时，在一定范围内由于酶的作用，糖酵解反应和三磷酸腺苷的分解会加剧进行，使肌浆网摄取 Ca^{2+} 的能力降低，同时 Ca^{2+} 也从线粒体被游离到肌浆中，使肌浆中的 Ca^{2+} 浓度急剧增加，这样失去了对调节性蛋白质肌球蛋白和肌动蛋白的抑制作用，从而增加了肌肉的不可逆强烈收缩。研究表明，当死后肌肉的 pH 迅速降至 6 以下时，就可以避免寒冷收缩现象的发生，电刺激法不仅可以促进肌肉中三磷酸腺苷的消失和 pH 下降至 6 以下，有效预防肉的寒冷收缩现象，还对促进肉质色泽鲜明、肉质软化和改善肉的嫩度等有明显作用。

（二）冷却操作时注意事项

（1）胴体必须经过修整、检验和分级。

（2）冷却间必须符合卫生要求。

（3）吊轨间的胴体按"品"字形排列。

（4）不同等级的肉要根据其肥度和重量的不同，分别吊挂在不同位置。肥重的胴体应挂在靠近冷源和风口处，薄而轻的胴体应远离排风口。

（5）进肉速度要快，并应一次完成进肉。

（6）冷却过程中尽量减少人员进出冷却间，以保持冷却条件温度稳定，减少微生物污染。

（7）在冷却间按 1W/m 安装紫外灯，每昼夜连续或间隔照射 5 小时。

（8）冷却后的胴体最后部位中心温度达到 0~4℃，即达到冷却终点，一般冷却条件下，牛半胴体的冷却时间为 48 小时，猪半胴体为 24 小时左右，羊胴体约为 18 小时。

（三）冷鲜肉冷藏期间的质量变化

冷鲜肉在冷藏条件下，由于水分没有结冰，微生物和酶的活动还在进行，所以易发生干耗，表面发黏、发霉、变色等现象，甚至产生不愉快的气味。

1. 干耗　处于冷却终点温度的肉（0~4℃），其物理、化学变化并没有终止，其中以水分蒸发而导致干燥最为突出。肉在冷藏期间，初期干耗量较大。随着时间延长，单位时间内的干耗量减少。冷藏期超过 72 小时，每天的重量损失约 0.02%。干耗的程度受冷藏室温度、相对湿度、空气流速等的影响。高温、低湿度、高空气流速会增加肉的干耗。

2. 发黏、发霉　在冷藏过程中，微生物在肉表面生长繁殖的结果，这与肉表面的污染程度和相对湿度有关。微生物污染越严重，温度越高，肉表面越易发黏、发霉。而空气相对湿度从 100% 降低到 80%，温度保持在 4℃ 时形成发黏的时间延长了 1.5 倍。

3. 颜色变化　肉在冷藏中色泽会不断地变化，若贮藏不当，牛肉、羊肉、猪肉会变褐、变绿、变黄、发光等。鱼肉产生绿变，脂肪会黄变。这些变化有的是在微生物和酶的作用下引起的，有的是本身氧化的结果，色泽的变化是品质下降的表现，在较低的温度下，能很好地保持肌肉的鲜红色，且持续时间较长。16℃，相对湿度 100%，鲜红色保持不到 2 天；0℃，相对湿度 100%，鲜红色可延长 10 天以上；4℃，相对湿度 100%，鲜红色可保持 5 天以上；相对湿度 70%，鲜红色则缩短到 3 天。

4. 串味　冷鲜肉与有强烈气味的食品（如洋葱、大蒜等）存放在一起，会使肉串味，严重影响了肉的滋味、气味。

5. 成熟　冷藏过程中可使肌肉中的化学变化缓慢进行，而达到成熟。目前肉的成熟一般采用低温成熟法，即冷藏与成熟同时进行，在 $0 \sim 2℃$，相对湿度 $86\% \sim 92\%$，空气流速为 $0.15 \sim 0.5 \text{m/s}$，成熟时间视肉的品种而异，牛肉大约需 3 周。

6. 寒冷收缩　主要是在牛肉、羊肉上发生，屠宰后在短时间进行快速冷却时导致肌肉产生强烈收缩，这种肉在成熟时不能充分软化。研究表明，寒冷收缩多在宰杀后肉的 10 小时，肉温降到 8℃ 以下时出现。

第二节　酱卤肉制品加工技术

PPT

　　酱卤肉制品是将原料肉加入调味料和香辛料中，以水为加热介质煮制而成的熟肉类制品。酱卤肉制品是我国传统的一大类肉制品，其主要特点是成品都是熟的，可以直接食用，产品酥润，有的带有卤汁，不易包装和贮藏，适于就地生产，就地供应。近年来，由于包装技术的发展，已开始出现精包装产品，很受消费者欢迎。

　　酱卤肉制品突出调味料与香辛料以及肉的本身香气，食之肥而不腻，瘦不塞牙。酱卤制品随地区不同，在风味上有甜、咸之别。北方的酱卤制品咸味重，如符离烧鸡；南方制品则味甜、咸味轻，如苏州酱汁肉。

一、酱卤肉制品的分类及特点

　　由于各地的消费习惯和加工过程中所用的配料、操作技术不同，形成了许多具有地方特色的肉制品。酱卤肉制品根据煮制方法和调味材料的不同，分为白煮肉类、酱卤肉类、糟肉类。白煮肉类可视为酱卤肉制品类未经酱制或卤制的一个特例，糟肉则是用酒糟或陈年香糟代替酱制或卤制的一类产品。

（一）白煮肉类

　　白煮肉类是将原料肉经（或未经）腌制后，在水（盐水）中煮制而成的熟肉类制品。其主要特点是最大限度地保持了原料肉固有的色泽和风味，一般在食用时才调味。其代表品种有白斩鸡、盐水鸭、白切猪肚、白切肉等。

（二）酱卤肉类

　　酱卤肉类是将肉在水中加食盐或酱油等调味料和香辛料一起煮制而成的熟肉类制品。有的酱卤肉类的原料在加工时，先用清水预煮，一般预煮 $15 \sim 25$ 分钟，然后用酱汁或卤汁煮制成熟，某些产品在酱制或卤制后，需再经烟熏等工序。酱卤肉类的主要特点是色泽鲜艳、味美、肉嫩，具有独特的风味。产品的色泽和风味主要取决于调味料和香辛料。酱卤制品根据加入调味料的种类、数量不同又可分为很多品种，通常有五香或红烧制品、蜜汁制品、糖醋制品、卤制品等。

　　1. 五香或红烧制品　是酱制品中最广泛的一大类，这类产品的特点是在加工中用较多量的酱油，所以有的叫红烧；另外，在产品中加入八角、桂皮、丁香、花椒、小茴香等五种香辛料（或更多香辛料），故又叫五香制品。

　　2. 蜜汁制品　在红烧的基础上使用红曲米作着色剂，产品为樱桃红色，鲜艳夺目，辅料中加入适量的糖分或增加适量的蜂蜜，产品色浓味甜。

　　3. 糖醋制品　辅料中加糖醋，使产品具有甜酸的滋味。典型的酱卤制品有苏州酱汁肉、苏州卤肉、道口烧鸡、德州扒鸡、糖醋排骨、蜜汁蹄膀等。

（三）糟肉类

糟肉类是将原料肉经白煮后，再用"香糟"糟制的冷食熟肉类制品。其主要特点是保持了原料肉固有的色泽和曲酒香气。糟肉类有糟肉、糟鸡及糟鹅等。

二、酱卤肉制品的调味及煮制

（一）调味

调味时根据地区消费习惯和调味料、香辛料常用品种不同，加入不同种类和数量的辅助材料，加工成具有特定风味的产品。如北方人喜食味咸料浓的产品，南方人喜食味甜料清淡的产品，也有的喜食麻辣风味产品。调味的方法根据加入调味料的时间，大致分为基本调味、定性调味和辅助调味三种。在加工原料整理之后，必须经腌制，加盐、酱油或其他配料，奠定产品的咸味，该过程即基本调味。在加热煮制或红烧时，原料下锅后加入主要配料，如盐、酱油、酒、香料等决定产品的基本口味，称为定性调味。在加热煮熟之后或即将出锅时加入糖、味精等，以增进产品的色泽、鲜味，则称为辅助调味。

此外，酱煮肉制品所用香料可装入料袋中使用。料袋是用二层纱布制成的，可根据锅的大小，缝制大小不同的料袋，将各种香料装入料袋，用线绳将袋口扎紧。一般可在原料投入锅中之前，将料袋投入锅中煮沸，一段时间后再投入原料煮制。

（二）煮制

煮制是酱卤制品加工中的主要工艺环节，各地经典的酱卤制品都有各自独特的操作方法。煮制的目的是改善制品的感官性质，使肉凝固，产生与生肉和其他加工制品不同的口感和状态；使制品的形态固定，易于切成片状；使制品产生特有的色、香、味，同时达到熟制的目的；稳定制品的色泽，杀死微生物和寄生虫，提高制品的保存性。

1. 清煮（也称白烧）和红烧煮制 煮制主要包括清煮（也称白烧）和红烧，二者对产品的色、香、味、形以及各种化学成分变化都有决定性影响。清煮是汤中不加任何调料，只用清水煮制，也称紧水、出水、白锅。它主要作为辅助性煮制，其作用是去除原料肉的腥、膻及异味。同时，通过撇沫、除油，将血污、浮油除去，保证产品风味纯正。红烧是在加入各种调料的汤中煮制，是决定产品风味和质量的重要工序，其加热时间和火候主要依据产品的要求而定。

2. 宽汤和紧汤 煮制过程中，汤量的多少对产品的风味也有一定的影响，根据汤与肉的比例和煮制中汤量的变化，可分为宽汤和紧汤。宽汤是将汤添加到汤面与肉面相平或淹没肉面，适用于块大、肉厚的产品，如卤猪蹄等；紧汤是将汤添加到汤面低于肉面的 1/3 ~ 1/2 处，适用于色深、味浓的产品，如酱汁肉等。

3. 老汤和卤汁

（1）老汤 生产酱、卤产品时，老汤十分重要，其中含有大量的蛋白质和脂肪的降解产物，并积累了丰富的风味物质，老汤时间越长，酱、卤产品的风味越好。第一次酱、卤产品时，如果没有老汤，则要对配料进行相应的调整。老汤在存放过程中易变质，故老汤使用前必须进行煮制。

（2）卤汁 由老汤加水和调味料进行煮制而成，其制备是酱卤肉制品生产的关键环节。卤汁的质量受老汤与水的比例、食盐和调味料的用量、煮制方法及煮制过程中水分蒸发量等因素的影响。特别是老汤与水的比例及煮制过程中水分蒸发量，直接影响卤汁的浓度和咸度，对产品质量影响很大，必须进行严格控制和调整。

4. 火候   控制火候是加工酱卤肉制品的重要环节，应根据品种和产品体积大小确定加热的时间、火力，并根据情况随时进行调整。火候的控制包括火力和加热时间的控制。

三、白煮肉类制品加工工艺

以广东白切鸡为例，介绍白煮肉类的加工工作过程。白切鸡又名白斩鸡，产品色泽清新，鸡肉鲜嫩，是广东省最著名的小型优质肉用鸡种，其特征为三黄、二细、一麻（即脚黄、嘴黄、皮黄；头细、骨细；毛色麻黄），素以皮色金黄、肉质嫩滑、皮爽、骨软、肉鲜红味美、风味独特而驰名中外。

（一）基本工艺流程

原料选择及整理 → 烫漂 → 浸卤 → 冷却 → 干燥 → 斩件 → 成品

（二）原料辅料

1. 白切鸡浸卤制作   原辅料生姜 250g，草果 10g，沙姜 25g，陈皮 15g，桂皮 20g，香叶 5g，盐 250g，味精 150g。在 17.5kg 水中，加入生姜，放入盐、味精，将草果、沙姜、陈皮、桂皮、香叶用料袋装好放入，烧开后煮 30 分钟即成白切浸卤。

2. 白切鸡蘸料制作   姜去皮打成末 500g，葱白茸（红葱茸）250g，盐 80g，白糖 30g，味精 100g，鸡精 50g，胡椒粉 3g，沙姜粉 5g，芝麻油约 20g。将约 500g 的花生油放在锅里烧开，烧至 185℃，然后把油倒入原料中，充分搅拌均匀即成特制姜葱汁（每只鸡用蘸料约 200g）。

3. 主料   肥嫩光鸡 1 只（约 1250g）。

（三）工艺要点

1. 原料选择及整理   把光鸡去内腔洗干净并去除黄色的杂质，去除所有内脏，清洗干净，把脚自然弯曲进鸡肚内，把鸡的嘴巴从翅膀下穿过去，在清理鸡的内脏时，注意将鸡肺彻底清洗干净。

2. 烫漂   煮锅放到火上，加入清水，大火烧开，用手提起鸡头，将鸡身放入水中浸烫，3 秒后提起，将鸡翅和鸡腿用手整理一下，再次放入水中浸烫，如此反复浸烫三次，使鸡的腹腔内外温度保持一致，注意每次浸烫的时间不要太长。

3. 浸卤   手拿住鸡头与脖子连接处，把鸡放入烧开的白切鸡浸卤中。让白切鸡浸卤自然浸没整只光鸡，调文火，盖上盖子浸卤 35 分钟。

4. 冷却   取下盖子，将鸡捞出后放入早已准备好的冰水中静置 10 分钟左右（注意一定要凉透，可以多浸泡一会儿）。

5. 干燥   将鸡从冰水中取出，将鸡身控干，用毛巾擦干鸡身上的水分，即成成品的白切鸡。

6. 斩件   把鸡切成大小均匀的切件，如果想让鸡的品相更好一点，也可以捞出控干后，在鸡身外面涂抹一层芝麻油，这样整只鸡看上去更加润泽，颜色也更黄嫩。斩件的时候要选择较重的道具，一刀斩断，不可藕断丝连，而且在操作时要尽量保持每块鸡肉鸡皮的完整性，上碟后才会美观。

斩件程序：①将制作好的鸡沥干水分，放在砧板上，砍下鸡脖子→砍下鸡翼→刀近鸡身→砍下鸡腿；②从鸡身的侧部下刀将鸡身一分为二→小心剥下鸡肚子部位那一块鸡肉的骨头→将上一步砍下来鸡的背部那一块肉再一分为二；③将鸡头砍下，放在盘首，将鸡脖子砍段，放在鸡头的后面（碟子中央），将鸡背部那 2 块肉斩后按原样摆好入碟，摆在鸡脖子的周围，再将鸡肚子部位那一块肉斩块，按原样铺在盘子的正中间（鸡脖子的上边）；④将鸡翼斩件，按原形摆在碟头的两端，保持对称，将鸡腿斩件，按照原形摆在碟尾的两端，保持对称；⑤稍微装饰，摆上蘸酱，即可上桌。

（四）产品质量要求

质量标准系引用中华人民共和国国家标准《酱卤肉制品质量通则》（GB/T 23586—2022）。

1. 感官指标 见表5-4。

表5-4 白切鸡感官指标

项目	指标
外观	具有产品固有的外观
色泽	具有产品固有的色泽
组织形态	具有产品应有的组织状态
风味	具有产品应有的滋味、气味，无异味
杂质	无正常视力可见外来杂质

2. 理化指标 见表5-5。

表5-5 白切鸡理化指标

项目		指标		
		畜肉类	禽肉类	酱卤其他类
蛋白质（g/100g）	≥	20.0	15.0	8.0
水分（g/100g）	≤	70.0	70.0	80.0

注：1. 蛋白质、水分指可食部分；
2. 用肥瘦相间的自然畜禽肉为原料的酱卤肉制品，蛋白质含量参照其他类产品执行（如带皮带脂的酱汁肉、酱卤牛腩等）。

四、酱卤肉类制品加工工艺

以道口烧鸡为例，介绍酱卤肉类的加工工作过程。道口烧鸡与德州扒鸡、符离集烧鸡、沟帮子熏鸡齐名，被尊为"中国四大名鸡"之一。身形如元宝、色泽鲜艳、咸淡适口，不需刀切，用手一抖，骨肉即自行分离，无论凉热，食之余香满口。

> **知识链接**
>
> **道口烧鸡**
>
> 道口烧鸡始创于清朝顺治十八年（1616年），创始人叫张炳。他在道口镇大集街开了个小烧鸡店，因制作不得法，生意萧条。有一天老朋友来访，告诉他一个秘方："要想烧鸡香，八料加老汤。"八料就是陈皮、肉桂、豆蔻、良姜、丁香、砂仁、草果和白芷八种佐料；老汤就是煮鸡的陈汤。张炳经反复实践发现，要选两年以内的嫩鸡，才能保证鸡肉质量。挑来的鸡，要留一段候宰时间，让鸡消除紧张状态，利于杀鸡时充分放血。将炸好的鸡放在锅里，对上老汤，配好佐料，用武火煮沸，再用文火慢煮。烧鸡的造型更是独具匠心，鸡体开剖后，用一段高粱秆把鸡撑开，形成两头尖尖的半圆形，别致美观。张炳的烧鸡技术历代相传，始终保持独特的风味，其色、香、味、形被称为"四绝"。

（一）基本工艺流程

原料选择 → 宰杀 → 浸烫褪毛 → 开剥 → 造型 → 挂晾 → 油炸 → 煮制 → 出锅

（二）原料辅料

以 100 只鸡（单只重在 1 ~ 1.25kg）计算：盐 2 ~ 3kg，桂皮 90g，陈皮 30g，草果 30g，砂仁 15g，豆蔻 15g，丁香 5g，白芷 90g，良姜 90g，硝酸钠 10 ~ 15g，40% 的糖稀或蜂蜜少许。

（三）工艺要点

1. 原料选择 选用道口红鸡或道口红鸡与其他品种杂交选育的道口烧鸡适用鸡为佳，同时要求原料鸡必须为来自非疫区、健康良好，经检验合格的活鸡或冷膛白条鸡，鸡龄在半年以上、两年之内，重量在 1 ~ 1.25kg，禁止使用精神萎靡、没有活力的病鸡、死鸡或身体有伤残的鸡。

2. 宰杀 采用颈部宰杀法，宰杀时，用左手抓住鸡的两翅和头部，使咽喉向上，并用小指勾住右脚，使鸡体固定，不易挣扎，右手持刀，把血管、气管、食管一刀割断，才能达到宰杀放血的目的。

3. 浸烫褪毛 放净血，趁鸡身尚热时，放入 60 ~ 63℃ 的热水中浸烫 1 分钟，并且试拔一下翅羽，轻轻一拔就拔下即可取出褪毛。首先要褪去嗉囊、鸡头和颈上的细毛，拔去嘴壳，其次煺净两翅和两腿的毛，残存的细小绒毛要逐级一一拔除干净。褪毛后的鸡只用清水彻底冲洗，切去鸡爪。

4. 开剥 先在鸡的两个大腿关节到肛门上方各切 3cm 深的曲线口，曲线口长度应根据鸡的大小而定。然后在鸡脖根部切一个 6cm 的长口，掏出嗉囊、食管和气管，摘除五脏、割下肛门，再次用清水冲洗鸡腔内残留余血，用示指从杀鸡血口捅出口腔内黏液和鼻血、用手剥掉舌衣皮，使鸡体全身洁白干净。

5. 造型 将白条鸡放在操作台上，腹部向上，左手按住鸡身，右手用利刀将肋骨和鸡椎骨中间处切断，并用手按拍，然后根据鸡体大小，选取高粱秆一段（20 ~ 30cm），放置腹内，将鸡撑开，将两腿交叉插入刀口内，两翅交叉插入口腔，使鸡成两头尖的半圆形。造型要求：鸡体要绷直，盘腿填腹，不歪不斜。

6. 挂晾 成形后再用清水漂洗细毛，洗净余血，挂在干燥通风处，彻底晾去表皮水分以便油炸。

7. 油炸 在挂晾后的白条鸡身外表均匀涂上一层糖稀或蜂蜜汁（水和蜂蜜的比例为 1:3），然后将植物油加热到 150 ~ 160℃，把鸡放入油中翻炸 30 秒左右，使其呈柿黄色即可捞出，摆放在盘内凉透。

8. 煮制 将炸好的鸡按大小、老嫩顺序平摆在锅内，放入使用多年的老汤，并按配料、比例加入新汤，用竹篦压住鸡身，使老汤浸没最上层鸡身的一半为限。先用旺火将汤烧开，随后放入硝酸钠于鸡汤沸腾处，以促使鸡色鲜艳，然后改用文火焖煮 3 ~ 4 小时，直到熟烂为止。

9. 出锅 鸡经长时间浸煮后非常熟烂，为了保证完整地捞出，在出锅前要准备好叉、筷子及盛鸡用具，先将汤面上的浮油撇去，然后用左手拿专用鸡叉夹住鸡颈，右手撑开双筷托住鸡腹内高粱秆，两手配合，迅速而敏捷地将鸡捞出。也可在出锅时，用鸡汤冲刷鸡身，使颜色和光泽更加鲜艳，出锅后冷却即为成品。

（四）产品质量要求

质量标准系引用《地理标志产品 道口烧鸡》（DB41/T 2411—2023）。

1. 感官指标 见表 5-6。

表 5-6 道口烧鸡感官指标

项目	散装道口烧鸡	预包装道口烧鸡
色泽		外观呈浅红色，微带嫩黄，胸部肌丝呈粉白色
气味滋味		醇香浓郁、香而不腻、肉质紧致柔韧、熟烂离骨、鲜美爽口，无异味
组织形态	鸡体完整，两端皆尖，形似元宝，无破损，肉质软硬适度	600g 及以上的鸡体外形完整，两端皆尖，形似元宝，无破损；600g 下的鸡体允许局部破损、脱骨和少量搭配。破损或搭配不得超过净含量 20%，每袋鸡头不应超过 1 个，鸡腿、鸡翅、鸡爪均不应超过 2 个；肉质软硬适度

2. 理化指标　见表5−7。

表5−7　道口烧鸡理化指标

项目		指标
水分（%）	≤	70
总砷（以As计）（mg/kg）	≤	0.5
总汞（以Hg计）（mg/kg）	≤	0.05
铅（以Pb计）（mg/kg）	≤	0.3
铬（以Cr计）（mg/kg）	≤	1.0
镉（以Cd计）（mg/kg）	≤	0.1
氯化钠（以NaCl计）（%）	≤	4.0
食品添加剂		应符合GB 2760的要求

3. 微生物限量　见表5−8。

表5−8　散装道口烧鸡微生物限量

项目	采样方案及限量（若非指定，均以/25g或/25mL表示）			
	n	c	m	M
沙门菌	5	0	0	−
单核细胞增生李斯特菌	5	0	0	−
金黄色葡萄球菌	5	1	100CFU/g	1000

五、糟肉类制品加工工艺

糟肉具有色泽红亮，胶冻洁白，清凉鲜嫩爽口，糟香诱人，肥而不腻的特点。糟肉不易保存，需放在冰箱中保存，才能保持其新鲜和爽口的特色。

（一）基本工艺流程

原料选择及处理 → 白煮 → 制糟卤 → 糟制 → 成品

（二）原料辅料

新鲜皮薄又细腻的方肉和前后腿肉100kg，五香粉0.03kg，炒过的花椒3~4kg，食盐1.7kg，陈年香糟3kg，味精0.1kg，黄酒4kg，酱油0.5kg，高粱酒0.5kg，绍兴酒3kg。

（三）工艺要点

1. 原料选择及处理　将方肉顺肋骨骨缝和肋骨垂直对半斩，斩成宽15cm、长11cm的长方块肉坯；前后腿肉也按此规格处理。

2. 白煮　将肉坯倒入锅内煮制，水要超过肉面，盗火煮沸，撇去脏沫；改用小火慢煮，煮至骨头易抽出即可将肉坯捞出。用筷子和铲刀将肉坯捞出，出锅后，边拆骨边在肉坯两面撒盐。

3. 制糟卤

（1）准备陈年香糟　用50kg香糟，加入1.5~2kg炒过的花椒和盐搅拌均匀后，放入缸内密封，待第二年使用，此时即为陈年香糟（准备陈年香糟所用原料不包含在制作糟肉所列原料辅料中）。

（2）搅拌香糟　将原料肉与陈年香糟、五香粉和500g食盐放入搅拌器内，边搅拌边先加入少许绍兴酒，再徐徐加入黄酒和高粱酒，直到酒糟和酒完全混合没有结块为止，此时为糟酒混合物。

（3）制糟露　在搪瓷桶上罩上白纱布，用绳将四周扎紧，纱布中间凹下，在纱布上摊表芯纸一张。

将糟酒混合物倒在纱布上，加盖，使糟酒混合物通过表芯纸和纱布过滤，徐徐滴入桶内的汁液，称为糟露。过滤剩下的糟渣，待糟肉生产结束可作为饲喂猪的上等饲料。

（4）制糟卤　撇去白煮肉汤上的浮油，用纱布将肉汤过滤到容器中，加剩余部分的食盐、味精、绍兴酒、高粱酒、酱油，搅拌均匀并冷却。白煮肉汤量掌握在30kg为宜，与糟卤拌合均匀，即为糟卤。

4. 糟制　盛有糟货的容器需事先在冰箱内冷却，将已经凉透的糟肉坯皮朝外，整齐的沿着容器壁码在盛有糟卤的容器内。将另一盛有冰的桶置于糟货中间，加速冷却，直到糟卤凝结成冻为止。

5. 成品　糟肉需在低温而不冻结状态下保藏，需以销定产。宜宾糟肉浸于糟液中入缸，用塑料膜密封缸口，根据气温变化，确定上下翻缸时间和次数，浸泡95天左右即成。成品糟肉于缸内可存放6个月以上。

（四）产品质量要求

质量标准参照上海市地方标准《食品安全地方标准 糟卤》（DB31/2006—2021）。

1. 感官指标　见表5-9。

表5-9　糟肉感官指标

项目	指标	检验方法
色泽	淡褐色或淡黄色	取适量试样置于洁净的烧杯中，在自然光下观察色泽和杂质。闻其气味，用温开水漱口，品其滋味
气味	具有糟卤特有的香味	
滋味	咸中带鲜、醇和爽口，无异味	
外观	无霉花，清澈透明	

2. 理化指标　见表5-10。

表5-10　糟肉理化指标

项目	指标	检验方法
酒精度%（V/V）	≥1.5	GB 5009.225
全氮（以氮计）g/100mL	≥0.2	GB/T 18186

3. 污染物和真菌毒素限量　见表5-11。

表5-11　糟肉污染物和真菌毒素限量

项目	指标
污染物限量	应符合 GB 2762 中调味品的规定
真菌毒素限量	应符合 GB 2761 中复合调味品的规定

4. 微生物限量

（1）致病菌限量　应符合 GB 29921 中即食调味品中的规定。

（2）微生物限量　还应符合表5-12的规定。

表5-12　糟肉微生物限量

项目	采样方案a及限量（若非指定，均以 CFU/mL 表示）				检验方法
	n	c	m	M	
菌落总数	5	0	300	–	GB 4789.2
大肠菌群	5	2	10	100	GB 4789.3 平板计数法
霉菌	5	2	50	100	GB 4789.15

注：ª样品的采样及处理按 GB 4789.1 执行。

第三节 肠类制品加工技术

PPT

肠类制品是指以畜禽肉为主要原料，经腌制（或未经腌制），切碎成丁或绞碎成颗粒，或斩拌乳化成肉糜，再混合添加各种调味料、香辛料、添加剂，充填入天然肠衣或人造肠衣中，经烘烤、烟熏、蒸煮、冷却、干燥或发酵等工序（或其中几个工艺）制成的肉制品。

知识链接

肠类制品

习惯上把我国传统加工方法制成的肠制品称为香肠，因过去多在农历12月（腊月）生产，故又称其为腊肠；把用西方传入的方法加工制成的肠制品叫作灌肠；把用膀胱包装的肉制品叫作香肚或小肚。肠类制品是一种综合利用肉类的产品，它既可以精选原料制成质量精美、营养丰富的高档产品，又可以利用肉类加工过程中所产生的碎肉、碎油等，制成价格低廉、经济实惠的大众食品。这类制品种类繁多，同时，灌肠类制品大多为熟制品，不需加工就可食用，是深受消费者欢迎的方便食品。

一、肠衣的选择

肠衣是和肉馅直接接触的一次性包装材料，也是流通过程中的容器，因此肠衣在肠类制品生产中占有重要的位置。肠衣必须有足够的强度以容纳内容物，且能承受在充填、打结和封口时的机械力。在肠类制品加工和贮藏过程中肉馅随着温度的变化有收缩和膨胀的现象，要求肠衣也应具有收缩拉伸的特性。肉类工业常用的肠衣包括天然肠衣和人造肠衣两大类。

（一）天然肠衣

天然肠衣也称动物肠衣，是由猪、牛、羊的消化器官和泌尿系统的脏器除去黏膜后腌制或干制而成的。常用牛的大肠、小肠、盲肠（俗称拐头）和食管，猪的大肠、小肠，羊的小肠、盲肠（拐头）和猪、牛、羊的膀胱等。天然肠衣具有良好的韧性和坚实度，能够承受加工过程中热处理的压力，并有和内容物同样收缩和膨胀的性能，具有透过水汽和熏烟的能力，而且食用安全，因此是理想的肠衣。但其缺点是直径不一，厚薄不均，多成弯曲状，需要在专门的条件下贮藏等。

（二）人造肠衣

人造肠衣是用人工方法把动物皮、塑料、纤维、纸或铝箔等材料加工成片状或筒状薄膜。按照原料的不同，分为胶原肠衣、纤维素肠衣、塑料肠衣和玻璃纸肠衣等。

1. 胶原肠衣 用皮革制品的碎屑抽提出胶原纤维蛋白，然后在碱液中挤压成型制成的管状肠衣，分可食和不可食两种。一般在使用前用温水泡湿备用。

2. 纤维肠衣 分为纤维素肠衣和纤维状肠衣两种。前者是单纯地用纤维黏胶挤压而成，其原料取自天然的纤维，如棉花、木屑、亚麻或其他纤维等。纤维状肠衣是用马尼拉麻等高强度纤维作纸基，制成连续的筒形后再渗透纤维素黏胶而成。这两种肠衣都能透过水分和水蒸气，亦可烟熏，还可染色和印刷，但都不能食用。

3. 塑料肠衣 这种肠衣无通透性，因此只能煮，不能熏，目前国内应用较多的是聚偏二氯乙烯（PVDC），用这种肠衣制作的肠制品一经蒸煮加热，肠衣就会收缩并紧紧包住充填物，产品的外观较好，但是冷却后肠衣会出现皱褶，在80℃左右的热水中浸泡10~15秒，皱褶即可消退。

4. 玻璃纸肠衣 又称透明纸，是一种再生胶质纤维素薄膜，其纵向强度大于横向强度，吸水性大。具有不透过油脂、干燥时不透气、强度高等特点。

二、中式香肠加工工艺

（一）基本工艺流程

原料选择与修整 → 切丁拌馅 → 腌制 → 灌制 → 排气结扎 → 漂洗 → 晾晒和烘烤 → 成品

（二）原料辅料

瘦肉80kg，肥肉20kg，猪小肠衣300m，精盐2.2kg，白糖7.6kg，白酒2.5kg，白酱油5kg，硝酸钠0.05kg。

（三）工艺要点

1. 原料选择与修整 原料以猪肉为主，要求新鲜装瘦肉以腿臂肉为最好，肥膘以背部硬膘为好。加工其他肉制品切割下来的碎肉亦可作原料。原料肉经过修整，去掉筋膜、骨头和皮。瘦肉用装有筛孔为0.4~1.0cm的筛板的绞肉机绞碎，肥肉切成0.6~1.0cm³大小。肥肉丁切好后用温水清洗一次，以除去浮油及杂质，捞起沥干水分待用，肥瘦肉要分别存放装。

2. 拌馅与腌制 按选择的配料标准，肥肉和辅料混合均匀。搅拌时可逐渐加入20%左右的温水，以调节黏度和硬度，使肉馅更滑润、致密，在清洁室内放置1~2小时。当瘦肉变为内外一致的鲜红色，用手触摸有坚实感，不绵软，肉馅中汁液渗出，手摸有滑腻感时，即完成腌制，此时加入白酒拌匀，即可灌制。

3. 灌制 将肠衣套在灌嘴上，使肉馅均匀地灌入肠衣中。要掌握松紧程度，不能过紧或过松。

4. 排气 用排气针扎刺湿肠，排出内部空气。

5. 结扎 按品种、规格要求每隔10~20cm用细线结扎一道。

6. 漂洗 将湿肠用35℃左右的清水漂洗一次，除去表面污物，然后依次分别挂在竹竿上，以便晾晒、烘烤。

7. 晾晒和烘烤 将悬挂好的香肠放在日光下暴晒2~3天。在日晒过程中，有胀气处应针刺排气。晚间送入烘烤房内烘烤，温度保持在40~60℃。一般经过3昼夜的烘晒即完成，然后再晾挂到通风良好的场所风干10~15天即为成品。

（四）产品质量要求

质量标准系引用中华人民共和国国家标准《中式香肠质量通则》（GB/T 23493—2022）。

1. 感官指标 见表5-13。

表5-13 中式香肠感官指标

项目	指标
色泽	具有产品应有的色泽、无黏液、无霉点
气味	具有产品应有的气味，无异味、无酸败
状态	具有产品应有的组织性状
杂质	无正常视力可见外来杂质

2. 理化指标 见表5-14。

表5-14 中式香肠理化指标

项目	指标		
	特级	优级	普通级
水分（g/100g）≤		30.0	
蛋白质（g/100g）≥	22.0	18.0	14.0
脂肪（g/100g）≤	35.0	45.0	55.0

三、西式香肠加工工艺

（一）基本工艺流程

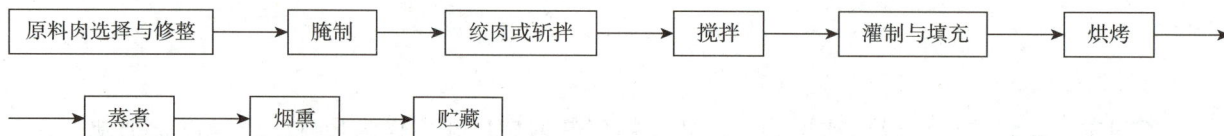

原料肉选择与修整 → 腌制 → 绞肉或斩拌 → 搅拌 → 灌制与填充 → 烘烤 →

→ 蒸煮 → 烟熏 → 贮藏

（二）原料辅料

猪瘦肉76kg，肥肉丁24kg，淀粉6kg，精盐5~6kg，味精0.09kg，大蒜末0.3kg，胡椒粉0.09kg，硝酸钠0.05kg。肠衣用直径3~4cm猪肠衣，长20cm。

（三）工艺要点

1. 原料肉选择与修整 选择兽医卫生检验合格的可食动物瘦肉作原料，肥肉只能用猪的脂肪。瘦肉要除去骨、筋腱、肌膜、淋巴、血管、病变及损伤部位。

2. 腌制 将选好的肉切成一定大小的肉块，按比例添加配好的混合盐进行腌制。混合盐中通常盐占原料肉重的2%~3%，亚硝酸钠占0.025%~0.05%，抗坏血酸占0.03%~0.05%。腌制温度一般在10℃以下，最好是4℃左右，腌制1~3天。

3. 绞肉或斩拌 腌制好的肉可用绞肉机绞碎或用斩拌机斩拌。斩拌时肉吸水膨润，形成富有弹性的肉糜，因此斩拌时需加冰水，加入量为原料肉的30%~40%。斩拌时投料的顺序是猪肉（先瘦后肥）→冰水→辅料等。斩拌时间不宜过长，一般以10~20分钟为宜；斩拌温度最高不宜超过10℃。

4. 搅拌 馅在斩拌后，通常把所有辅料加入斩拌机内进行搅拌，直至均匀。

5. 灌制与填充 将斩拌好的肉馅，移入灌肠机内进行灌制和填充。灌制时必须掌握松紧均匀。过松易使空气渗入而变质；过紧则在煮制时可能发生破损。如不是真空连续灌肠机灌制，应及时针刺放气。灌好的湿肠按要求打结后，悬挂在烘烤架上，用清水冲去表面的油污，然后送入烘烤房进行烘烤。

6. 烘烤 烘烤温度65~80℃，维持1小时左右，使肠的中心温度达55~65℃。烘好的灌肠表面干燥光滑，无油流，肠衣半透明，肉色红润。

7. 蒸煮 水煮优于汽蒸。水煮时，先将水加热到90~95℃，把烘烤后的肠下锅，保持水温78~80℃，当肉馅中心温度达到70~72℃时为止。汽蒸煮时，肠中心温度达到72~75℃时即可。

8. 烟熏 可促进肠表面干燥有光泽；形成特殊的烟熏色泽（茶褐色）；增强肠的韧性，使产品具有特殊的烟熏芳香味；提高防腐能力和耐贮藏性。一般用三用炉烟熏，温度控制在50~70℃，时间为2~6小时。

9. 贮藏 未包装的灌肠吊挂存放，贮存时间依种类和条件而定。湿肠含水量高，如在8℃条件下，相对湿度75%~78%时可悬挂3天。在20℃条件下只能悬挂1天。水分含量不超过30%的灌肠，当温度在 12℃、相对湿度为 72% 时，可悬挂存放 25～30 天。

（四）产品质量要求

质量标准系引用中华人民共和国国内贸易行业标准《熏煮香肠》（SB/T 10279—2017）。

1. 感官指标　见表 5-15。

表 5-15　西式香肠感官指标

项目	指标
外观	肠体均匀，不破损
色泽	具有产品固有的颜色，有光泽
组织状态	组织紧密，切片性能好，有弹性，无密集气孔
风味	滋味鲜美，有产品应有的风味，无异味
杂质	无正常视力可见杂质

2. 理化指标　见表 5-16。

表 5-16　西式香肠理化指标

项目	指标			
	特级	优级	普通级	无淀粉级
蛋白质（g/100g）	≥16	≥14	≥10	≥14
淀粉（g/100g）	≤3	≤4	≤10	≤1
脂肪（g/100g）	≤35			
水分（g/100g）	≤75			

注：宣称无淀粉级的产品系指产品的配料中未加入任何淀粉类物质。

四、火腿肠加工工艺

（一）基本工艺流程

原料肉选择与修整 → 绞肉 → 斩拌 → 腌制 → 灌制 → 灭菌 → 冷却 → 成品

（二）原料辅料

猪瘦肉 315kg，猪肥膘 115kg，食盐 150g，料酒 100g，白糖 20g，花椒粉 10g，胡椒粉 10g，姜粉 10g，味精 5g，亚硝酸钠 0.15g，抗坏血酸 215g，复合磷酸盐 15g，冰 90kg，玉米淀粉 36kg，大豆分离蛋白 22.5kg。

（三）工艺要点

1. 原料肉选择与修整　选择经兽医卫检合格的热鲜肉或冷冻肉，经修整处理去除筋、腱、碎骨与污物，用切肉机切成 5～7cm 宽的长条。

2. 绞肉　将腌制好的原料肉，送入绞肉机，用筛孔直径为 3mm 的筛板绞碎。

3. 斩拌　斩拌前先用冰水将斩拌机降温至 10℃ 左右。然后投放绞好的肉到斩拌机中斩拌 1 分钟，接着加入片冰机生产的冰片、糖及胡椒粉，斩拌 2～5 分钟后再加入玉米淀粉和大豆分离蛋白，继续斩拌 2～5 分钟。斩拌时应先慢速混合，再高速乳化，斩拌温度控制在 10℃ 左右。斩拌时间一般为 5～8 分钟，经斩拌后的肉馅应黏性好。

4. 腌制　将斩拌后的乳化肉馅置于 0～4℃ 下进行快速腌制，放置 1 天即可完成腌制。

5. 灌制　将腌制好的肉馅倒入充填机料斗，按照预定充填的重量，充入 PVDC（聚偏二氯乙烯）肠衣内，并自动打卡结扎。

6. 灭菌　灌制好的肠子要在30分钟内进行蒸煮杀菌，否则必须加冰块降温。经蒸煮杀菌后的火腿肠，不但会产生特有的香味、风味，肉色稳定，还杀灭了细菌，杀死了病原菌，延长了制品的货架期。蒸煮杀菌工序分为三个阶段，即升温、恒温、降温。杀菌温度和恒温时间依灌肠的种类和规格不同而有所区别。

7. 冷却　灭菌处理后的火腿肠，经充分冷却，贴标签后，按出产日期和品种规格装箱，并入库或发货。

（四）产品质量要求

质量标准系引用中华人民共和国国家标准《火腿肠质量通则》（GB/T 20712—2022）。

1. 感官指标　见表5-17。

表5-17　火腿肠感官指标

项目	指标
外观	具有产品固有的色泽
组织状态	具有产品固有的组织形态
滋味、气味	具有产品应有的滋味、气味，无异味
杂质	无正常视力可见外来杂质

2. 理化指标　见表5-18。

表5-18　火腿肠理化指标

项目	指标		
	特级	优级	普通级
水分（g/100g）≤		72.0	
蛋白质（g/100g）≥	12.0	11.0	10.0
脂肪（g/100g）≤		16.0	
淀粉（g/100g）≤	6.0	8.0	10.0

注：无淀粉火腿肠应满足相应等级的指标，同时满足淀粉含量≤1%。

第四节　肉干制品加工技术

PPT

肉干制品是指将肉先经熟加工，再成型干燥或先成型再经热加工制成的干熟类肉制品，主要包括肉干、肉松和肉脯三大类。

🔗 知识链接

肉干制品

　　干制是一种古老的肉类加工和贮藏方法，早在游牧时代已有使用。我国干肉制品具有加工方法简单、易于贮藏和运输、食用方便、风味独特等特点，对世界干肉制品加工具有很大影响，亚洲许多国家在干肉制品加工中所用配方和加工方法都起源于我国。随着近年来远红外加热干燥和微波加热干燥设备的发展，传统干肉制品加工方法发生了很大变化，同时，营养学、卫生学的发展也对传统干肉制品产生了影响，干肉制品的加工工艺和配方得到了丰富和发展，生产出了营养、卫生的新型干肉制品。

一、干制的基本原理

干制既是一种保存手段，又是一种加工方法。肉品干制的基本原理是通过脱去肉品中的一部分水，抑制微生物的活动和酶的活力，从而达到加工出新颖产品或延长贮藏时间的目的。

水分是微生物生长发育所必需的营养物质，但并非所有的水分都能被微生物利用，如在添加了一定数量的糖、盐的水溶液中，大部分水分就不能被利用，通常把能被微生物、酶化学反应所触及的水分（一般指游离水）称为有效水分。但是必须指出，一般干燥条件下，并不能使肉制品中的微生物完全致死，只是抑制其活动，若环境适宜，微生物仍会继续生长繁殖。因此，肉类在干制时一方面要进行适当的处理，减少制品中各类微生物数量；另一方面干制后要采用合适的包装材料和包装方法，防潮防污染。

二、影响干制速度的因素

（一）表面积

为了加速湿热交换，食品常被分割成薄片或小片后，进行脱水干制。物料切成薄片或小颗粒后，缩短了热量向食品中心传递和水分从食品中心外移的距离，增加了食品和加热介质相互接触的表面积，为食品内水分外逸提供了更多的途径，从而加速了水分蒸发和食品脱水干制。食品的表面积越大，干燥速度越快。

（二）温度

传热介质和食品间温差愈大，热量向食品传递的速度也愈大，水分外逸速度亦增加。若以空气为加热介质，则温度就降为次要因素。原因是食品内水分以水蒸气状态从它表面外逸时，将在其周围形成饱和水蒸气层，若不及时排除掉，将阻碍食品内水分进一步外逸，从而降低了水分的蒸发速度。不过温度越高，它在饱和前所能容纳的蒸汽量越多，同时若接触空气量越大，所能吸收水分蒸发量也就越多。

（三）空气流速

加速空气流速，不仅因热空气所能容纳的水蒸气量将高于冷空气而吸收较多的蒸发水分，还能及时将聚积在食品表面附近的饱和湿空气带走，以免阻止食品内水分进一步蒸发，同时还因和食品表面接触的空气量增加，而显著地加速食品中水分的蒸发。因此，空气流速愈快，食品干燥速度愈迅速。

（四）空气湿度

脱水干制时，如用空气作干燥介质，空气愈干燥，食品干燥速度也愈快，近于饱和的湿空气进一步吸收蒸发水分的能力，远比干燥空气差。

（五）真空度

在大气压力为 0.1MPa 时，水的沸点为 100℃，如大气压力下降，则水的沸点也就下降，气压降低，沸点也降低，因此在真空室内加热干制时，就可以在较低的温度下进行。

三、干制方法

（一）常压干燥

1. 自然干燥 主要包括晒干、风干等，是古老的干燥方法，设备简单，费用低，但受自然条件的限制，湿度条件很难控制，大规模的生产很少采用，只是在某些产品加工中作为辅助工序采用，如风干香肠的干制等。

2. 烘炒干制 亦称传导干制，靠间壁的导热将热量传给与壁接触的物料。由于湿物料与加热的介质（载热体）不是直接接触，所以又称间接加热干燥。传导干燥的热源可以是水蒸气、热水、热空气等，可以在常温下干燥，亦可在真空下进行。加工肉松就采用这种方式。

3. 烘房干燥 亦称对流热风干燥，直接以高温的热空气为热源，借对流传热将热量传给物料，故称为直接加热干燥。热空气既是热载体又是湿载体。一般对流干燥多在常压下进行。因为在真空干燥情况下，由于气相处于低压，热容量很小，不能直接以空气为热源，必须采用其他热源。对流干燥室中的气温调节比较方便，物料不至于过热，但热空气离开干燥室时，带有相当大的热能，因此其热能的利用率较低。

烘房干燥是目前国内应用最为广泛的一种干制方法。除肉松外，大多数干制品都用此法。

（二）微波干燥

用蒸汽、电热、红外线烘干肉制品时，耗能大，时间长，易造成外焦内湿现象。利用新型微波能技术则可有效地解决以上问题。微波是电磁波的一个频段，频率为 300～3000MHz。微波发生器产生电磁波，形成带有正负极的电场。食品中有大量带正负电荷的分子（水、盐、糖），在微波形成的电场作用下，带负电荷的分子向电场正极运动，而带正电荷的分子向电场负极运动。由于微波形成的电场变化很大（一般为 300～3000MHz），且呈波浪形变化，使分子随着电场的方向变化而产生不同方向的运行。分子间的运动经常产生阻碍、摩擦而产生热量，使肉块得以干燥。而且这种效应在微波一旦接触到肉块时就会在肉块内外同时产生，而无须热传导、辐射、对流，在短时内即可达到干燥的目的，且使肉块内外受热均匀，表面不易焦煳。但微波干燥设备有投资费用较高、干肉制品的特征性风味和色泽不明显等缺点。

（三）减压干燥

食品置于真空中，随真空度的不同，在适当温度下，其所含水分则蒸发或升华。也就是说，只要对真空度做适当调节，即使是在常温以下的低温，也可进行干燥。理论上水在真空度为 613.18Pa 以下的真空中，液体的水则成为固态的冰，同时冰直接变成水蒸气而蒸发，即所谓升华。就物理现象而言，采用减压干燥，随着真空度的不同，无论是水的蒸发还是冰的升华，都可以制得干制品，因此肉品的减压干燥有真空干燥和冷冻升华干燥两种。

1. 真空干燥 肉块在未达到结冰温度的真空状态（减压）下加速水分的蒸发而进行干燥。真空干燥时，在干燥初期，与常压干燥时相同，存在着水分的内部扩散和表面蒸发。但在整个干燥过程中，则主要为内部扩散与内部蒸发共同进行干燥。因此，与常压干燥相比较干燥时间缩短、表面硬化现象减小。真空干燥虽使水分在较低温度下蒸发干燥，但因蒸发导致芳香成分的逸失及轻微的热变性在所难免。

2. 冷冻升华干燥 将肉块急速冷冻至 -40～-30℃，在真空度 13～133Pa 的干燥室中，使肉块中的冰升华而进行干燥。这种干燥方法对色、味、香、形几乎无任何不良影响，是现代最理想的干燥方法。冻结干燥法虽需加热，但并不需要高温，只供给升华潜热并缩短其干燥时间即可。冻结干燥后的肉块组织为多孔质，且其含水量少，故能迅速吸水复原，是方便面等速食品的理想辅料。但也正因其多孔性与空气接触面积增大，在贮藏期间易被氧化变质，特别是脂肪含量高时更是如此。

四、肉干加工工艺 🅔 微课

（一）基本工艺流程

原料预处理 → 初煮 → 切坯 → 复煮、收汁 → 脱水 → 冷却 → 包装 → 成品

（二）工艺要点

1. 原料预处理　肉干加工一般多用牛肉，但现在也用猪肉、羊肉、马肉等。无论选择什么肉，都要求新鲜，一般选用前后腿瘦肉为佳。将原料肉剔去皮、骨、筋腱、脂肪及肌膜后，顺着肌纤维切成1kg左右的肉块，用清水浸泡1小时左右除去血水、污物，沥干后备用。

2. 初煮　目的是通过煮制进一步挤出血水，并使肉块变硬以便切坯。初煮是将清洗、沥干的肉块放在沸水中煮制。煮制时以水盖过肉面为原则。一般初煮时不加任何辅料，但有时为了去除异味，可加1%~2%的鲜姜。初煮时水温保持在90℃以上，并及时撇去汤面污物。初煮时间随肉的嫩度及肉块大小而异，以切面呈粉红色、无血水为宜。通常煮1小时左右。肉块捞出后，汤汁过滤待用。

3. 切坯　肉块冷却后，可根据工艺要求放在切坯机中切成小片、条、丁等形状。无论什么形状，要大小均匀一致。

4. 复煮、收汁　复煮是将切好的肉坯放在调味汤中煮制，其目的是进一步熟化和入味。复煮汤料配制时，取肉坯重20%~40%的过滤初煮汤，将配方中不溶解的辅料装袋入锅煮沸后，加入其他辅料及肉坯。用大火煮制30分钟左右后，随着剩余汤料的减少，应改用小火力以防焦锅。用小火煨1~2小时，待卤汁基本收干，即可起锅。

复煮汤料配制时，盐的用量各地相差无几，但糖和各种香辛料的用量变化较大，无统一标准，以适合消费者的口味为原则。以下是几种常见肉干配方。

（1）咖喱肉干配方　以上海生产的咖喱牛肉干为例，每100kg鲜肉所用辅料：精盐3.0kg，酱油3.1kg，白糖12.0kg，白酒2.0kg，咖喱粉0.5kg。

（2）麻辣肉干配方　以四川生产的麻辣猪肉干为例，每100kg鲜肉所用辅料：精盐3.5kg，酱油4.0kg，老姜0.5kg，复合香料0.2kg，白糖2.0kg，酒0.5kg，胡椒粉0.2kg，味精0.1kg，辣椒粉1.5kg，花椒粉0.8kg，菜籽油5.0kg。

（3）五香肉干配方　以新疆生产的马肉干为例，每100kg鲜肉所用辅料：食盐2.85kg，白糖4.50kg，酱油4.75kg，黄酒0.75kg，花椒0.15kg，八角0.20kg，小茴香0.15kg，丁香0.05kg，桂皮0.30kg，陈皮0.75kg，甘草0.10kg，姜0.50kg。

（4）果汁肉干配方　以江苏靖江生产的果汁牛肉干为例，每100kg鲜肉所用辅料：食盐2.50kg，酱油0.37kg，白糖10.00kg，姜0.25kg，八角0.19kg，果汁露0.20kg，味精0.30kg，鸡蛋10枚，辣酱0.38kg，葡萄糖1.00kg。

（5）蚝油肉干配方　蚝油（蚝，即牡蛎，软体动物，有两个贝壳，肉可食用）牛肉干有鸭肫肝鲜美味。每100kg鲜肉所用辅料：酱油9.0kg，白糖6.5kg，蚝油0.8~1.2kg，橘子1.0kg，姜0.5kg。

5. 脱水　肉干常规的脱水方法有以下三种。

（1）烘烤法　将收汁后的肉坯铺在竹筛或铁丝网上，放置于三角炉或远红外烘箱烘烤。烘烤温度可控制在80~90℃，后期可控制在50℃左右，一般需要5~6小时即可使含水量下降到20%以下。在烘烤过程中要注意定时翻动，以防焦煳。

（2）炒干法　收汁结束后，肉坯在原锅中文火加温，并不停搅翻，炒至肉块表面微微出现蓬松绒毛时，即可出锅，冷却后即为成品。

（3）油炸法　先将肉切条后，用2/3的辅料与肉条拌匀，腌渍10~20分钟后，投入135~150℃的菜油锅中油炸。油炸时要控制好肉坯量与油温的关系。如油温高，火力大，应多投入肉坯；反之则少投入肉坯。油温过高容易炸焦；油温过低，脱水不彻底，且色泽较差。可选用恒温油炸锅，成品质量容易控制。炸到肉质呈微黄色后，捞出后并滤净油，再将酒、白糖、味精和剩余的1/3辅料混入拌匀即可。

6. 冷却、包装　以在清洁摊晾、自然冷却较为常用。必要时可用机械排风，但不宜在冷库中冷却，否则易吸水返潮。包装以复合膜为好,尽量选用阻气、阻湿性能好的材料。如 PET/Al/PE 等膜,或采用真空包装,成品无须冷藏。

五、五香牛肉干加工实例

(一)工艺流程

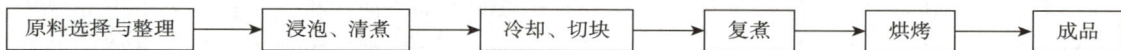

原料选择与整理 → 浸泡、清煮 → 冷却、切块 → 复煮 → 烘烤 → 成品

(二)原料辅料

牛肉 50kg,食盐 1.8kg,白糖 280g,酱油 3.5kg,黄酒 750g,味精 100g,姜粉 50g,八角 75g,桂皮 75g,辣椒面 100g,苯甲酸钠 25g。

(三)加工工艺

1. 原料选择与整理 选择无粗大筋腱并经过卫生检验合格的新鲜牛肉,切成 0.5kg 左右重的肉块。

2. 浸泡、清煮 切好的肉块放入冷水浸泡 1 小时左右,让其脱出血水后,捞出沥干水分。然后把肉块投入锅内,加入食盐 1.5kg、八角 75g、桂皮 75g、清水 15kg,一起煮制,温度需保持在 90℃ 以上,不断翻动肉块,使其上下煮制均匀,并随时清除肉汤面上的浮油沫,约煮 1.5 小时,肉内部切面呈粉红色就可出锅。

3. 冷却、切块 将出锅后的肉放在竹筐中晾透,然后除去肉块上较大的筋键,切成 1cm³ 左右肉丁。

4. 复煮 除酒和味精外,将其他剩余的辅料与清煮时的肉汤拌和,再把切好的小肉丁倒入其内,放入锅中复煮,煮制过程不断翻动,待肉汤快要熬干时,倒入酒、味精等,翻动数次,汤干出锅,出锅后盛在烤筛内摊开,摆在架子上晾凉。

5. 烘烤 将摊有肉丁的筛子放进烘房或烘炉的格架上进行烘烤,烘房或烘炉的温度保持在 50~60℃,每隔 1 小时应把烤筛上下换一次位置,同时翻动肉干,烘 7 小时左右,肉干变硬即可取出,放在通风处晾透即为成品。

练 习 题

答案解析

一、单选题

1. 冷鲜肉冷却的方法不包括 ( )。

    A. 一次冷却   B. 二次冷却   C. 超速冷却   D. 速冻

2. 脱水干制时,如用空气作干燥介质,空气越干燥,肉品的干燥速度 ( )。

    A. 不变   B. 减慢   C. 加快   D. 不能确定

3. 酱卤肉制品加工时,通过 ( ) 工序控制能生产出不同品种花色的制品。

    A. 腌制   B. 调味   C. 煮制   D. 产品包装

4. 在肠类制品加工中,借助 ( ) 工序有利于乳化的形成。

    A. 腌制   B. 斩拌   C. 灌肠   D. 蒸煮

5. 肉品进行常压干燥时,对内部水分扩散的影响很大的因素是 ( )。

    A. 温度   B. 湿度   C. 肉块大小   D. 空气流速

二、简答题

1. 冷鲜肉冷藏期间发生的质量变化包括哪些？

2. 简述肉制品干制的原理。

（黄海英）

书网融合……

本章小结　　　　　微课　　　　　题库

第六章

水产品加工技术

知识目标

1. **掌握** 水产品的加工工艺和操作要点；水产品加工过程中常见的质量问题及控制措施。
2. **熟悉** 水产冷冻制品、烟熏制品、罐藏制品、鱼糜制品等水产品的基本加工方法。
3. **了解** 水产品的特点及质量标准。

能力目标

1. 能运用冷冻、烟熏、罐藏、鱼糜加工等生产技术进行水产品的加工。
2. 具备预处理、速冻、熏制、罐藏、排气、密封、杀菌、脱水等单元操作能力。
3. 能初步判断分析水产品加工常见的质量问题并提出控制措施。

素质目标

通过本章的学习，树立水产品加工产品安全生产意识、质量意识和环保意识；培养严谨的科学态度和逻辑思维能力。

情境导入

情景 我国水产品产量主要来自水产养殖，来自捕捞的水产品不到三成。水产品加工作为捕捞和养殖生产的延续和深化，起着连接水产品原料生产和市场消费的纽带和桥梁作用。多年来，我国水产品加工业有了长足的发展，水产品加工能力有了较大的提高，产品的种类快速增长，加工技术及装备建设成效明显。随着城市化进程的加快，居民消费观念及消费水平不断提升，水产品加工将朝着低值产品的综合利用、优质产品的精深加工、合成水产食品及保健美容水产食品等方向发展。

思考 1. 列举出常见水产品的加工方法及特点。

2. 水产品综合利用的主要对象是什么？

PPT

第一节　水产冷冻制品加工技术

水产冷冻是指以水产品为原料，经适当的清洗、去壳、去内脏、挑选、修整或加热等处理，并急速冻结、妥善包装，在-18℃以下低温贮运和销售的水产制品。与一般未加工处理的新鲜鱼虾等水产冻结品不同，它需要具备以下四方面的条件：①选择优质原料，并经过适当的前处理；②采用快速深温冻结；③在贮藏流通过程中保持-18℃以下的品温；④产品有良好的包装，符合相应的卫生要求。冷冻水产制品按原料处理方式的不同，可分为生鲜冷冻水产制品和调理冷冻水产制品两类。

水产冷冻食品有生鲜的初级加工品和调味半成品，也有调理加工品。冷冻水产食品的生产工艺因水产品的种类、形态、大小、产品形状、包装等不同而有所差异，但一般都要经过冻结前处理、冻结、冻结后处理等过程。

一、水产冷冻制品加工工艺

（一）基本工艺流程

1. 生鲜冷冻水产食品

原料 → 鲜度的选择 → 前处理 → 冻结 → 后处理 → 包装 → 冷藏贮运 → 销售

2. 调理冷冻水产食品

原料 → 鲜度的选择 → 前处理 → 调理加工 → 冻结 → 后处理 → 包装 →

→ 冷藏贮运 → 销售

（二）工艺要点

1. 原料鲜度的选择 加工冷冻水产食品必须选择鲜度高的水产品作为原料。水产品鲜度好的，可用于加工冻鱼、冻虾等；鲜度较好的，可用于加工冻鱼片、冻虾仁等；鲜度较差的，不能用于加工冷冻水产食品。

如果以冷冻鱼作为冷冻水产食品原料时，首先要判定冷冻鱼的鲜度质量，然后再进行解冻，以保证加工冷冻水产食品的质量。冷冻鱼鲜度判定方法有化学方法（测定 K 值和 TVB – N 值）、微生物学方法（测定细菌总数）、物理方法（用显微镜观察组织或者测定液汁损失量）、感官方法等。最简单的是感官方法，就是用锋利的刀具将冷冻鱼切断，观察其断面（使用放大镜更好），在切断面上如能看到冰结晶，则鲜度质量不好；如看到表面致密，具有鱼肉特有的光泽，则冷冻鱼的鲜度质量好。另外，切出薄的鱼肉片，放水中融化后再用手指掐一下，如果水分溢出很多，则说明鱼肉的保水性差，其鲜度不好。

冷冻鱼的解冻以进行到半解冻状态为宜，便于调理。解冻后的终温必须保持在5℃以下。解冻后鱼品质的劣化速度与新鲜鱼相比显著加快，因此要迅速进行前处理工序，绝对避免解冻品的保存。

2. 前处理 一般指把水产品从捕捞后至冻结前的一系列加工处理过程。前处理必须在低温、清洁的环境下妥善进行。另外，由于水产品的肌肉组织柔软脆弱，极易腐败，因此水产品捕获致死后，必须迅速处理，缩短加工时间，防止其腐败变质。原料的前处理是冷冻水产食品制造的主要工序。由于水产品的种类、产品形式和要求不同，其前处理的操作工艺有所差异，但仍有不少共同之处。

（1）原料选择 捕捞的鱼卸货后，首先按种类和大小分类、分级，然后根据用途处理。

（2）冰藏 如果进货量较小，原料则不必进行冰藏；如果一次进货量较大，不能及时加工，就必须对剩余鱼货进行冰藏，以防腐败，但是冰藏的鱼货也必须尽快完成加工，否则新鲜度会下降，造成产品质量和贮藏性能下降。

（3）水洗、脱水 鲜鱼首先要用清洁的冷水洗干净，海水鱼可使用1%食盐水清洗，以防止鱼体褪色和眼球白浊。特别是乌贼，使用2% ~3%食盐水保色效果更好。洗涤方法有两种。

1）浸没式洗涤：将鱼体浸没在装有水的水槽或大桶里，洗涤好后将水排出把鱼取出。

2）喷淋式洗涤：将鱼放在船甲板上或加工场地，用水喷淋洗涤。

（4）形态处理 小型海水鱼类一般都整条冻结，也有剖腹、去内脏后冻结的；淡水鱼则必须去内脏，因为淡水鱼鱼胆极易破裂，会造成鱼体发绿、变苦的"印胆"现象。大型鱼类一般都要经过形态处理，去头、去内脏、洗涤、放血。大型鱼类或中等鱼类可用手工或机械将鱼肉根据冻结制品的要求，加工成鱼片、鱼块和鱼段等，处理的刀具必须清洁、锋利，防止污染。

1）鱼片加工："全背鱼片"是沿鱼背脊、腹鳍后到尾部取下可食的半片肉片。每条鱼可加工成两片。鱼片分为带皮和去皮两种。"蝶形鱼片"是两片全背鱼片之间由腹部鱼片连接在一起，形似蝶形片。鱼片加工时间最好在鱼僵硬后，此时鱼体变软适于切片和以后处理，也能防止以后收缩。但是在僵硬状态下切片，切片困难，成品率下降。僵硬前切片，切下的鱼皮如不迅速冻结，经过僵硬过程就要收缩。因为此时鱼的肌肉组织不再由骨骼支撑，收缩剧烈，容易破碎而影响成品率。鱼片的成品率在20%～67%。

2）鱼段、鱼块加工：大型鱼去鳞去内脏去皮（有的不去皮）后切成鱼段；鱼块是将处理好的鱼切成20～25mm厚的平块，每块重100～200g。

鲜度好的虾，可以简单清洗后生产冻全虾；鲜度较好的，可以生产冻去头虾或冻虾仁。另外，还可以将虾加工成各种形状的产品，如生蝴蝶虾、开背生虾仁、生凤尾虾、生易开背虾、生虾串等。

蟹有在盐水中煮熟后带壳冻结的，也有除壳单冻蟹肉的。乌贼有整只冻的，也有除去内脏，切成片、丝后冻的。

（5）水洗、脱水　经过形态处理的水产品，必须经过再次洗涤，主要洗去形态处理过程中黏附在产品表面的污物等。

（6）挑选、分级　水产品经过前面一系列加工工序后，按照鲜度品质和商品规格要求进行挑选分级。

（7）抗氧化处理　为防止水产品在冻藏过程中的品质下降，有些品种还要进行必要的物理处理和化学添加剂处理，如抗氧化处理、盐渍处理、加盐脱水处理、加糖处理等。特别是对于多脂鱼类，由于其肌肉组织中的脂肪和脂类物质含有较多的不饱和脂肪酸，容易氧化酸败，造成变色变味，必须采取一些保护措施，如采用适当的包装材料或向鱼产品中加入适量的食品抗氧化剂。

（8）称量、装盘、包装、冻结　在操作顺序上，各个品种也有不同。采用块状冻结方式，一般都是冻前包装，或者把一定重量的原料装入内衬聚乙烯薄膜的冷冻盘内进行冻结；如果采用连续式的单体快速冻结，则分级和包装都在冻结后进行。产品在称量时应注意添加适量的水，一般为鱼品质量的2%～5%，这是因为产品在冻结和冻藏过程中存在干耗，添加适量的水可以保证产品解冻后的净重符合规定要求。

鱼产品称量后应立即摆盘。每盘产品鲜度质量和大小规格均匀一致。在摆盘过程中应该注意轻拿轻放，尽量不要损伤水产品外形和表皮，并随时剔除不合要求的产品。冻盘要求由不锈钢材料制作，在使用前冲洗干净并进行消毒处理，并在盘底和摆盘后的表层各放一枚标签，上面标明产品名称、等级、生产日期和厂家。摆盘后应立即进行冻结或送到冻结准备间（0℃）暂存一段时间，在搬运过程中要注意平拿平放，防止冻结盘倾斜、滑倒或上下盘积压，损伤鱼体。

3. 调理加工　调理冷冻水产食品加工工艺流程与普通的冷冻水产食品不同，在冻结前它必须有一系列调理加工工序。调理加工是冻结调理食品所特有的，包括调味、裹面、成型、加热、冷却等工序。其中的加热方式有油炸、水煮、蒸煮、焙烤等，采用其中任意一种或组合的方法来进行加热，使产品通过加热处理由生鲜食品变成熟制品。冻结调理水产食品的外观组织形态应完整端正、大小均匀一致、表面形态良好，有自然光泽，呈现鲜嫩态，质构特性良好，不能有水产品原有的腥味和油烧味、新鲜鱼肉的加热腥味、焙烤制品和油炸制品的焦味等不良味道，口感良好。此外，防止冻结调理水产食品中混入任何夹杂物，如碎贝壳、沙粒等异物。目前市场上的该类产品主要有面包鱼片、蒸煮鱼片、炸鱼排、凤尾面包虾、蝴蝶面包虾、调味虾等。

4. 冻结　水产品原料经过前处理和调理加工后，进入冻结工序。具体方法根据产品特性和要求进行选择。冻结方式主要有空气冻结、接触冻结、浸渍冻结、沸腾液体冻结等。

（1）空气冻结法　利用空气作为介质冻结水产品，在冻结过程中，冷空气以自然对流或强制对流的方式与水产品换热，是目前应用最广泛的一种冻结方法。

1）隧道式吹风冻结装置：它是我国目前陆上水产品冻结使用最多的冻结装置。蒸发器和风机组成的冷风机安装在冻结室的一侧，鱼盘放在鱼笼上，并由轨道送入冻结室。冻结时，风机使空气强制流动，冷空气流经鱼盘，吸收鱼品冻结时放出的热量，吸热后由风机吸入蒸发器冷却降温，如此反复不断循环。此法是间歇式操作，它的优点是水产品在吊轨上传送、劳动强度小、冻结速度较快，其缺点是冻结不均匀、干耗大、电耗也较大。

2）螺旋带式连续冻结装置：这种装置由转筒、蒸发器、风机、传送带及一些附属设备等组成。适用于冻结单体不大的食品，如油炸水产品、鱼饼、鱼丸、鱼排、对虾等。优点是可连续冻结；进料、冻结等在一条生产线上连续作业，自动化程度高；冻结速度快，冻品质量好，干耗亦小；占地面积小。

3）流态化冻结装置：通常由一个冻结隧道和一个多孔网带组成。当物料从进料口到冻结器网带后，就会被自下往上的冷风吹起，在冷气流的包围下互不粘接地进行单体快速冻结，产品不会成堆，而是自动地向前移动，从装置另一端的出口处流出，实现连续化生产。

水产品在带式流态冻结装置内的冻结过程分为两个阶段进行。第一阶段为外壳冻结阶段，要求在很短时间内，使食品的外壳先冻结，这样不会使颗粒间相互黏结。在这个阶段的风速大、压头高，一般采用离心风机。第二阶段为最终冻结阶段，要求食品的中心温度冻结到 $-18℃$。流态化冻结装置可用来冻结小虾、熟虾仁、熟碎蟹肉、牡蛎等，冻结速度快，冻品质量好。

（2）接触冻结法　又称平板冻结法，是借平板机的冻结平板同水产品直接接触换热的一种冻结方法。将制冷剂直接注入金属制的中空的平坦容器中，使之冷却到 $-40 \sim -25℃$，在这个平坦容器之间插入食品，利用液压装置使两块金属板相互紧贴，食品两面接触冷金属板，加快冷却速度，厚 $6 \sim 8cm$ 的食品在 $2 \sim 4$ 小时内即可完成冻结，冻结食品的形状扁平整齐，占地面积又小，常见于对虾类、贝肉等小型食品的速冻。平板冻结机分为立式和卧式两种。

（3）浸渍冷冻法　也称浸泡冷冻法。是将食品用容器密封包装再浸渍到低温液态介质中进行冻结。这种液态介质应当无毒、无异味、无外来色素、无腐蚀和漂白作用。常用氯化钠、氯化钙、丙二醇等。冷冻厂制冰块、制冰棒等常用此法。

水产品的浸渍冻结分为直接接触和间接接触两种。

1）直接接触冻结：将水产品浸在盐水里或向水产品喷淋盐水进行冻结。所用盐水是饱和氯化钠溶液，冻前将其温度降至 $-18℃$，待水产品中心温度降至 $-15℃$ 时，冻结完毕。将水产品移出，迅速用清水洗淋，进行包装，冻藏。如采用浸在盐水里的冻结方法，则盐水是流动的，冻前应将水产品进行预冷。此法的优点是冻结速度快；缺点是容易损伤水产品的皮肤、鳞片，外观不佳，肉质偏咸，贮藏时脂肪加速氧化，与盐水接触的设备易腐蚀，盐水受血液、碎肉等的污染需经常更换。

2）间接接触冻结：所用的盐水是氯化钙水溶液，通过搅拌器（循环泵）的强制作用，盐水在池内不断循环流动，并经过蒸发器冷却，使池内盐水均处于低温状态，被冻的水产品经洗涤，装入桶内（冰桶），并浸于盐水池（切勿使盐水进入鱼桶）中进行冻结。因氯化钙盐水共晶点（$-59℃$）低，通常将其降至 $-30 \sim -20℃$ 下进行冻结，水产品冻结时间 $6 \sim 8$ 小时。此法优点是冻结速度比空气冻结快，又避免了盐分渗入水产品；缺点是盐水接触的所有容器、设备都易受腐蚀作用。

（4）沸腾液体冻结法　也称超低温制冷剂冷冻法。是将液态氮（沸点 $-195.8℃$）和液态二氧化碳（沸点 $-79℃$）制冷剂直接喷射于食品，使之迅速冻结的方法。该法冷冻速度快，操作简单，比平板冻结法还快 $5 \sim 6$ 倍。食品冷冻无干耗，不易发生氧化变化。特别适用于小型的单体急速冻结食品（IQF

食品）。由于温差大，易使食品产生龟裂现象。不宜冷冻厚度深的食品。一般要求食品厚度小于10cm，工作温度在 −60 ～ −120℃之间。

5. 冻结后处理　指冷冻水产食品从冻结装置中出来，在送往冷藏库进行长期的冻藏前，需进行一些处理，包括脱盘、镀冰衣和包装等操作工序。冻结后处理的目的是防止长期冻藏中冷冻水产食品的品质变化和商品价值的降低。冻结后处理必须在低温、清洁环境中迅速进行，它直接影响冻品的质量，尤其是镀冰衣。

（1）脱盘　采用盘装的水产品在冻结完毕后依次移出冻结室，在冻结准备室中立即进行脱盘。脱盘可用手工，也可采用机械脱盘。

（2）镀冰衣　将水产品浸渍在冷冻的饮用水中，或将水喷淋在产品的表面形成一层薄冰层，其目的是使水产品和空气隔绝，防止空气的氧化作用，也可以防止冻藏期间的干耗，同时水产品表面的冰衣可使产品外观更加平整光滑，光泽感强。

🔗 知识链接

镀冰衣的方法

镀冰衣的水必须符合饮用水标准，可以是淡水或海水，水温控制在0～4℃。镀冰衣的方法有浸渍式和喷淋式。

1. 浸渍式镀冰衣　是将刚脱盘的冻结水产品浸入低温水中，利用其自身的低温使周围水变成冰层，附着在冻结水产品表层而形成冰衣。镀冰衣浸水时间第一次8秒左右。有时连续进行二道镀冰，在第一次镀冰衣后将冻品移出水面半分钟，等冻品上的附着水分冻成冰后，即进行第二次镀冰衣，第二次时间5秒左右。镀冰衣重量可占冻品净重的5%～12%。

2. 喷淋式镀冰衣　是连续机械化操作，上下两面喷淋。占冻品净重的2%～5%。在采用清水给水产品镀冰衣时，常出现下列问题：附着量少、附着力弱；有时出现龟裂而剥落；冻藏中冰衣升华消失快，要每隔2～3个月再镀一次冰衣，很费力。为了克服以上问题，可在镀冰衣的清水中加入食品增稠剂（羧甲基纤维素等）；对多脂鱼，还应加入抗氧化剂等。

---

6. 包装　包装材料要求清洁卫生、无毒；不串味，防止灰尘和细菌污染；耐低温、气密性好、透湿率低、透光性好。目前国内外普遍使用的包装有收缩包装、充气包装、真空包装和无菌包装等。包装时需要注意：①必须在低温下进行，包装前包装材料要预冷到0℃以下；②每种冻品单独包装，同时与外包装的标示规格一致；③每一箱总质量控制在25kg，便于流通搬运；④外包装材料上应明显标有产品的商标，并注明品名、产地、等级、批号、厂代号、毛重、净重及其他规定要求；⑤出口商品还应用英文或进口商所要求的某国文字做相应的标示；⑥包装后应迅速进入冻藏间，防止品温回升。

7. 冻藏　冻藏温度越低，品质越好，贮藏时间越长，但考虑到设备的耐受性、经济性以及冻品所要求的保鲜期限，一般冷库的冻藏温度设置在 −30 ～ −18℃。我国的水产冷库库温一般保持在 −18℃以下，有些国家则为 −30℃。另外，温度的波动幅度、包装材料、湿度、堆放方式等对其冻品品质也有重要影响。在冻藏期间如果不注意这些细节，将会给冻品品质造成很大的危害。因此，要严格控制库房温度，防止波动，在 −18℃以下冻藏时允许有 ±1℃的波动；要减少开门次数、进入人数和开灯时间。

二、水产冷冻制品生产常见的质量问题及控制措施

（一）干耗

干耗是指水产冷冻制品在生产中重量减少的现象。水产冷冻制品在生产过程中容易发生干耗，除了造成经济上的损失之外，还会引起冻藏水产品的品质下降，一般通过镀冰衣、包装、降低冻藏温度等措施来减少干耗的发生。

（二）冰结晶增大

冰结晶增大是指水产制品在冻藏过程中，冰晶的形成、融化以及重结晶，使组织内小冰晶依附于大冰晶，引起冰晶数量的减少及个体体积的增大，从而造成细胞结构的破坏，并最终加速一系列理化感官品质下降的现象。通过控制冻藏室的温度尽量减少波动，使用抗冻剂、抗氧化剂等生物保鲜剂辅助冻结，高压电场、超声等机械设备辅助冻结，减小最大冰晶生成带的生成时间，对水产品冻藏保鲜可起到一定成效。

（三）色泽变化

主要原因：①还原糖与氨化合物反应造成的褐变。②酪氨酸酶的氧化造成虾的黑变。③血液蛋白质的变化造成的变色，即金枪鱼在$-20℃$冻藏2个月以上其肉色变化：红色→深红色→红褐色→褐色，这是由于鱼色素中肌红蛋白氧化产生氧化肌红蛋白的结果。氧化肌红蛋白的生成率在20%以下鱼肉为鲜红色；30%为稍暗红色；50%为暗红色；70%以上为褐色。④旗鱼类的绿变：冻旗鱼为淡红色，在冻藏时变绿色，这是由于鲜度下降，细菌繁殖产生硫化氢，与血红蛋白、肌红蛋白在储藏过程中硫络血红蛋白和硫络肌红蛋白造成的。⑤红色鱼的褪色。可以通过包装、镀冰衣等方法隔绝空气、防止氧化，或使用抗氧化剂，或者抗氧化剂与防腐剂两者共同使用等措施减少色泽变化。

（四）脂肪氧化

鱼类体内脂肪在酶的作用下水解为游离的不饱和脂肪酸，在低温条件下也不会使其凝固，同时在长期冻藏中，脂肪酸往往在冰的压力下，由内部转移到表层，很容易同空气中的氧气作用，产生酸败。并容易和蛋白质的分解产物，如氨基酸、盐基氮以及冷库中的氨共存一起，从而加强了酸败作用，造成色、香、味严重恶化（油烧）。预防脂肪氧化的措施：①避免和减少与氧的接触；②冻藏温度要低；③防止冻藏间漏氨；④使用抗氧化剂，或者抗氧化剂与防腐剂两者并用。

三、水产冷冻制品加工实例 📱 微课

（一）冷冻海鳗片

海鳗是我国沿海主要经济鱼类之一，尤其以浙江、福建、广东三省沿海产量最多。海鳗肉质细嫩，含脂量高（2.7%），蛋白质含量丰富（17.2%）。用鲜活海鳗加工成的冷冻海鳗片，色泽雪白、晶莹透亮、无血腥味，是我国海产品主要创汇品种之一。

1. 工艺流程

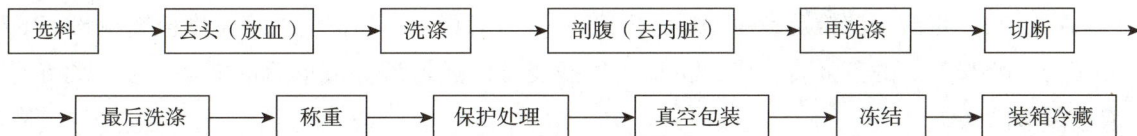

选料 → 去头（放血）→ 洗涤 → 剖腹（去内脏）→ 再洗涤 → 切断 →

→ 最后洗涤 → 称重 → 保护处理 → 真空包装 → 冻结 → 装箱冷藏

2. 加工工艺

（1）选料　要求用活海鳗原料。因为活海鳗去头后可放净血，产品洁白、无瘀血。出口日本的产

品是生食的，所以鲜度和卫生要求特别高。通常用带有活水舱的收购船在海上直接收购活海鳗，然后立即运至水产品加工厂。在运输过程中已经死亡或快要死亡（鲜活度不好）、鳗体表面被严重咬伤以及条重在200g以下的海鳗应挑拣出来，另行处理。暂时处理不了的海活鳗应立即放入水池中暂养（水池应具备暂养条件），但暂养时间不宜过长。

（2）去头 把活海鳗去头，放净血。如在海上进行操作，其后应是一层冰一层海鳗，在3小时内将原料运至加工厂。

（3）洗涤 用10mg/kg的漂白粉水清洗海鳗，浸泡30分钟，去掉其体外污物。

（4）剖腹 用刀顺腹腔割至排泄孔，把内脏全部除去。

（5）再洗涤 将已除内脏的海鳗用7mg/kg的漂白粉水清洗，去除残余内脏和污物，时间控制在3分钟之内。

（6）切断 沿海鳗腹腔椎骨一侧剖割，使其两侧肌肉分开（不分离）。去掉海鳗椎骨、尾、腹鳍，把海鳗片切成段（每段约20cm）。

（7）最后洗涤 用5mg/kg的漂白粉水清洗，时间控制在3分钟。

（8）称重 按规定的重量称重（通常每袋2kg）。

（9）保护处理 将海鳗片浸入添加脂溶性抗氧化剂的溶液中，立即取出。

（10）真空包装 将海鳗片整齐排列于包装袋中，用真空包装机包装。

（11）冻结 包装好的产品立即送入快速冻结装置内速冻，15～20分钟内其中心温度达到−15℃以下。

（12）装箱冷藏 常按8块一箱纸箱包装，包装后应及时送入冷库贮藏。库温应控制在−25～−18℃。

3. 产品质量标准 产品色泽洁白，无血块，气味正常，无酸败味及其他变质异味，组织紧密，有弹性，理化指标及微生物指标符合相应产品质量标准。

（二）冷冻香酥虾饼

冷冻香酥虾饼是以冷冻鱼糜为原料，配以辅料、调味料加工而成的冷冻方便食品。该产品不经解冻即可油炸，表面呈金黄色，外酥里嫩，具有虾的鲜味，营养丰富。

1. 工艺流程

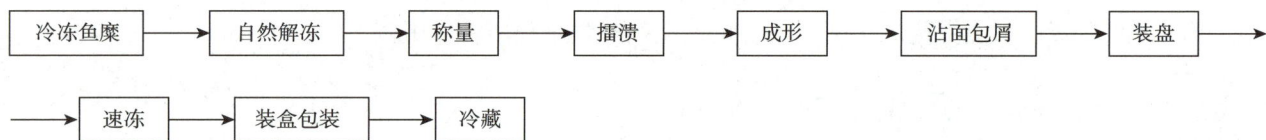

2. 加工工艺

（1）冷冻鱼糜解冻 冷冻鱼糜的解冻可在解冻装置中进行或在空气中自然解冻，但需根据各季节不同的气温情况，提前一段时间将冷冻鱼糜从冷库中取出，于室温条件下解冻至半解冻状态。

（2）擂溃 把半解冻的鱼糜按配方要求称量放进擂溃机，加入绞碎的虾肉、虾色素、虾香精、虾味素和适量冰水，擂溃3～5分钟，用手捏鱼糜没有冰晶感后加入精盐，擂溃20～25分钟，加入猪油（炸蒜炸出香味的）、蛋清、淀粉及其他配料，擂溃5～8分钟即可。擂溃时注意温度控制在8℃以下。

（3）成形 将擂溃好的鱼浆装入成形机里，根据要求的质量调好成形后的虾饼厚度，将鱼浆加工成圆形或椭圆形的虾饼。

（4）沾面包屑 成形后的虾饼放进盛有面包屑的盆里，人工把虾饼两面都沾上面包屑。

（5）装盘 把沾上面包屑的虾饼整齐地放在冻鱼盘里，放满一层后盖上聚乙烯薄膜；再放一层虾饼，盖上聚乙烯薄膜。根据盘的深度可放3～4层虾饼，最上层虾饼也要盖上聚乙烯薄膜。

（6）速冻　将成形后装盘的虾饼放入平板速冻机（−35℃）速冻，使虾饼中心温度达到−25℃，然后取出包装。

（7）包装、冷藏　速冻后的虾饼应快速按包装盒规定的个数装盒、装箱，然后送入库温为−18℃以下的冷藏库内贮存。

第二节　水产烟熏制品加工技术

熏制品是原料（主要原料为鲜鱼）经调理、盐渍、沥水、风干，通过与木材产生的烟气接触，获得独特风味和贮藏性的一类制品。烟熏法也是人类在远古时代就掌握的一种鱼、肉加工方法。它与腌制一样，是一种传统的食品加工和贮藏方法，而且在生产中熏制常与腌制结合在一起使用。熏制过程是加热、烟熏、干燥共同进行的一种复杂的加工过程。

在烟熏过程中利用木材的不完全燃烧而产生烟气，并控制一定温度使食品边干燥边吸收熏烟，使食品不但具有特殊的烟熏风味，而且能改善制品色泽、食品的抗氧化性和贮藏性，对于水产食品还具有抑制鱼腥气味的效果。

熏是为了增加食品的风味和延长食品的贮藏期，具体表现在以下几个方面：①赋予制品特殊的风味，熏制时高温使制品表面焦糖化产生焦香味，另外，熏烟中的许多有机化合物附着在制品上，产生特有的烟熏香味；②赋予制品良好的色泽，使其表面呈亮褐色、脂肪呈金黄色、肌肉组织呈暗红色；③由于烟熏的温度和烟气中含有抑菌物质，如有机酸、醇类等在水产制品中的沉积，可抑制微生物的繁殖；④赋予水产品抗氧化作用，因熏烟中许多成分具有抗氧化性质。烟熏和加热往往相辅并进，在加热的作用下有利于形成稳定色泽，且色泽的形成因燃料种类、熏烟浓度、树脂成分含量、加热温度及被熏食品水分含量不同而有所差异。

一、水产烟熏制品加工工艺

（一）基本工艺流程

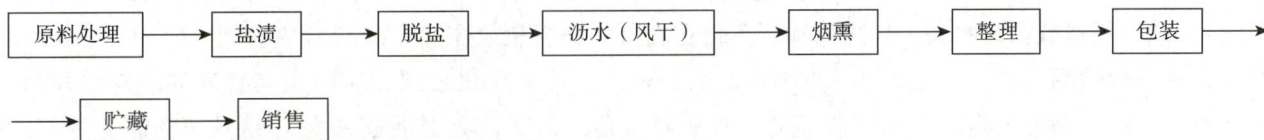

原料处理 → 盐渍 → 脱盐 → 沥水（风干）→ 烟熏 → 整理 → 包装 →

→ 贮藏 → 销售

不同产品的生产工艺及关键点大致相同，可根据原料性质和产品类型选择相适应的生产工艺流程。不同烟熏方法，产品的质量和耐贮藏性有很大差别。

（二）工艺要点

1. 熏制前处理

（1）原料处理　烟熏加工宜选用新鲜的鱼、贝或头足类原料，也可使用鲜度良好的冷冻、腌制和盐渍干制品。在原料鱼类的选择上，若含脂量过高，易发生油脂氧化，且不利于脱水，贮藏性差；若含脂量过低，鱼体过硬，熏烟的香气等难以吸附，风味差，成品率低。因此，一般选择原料含脂量：冷熏7%～10%、温熏10%～15%。

（2）盐渍　在原料的熏制前处理中，盐渍工序对制品的质量具有重要影响。盐渍可防止变质，并使原料在熏制时容易脱水。盐渍的工艺参数，要根据鱼体大小、脂肪含量、鱼皮存在与否、熏制方法以及产品要求而定。

（3）脱盐　为了使原料充分腌透，通常在盐渍过程中使用高于成品要求的用盐量。因此，常需对盐渍后的原料进行脱盐处理。同样，在采用腌制品和盐渍干制品作为原料时，也需进行脱盐处理。这不但可除去过量的食盐，同时还能漂去容易引起腐败的可溶性成分，对提高制品的质量具有重要意义。脱盐通常是将原料在水或淡盐水中进行浸渍、漂洗。脱盐时间视原料种类、大小、水温、水量、流水速度或水交换量而定。

（4）沥水（风干）　脱盐后的原料熏制前要进行风干，或采用人工干燥法，以使鱼体水分适合熏制。熏鱼的颜色、味道很大程度上取决于熏干前鱼体表面的水分含量。当鱼体表面水分含量很高时，熏烟中焦油成分以及酸性成分就会吸附在鱼肉上，使制品的颜色变黑，味道变酸，影响制品的质量。如果鱼体水分太低，在烟熏过程中，鱼体颜色不能达到正常要求，熏烟中一些特有的香味也不容易进入鱼体，以致达不到熏制的目的。一般控制水分在40%以内。

2. 熏制　根据熏室的温度不同，可将熏制分成冷熏法、温熏法和热熏法，另外还有液熏法和电熏法。

（1）冷熏法　将熏室的温度控制在蛋白质不产生热凝固的温度区（15～23℃），进行连续长时间（2～3周）熏干的方法。这是一种烟熏与干燥（实际上还包括腌制）相结合的方法，制品具有长期保藏性。为了防止熏制初期的变质，采用高浓度的盐溶液盐渍再脱盐，使肉质易干燥。脱盐的程度常控制在最终产品盐分含量为8%～10%，制品水分含量约40%，保藏期为数月。

（2）温熏法　这是使熏室温度控制在较高温度（30～80℃），进行较短时间（3～8小时）熏干的方法。本方法制得产品肉质柔软，口感好，其风味优于冷熏法，但保存性较差，欲长时间贮藏时，则要辅之以冷藏、罐藏等手段。温熏，一般生产以调味目的为主、贮藏目的为次的产品。

（3）热熏法　也称焙熏。热熏法在德国最为盛行，采用高温（120～140℃）短时间（2～4小时）烟熏处理，蛋白质凝固，食品整体受到蒸煮，是一种可以立即食用的方便食品。热熏时因蛋白质凝固，制品表面很快形成干膜，妨碍了制品内部的水分渗出，延缓了干燥过程，也阻碍了熏烟成分向制品内部渗透。因此，其内渗深度比冷熏浅，色泽较浅。制品水分含量高，通常烟熏后立即食用，贮藏性较差。热熏法所用熏材量大，温度调节困难。

（4）液熏法　将阔叶树材烧制木炭时产生的熏烟冷却，除去焦油等，其水溶性部分称为熏液（木醋液）。预先用水或稀盐水将上述熏液稀释3倍左右，将原料鱼放在其中浸渍10～20小时，也可用熏液对原料鱼进行喷洒，然后干燥即可。为改善制品的色泽及提高干燥效果，有时也与普通的熏制法并用。液熏最大的优点是可正确调整烟熏制品的最佳香味浓度，且熏液及其香味成分容易赋予食品，香味均一。到目前为止，液熏产品的风味不如其他熏制品。

（5）电熏法　将水产品以2个组成一对，通过高压电流，水产品成为电极产生电晕放电，带电的熏烟即被有效地吸附于鱼体表面，达到熏制效果。由于食品的尖突部位易于沉积熏烟成分、设备运行费用过高，尚难普及应用。

二、水产烟熏制品加工实例

（一）烟熏鲑鱼

烟熏鲑鱼作为一种高级熏制品，有冷熏、温熏，全鱼、去头和背肉熏制等形式。原料主要有红大麻哈鱼、大麻哈鱼、马苏大麻哈鱼、银大麻哈鱼和大鳞大麻哈鱼等。

1. 工艺流程

原料处理 → 盐腌 → 修整 → 脱盐 → 风干 → 熏干 → 罨蒸 → 包装 → 冷藏

2. 加工工艺

（1）原料处理　选新鲜红鲑，取背肉和腹肉 2 块，充分洗净血液、内脏等污物。

（2）盐渍　在盐渍时先向背肉和腹肉抹上食盐，然后逐条按皮面向下、肉面向上的方式整齐地排列在木桶中，每层再撒盐盐渍，盐渍后的鱼肉注入足够食盐水。

（3）修整　盐渍后的鲑鱼肉切除腹巢即算完成。但注意，切片部容易发生色变及油脂氧化，因而需要进行人工修整。

（4）脱盐　洗净鱼片后，尾部打一细结吊挂在木棒上。棒的长度一般为 1.5m，每根棒挂 8 条左右，置于脱盐槽内吊挂脱盐。根据盐渍时盐水的浓度和水温等调整脱盐时间。一般盐水浓度为 22～23°Bé、水温 44℃时，需脱盐 120～150 小时，经脱盐后，烤一片鱼肉尝试一下鱼的盐分，直到口感略淡时为止。

（5）风干　将脱盐后的鱼片悬挂在通风好的室内 72 小时，直至表面充分风干、出现光泽为止。风干不足，有损制品色泽；但干燥过度，表面则出现硬化干裂，不利于加工高质量的产品。

（6）熏干　熏干温度一般根据大气温度、原料情况做适当调整。常规标准：3.6m×3.6m、高度 6m、吊挂 4 层，气温 10℃、熏室温度 18℃，熏材 2～7 处。

（7）罨蒸　熏制结束后，拭去表面尘土，放在熏室或走廊内，堆积成 1～1.3m 的高度覆盖好后罨蒸 3～4 天，使鱼块内外干燥一致，色泽均匀良好。

（8）包装与贮藏　用塑料袋进行真空包装。产品可常温下流通，若需长期保藏，则可采用低温贮藏。

（二）调味烟熏乌贼丝

1. 工艺流程

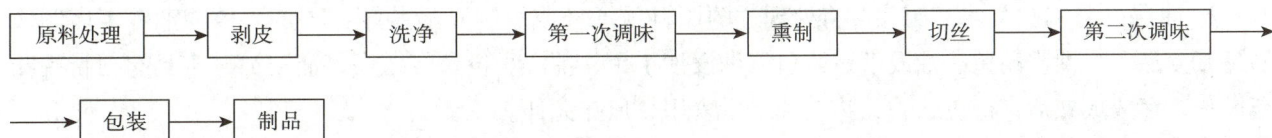

原料处理 → 剥皮 → 洗净 → 第一次调味 → 熏制 → 切丝 → 第二次调味 →

→ 包装 → 制品

2. 加工工艺

（1）原料处理　先将新鲜或冷冻乌贼头部和内脏一起从胴体取出，除去头、足、内脏，进行背开，同时除去内骨（软骨），然后沿鳍的根部切断。只用胴体加工烟熏品，鳍、头、足部用于其他调味加工品、淡干品、鱼粉或冷冻鱼糜等。胴体需充分水洗，除净污物。

（2）剥皮　一般放在 55～60℃的热水中浸烫，通过搅拌使鱼体相互摩擦，色素和表皮溶到热水中。大多使用加热釜或者大木桶，也有在配备搅拌机的剥皮机上加工。剥皮所需的时间根据原料鲜度而定，鲜度良好的达到温度后保温 10～20 分钟，鲜度差的 10 分钟左右即可剥皮。温水要及时更换（每使用 2～3 次再换）。

（3）洗净、煮熟　经剥皮的胴体，特别是内部要用刷子清洗干净，然后放在 3%～5% 的沸水中煮熟 2～3 分钟，待肉质完全凝固时，捞起排列在竹帘上冷却风干。

（4）第一次调味　煮熟原料大多添加食盐 3%～5%、味精 0.1%～1%，混合后均匀撒在鱼体上，轻压，堆积过夜。使调味料渗入肉体，肉体的水分向外浸出。

（5）熏制　第一次调味后，鳍根部钉入挂棒，排列吊挂，移入烟熏室内，最底层应离火源 1.8～2.4m，每一挂棒之间的横向间隔距离为 6～9cm，上下间隔为 18～24cm。最初的烟熏温度为 20～25℃，经 2 小时后逐渐升高温度，至最后 2 ~ 3 小时内用 60 ~ 70℃温度，烟熏 7 ~ 9 小时完成。采用热熏时，初温 70℃烟熏 3 ~ 4 小时，然后用 100℃熏 33 ~ 60 分钟，一般在夏季需熏干些，使制品水分在 40% 左右；冬季熏干时间短些，水分在 45% 左右。

（6）切丝、筛选　熏干完成后，通过切丝机沿胴体垂直的方向切成宽 1 ~ 2mm 的丝，弃去过度干燥的两端部。切丝后，通过圆筒形的回转金属网，筛去切丝不好的部分。

（7）第二次调味　乌贼丝需进行第二次调味。例如，用食盐 2% ~ 5%、味精 0.1% ~ 0.5% 以及核苷酸调味料 0.1% ~ 0.5%。鱼肉在混合机内拌和，并加入调味料。如要进行防霉处理，可以喷入如山梨酸 - PG 液等。第二次调味后堆放过夜，使调味液渗透均匀。如表面过于发黏，可用红外线干燥机在 75 ~ 85℃干燥 10 分钟。另外，可添加乌贼肉重 1% ~ 2% 的植物油（如棉籽油、大豆油）防止过分干燥。

（8）包装　制品用聚乙烯袋或硫酸纸包装，每袋 1kg 或 2kg，外用厚纸箱包装。也有用聚乙烯复合袋抽真空包装的，在 9℃进行 30 分钟左右蒸汽杀菌后装入塑料袋（聚乙烯）即成商品。

第三节　水产罐头加工技术

PPT

一、水产罐头的分类

水产罐头是指将水产原料（主要指鱼、虾、蟹、贝类等水产动物）预处理后密封在容器或包装袋中，经适度杀菌后达到商业无菌，得以在室温下长期保藏的水产品。

根据《罐头食品分类》（GB/T 10784—2020），水产动物类罐头按加工及调味方法不同，分为油浸（熏制）类水产罐头、调味类水产罐头、清蒸类水产罐头、藻类罐头四类。

1. 油浸（熏制）类水产罐头　将处理过的原料预煮（或熏制）后装罐，再加入植物油等工序制成的罐藏食品。如油浸鲭鱼、油浸烟熏鳗鱼、油浸沙丁鱼、油浸金枪鱼等罐头。油浸类罐头具有独特香味与风味，存放成熟后，待色、香、味匀和之后食用，风味尤佳。

2. 调味类水产罐头　将处理好的原料盐渍脱水（或油炸）后装罐，加入调味料等工序制成的罐藏食品。根据调味料的不同，又可分为红烧、茄汁、葱烤、鲜炸、五香、豆豉、酱油等多种风味。这类产品的特点是注重调味料的配方及烹饪技术，使产品各具独特风味。日本调味罐头的调味料以酱油、豆瓣酱、砂糖为主，我国典型的调味类水产罐头有五香类和茄汁类鱼罐头。

3. 清蒸类水产罐头　也叫原汁罐头，是指将处理好的原料经预煮脱水（或在柠檬酸水中浸渍）后装罐，再加入精盐、味精而制成的罐藏食品，如清蒸对虾、清蒸蟹、原汁贻贝等罐头。这类产品的特点是保持了原料特有的风味、色泽。一般为脂肪多、水分少、新鲜肥满、肉质坚密的鱼类，如海鳗、鲐鱼、鲳鱼、马鲛鱼、金枪鱼、鲑鱼，以及墨鱼、蛤蜊、牡蛎、虾、蟹等都可作为清蒸类罐头的原料。

4. 藻类罐头　选用新鲜、冷藏或干燥良好的藻类，经加工处理、预煮或不预煮，分选装罐后调味或不调味而制成的罐藏食品，如海带罐头等。

二、水产罐头加工工艺

（一）基本工艺流程

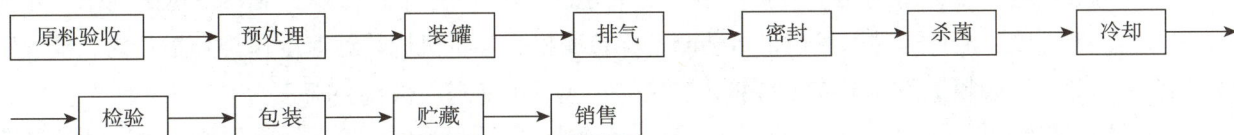

原料验收 → 预处理 → 装罐 → 排气 → 密封 → 杀菌 → 冷却 →

→ 检验 → 包装 → 贮藏 → 销售

（二）工艺要点

1. 原料验收　原料的验收和选择是保证水产罐头品质的先决条件。水产罐头食品加工宜采用新鲜度高、成熟度适中的原料。生产罐头时，除少数品种要求使用活鱼等加工外，一般都是将水产品进行保藏后再供加工。水产品多采用冻结冷藏或低温保藏，水产品新鲜度鉴别尤为重要。

2. 预处理　由于水产品多为冻结保藏，所以原料在进入车间后，必须先经过化冻和清洗。解冻后的原料根据产品要求，进行严格挑选和分级，并剔除不合格的原料，同时根据质量、新鲜度、色泽、大小等分为若干等级，以利于加工工艺条件的确定。挑选分级后的原料，需分别进行清洗，再去除头、尾、皮、鳞、骨、内脏等不可食部分，然后根据产品规格要求，分别进行切块、切条、切丝、盐渍、预热、烹调等处理。前处理工艺根据产品种类不同而不同，如熏鱼罐头需要经过烟熏、炸鱼罐头需要经过油炸等。

切片的主要目的是去除鱼骨，同时使产品具有相同的规格。对于大多数鱼来说，它们的骨头即使在杀菌后仍然很硬而无法食用，所以必须切片。切片容易破坏鱼肉的结构，使鱼在杀菌操作中破碎，尤其是油脂含量较高的鱼。所以，有时切片操作可在预脱水操作之后进行，因为经过预脱水操作后，鱼肉会变得坚硬一些。而对于沙丁鱼、鲑鱼等鱼类，由于它们的骨头在杀菌后会变软，可以食用，所以它们不需要切片操作。

水产品含有大量的水分，它们会在杀菌操作中流出来，并在溶液中形成凝乳状的蛋白质溶出物，严重影响产品的感官性质，所以应在杀菌操作前进行预脱水处理。预脱水的方法主要有蒸煮、油炸、盐腌、烟熏等。其中蒸煮方法一般较少使用，因为水产罐头在杀菌中经常会蒸煮过度。油炸、盐腌、烟熏三种方法不但能够使蛋白质发生变性而达到脱水的目的，更能改善水产品的感官性质，赋予水产品特有的风味。

3. 装罐

（1）罐藏容器的准备　水产品装罐前，要根据水产品种类、加工方法及产品具体要求，选择适当的罐藏容器。目前，水产罐头使用的罐藏容器主要有金属罐、玻璃罐和蒸煮袋三类。由于罐藏容器中附着有微生物、油脂、污物等，因此在装罐前必须对容器进行清洗和消毒。马口铁罐和玻璃罐通常用洗罐机进行清洗和消毒。马口铁罐先用热水冲洗空罐，然后用蒸汽喷射进行消毒；玻璃罐清洗前需要用2%～5%的氢氧化钠溶液在40～50℃下浸泡5～10分钟，先除去污染物再进行清洗，新罐可不用碱水浸泡；蒸煮袋使用前需用紫外灯照射灭菌约30分钟。

（2）水产品装罐

1）装罐工艺：要求经过预处理的水产品原料应尽快装罐。装罐应该注意以下几点：①称量准确，净重和固形物达到要求；②合理分级与搭配，使内容物大小、色泽、形态等基本一致，排列整齐；③装罐要迅速，趁热装罐；④严防异物混入；⑤留出合理的顶隙，一般为6～8mm。所谓顶隙，是指罐内食品的表面与罐盖内表面之间的空隙。但有些产品（如鱼糜罐头制品等），基本上不留顶隙，这是为防止罐内存在空气而引起产品表面的氧化变色。

2）装罐方法：根据产品的性质、形状和要求，装罐的方法分为人工装罐和机械装罐两种。一般来说，块状的水产罐头大多采用人工装罐，因为此类产品形状不一，大小不等，色泽和成熟度也不相同，而产品要求每罐的内容物大致均匀，质量一致，且要求产品排列整齐，机械装罐难以达到要求；颗粒状、粉末状、流体及半流体产品一般用机械装罐，如鱼糜罐头等，机械装罐速度快，分量均匀，能保证食品卫生。因此，除必须采用人工装罐的部分产品外，应尽可能采用机械装罐。

3）注液：装罐之后，除了糊状、胶状、干装类水产品外，其他水产罐头，比如清蒸类、油浸类都要加注汤汁，称为注液。注液能增进水产品风味，提高水产品初温，促进对流传热，改善加热杀菌效果，排除罐内部分空气，减小杀菌时的罐内压力，防止水产罐头在贮藏过程中的氧化。最简单的注液方法是人工注液，大多数工厂采用注液机。

4. 排气与密封　排气是罐头密封前的关键步骤，罐头内真空度的大小，直接影响罐头的杀菌效果。

（1）预封　水产品装罐后用封罐机的滚轮将罐盖的盖钩卷入罐身翻边下面相互勾连，勾连的松紧程度以能动但不脱落为准，还未完全密封，以使排气时气体能自由地从罐内逸出。预封的目的是防止异物掉入罐头内，防止罐头排气后封口前温度下降快，从而提高罐头的真空度。

（2）排气　通过加热使原料中的空气和顶隙中含有的空气在封口前尽可能地排出罐外，从而在封口后罐内会形成一定真空度的过程。常见的罐头排气方法主要有三种：加热排气法、真空封罐排气法和蒸汽喷射排气法。

1）加热排气法：将装好的罐头通过蒸汽或热水加热，或将水产品在热加工后趁热装罐，利用罐内的内容物受热膨胀及水蒸气的作用，将罐内空气排出的过程。这种方法的优点是能较好地排除食品组织内部的空气，获得较好的真空度，还能起到某种程度的脱臭和杀菌作用；缺点是对食品色、香、味有不良影响，且占地大，成本高，卫生差，热量利用率较低。

2）真空封罐排气法：利用专门的真空封罐机，在真空室内，排气、密封瞬间同步完成的方法，这是罐头排气首选的方法。真空封罐排气法的优点是速度快、排气/密封一步完成，便于大规模生产，不用加热，节约能源，特别适合鱼肉等固态食品；缺点是设备贵，不易排除组织内的气体，汤汁较多的罐头封罐时容易在密封室出现汁液外溅现象。

3）蒸汽喷射排气法：利用持续喷射蒸汽到水产罐头顶隙，赶走顶隙内的空气后立即封口，依靠顶隙内水蒸气冷凝来获得真空度的方法，这种方法排气易带入异物。

（3）密封　又称封罐，即为了防止外界空气与微生物和罐内水产食品接触，采用封罐机将罐身和罐盖的边缘紧密卷合，这就是罐头的密封。密封后的水产罐头内部的水产品与外界隔绝，不再受外界微生物的影响。

5. 杀菌与冷却

（1）杀菌目的　罐头杀菌的目的是将罐头中残存的微生物杀灭，使罐头能有更长的保质期。罐头的杀菌并非要求绝对无菌，而是要求达到"商业无菌"。

（2）杀菌方式　水产罐头的 pH 一般都大于4.5，属于低酸性罐头，因而必须采用100℃以上的高温高压杀菌。常用的杀菌方式主要有高压蒸汽杀菌和高压水杀菌。高压蒸汽杀菌法是用高压蒸汽作为加热介质，高压水杀菌是将罐头投入水中进行加压杀菌。

（3）冷却　罐头加热杀菌结束后应迅速进行冷却，因为热杀菌结束后的罐内食品仍处于高温状态，仍然受热的作用，如不立即冷却，罐内食品会因长时间的热作用而造成色泽、风味、质地及形态等的变化，使食品品质下降；对含酸高的水产罐头来说，还会加速罐内壁的腐蚀作用；较长时间的热作用还为嗜热性微生物的生长繁殖创造了条件。冷却速度越快，对食品的品质越有利。

> **知识链接**
>
> ### 罐头冷却方法
>
> 罐头冷却方法根据所需压力的大小，可分为加压冷却和常压冷却两种。
>
> **1. 加压冷却**　也就是反压冷却。杀菌结束后的罐头必须在杀菌锅内维持在一定压力的情况下冷却，此方法主要用于一些在高温高压，特别是高压蒸汽杀菌后容器易变形、损坏的罐头，蒸煮袋包装的软罐头多采取这种方式。
>
> **2. 常压冷却**　可在杀菌锅内冷却，也可在冷却池中冷却，可以在流动的冷却水中冷却，也可采用喷淋冷却。对于玻璃罐的冷却速度不宜太快，常采用分段冷却的方法，以免玻璃罐破裂。罐头冷却不需冷透，最终温度一般控制在38~40℃，以不烫手为宜。此时罐头尚有一定的余热，可以蒸发罐头表面的水膜，防止罐体生锈。

6. 检验、包装和贮藏

（1）罐头的检验　水产罐头在杀菌冷却后，必须经过真空度检查、保温检查、外观检查、理化和微生物检查等一系列检查，衡量其各项指标是否符合相应的标准，完全合格后才可出厂。相关的指标及检测方法参照《食品安全国家标准 罐头食品》（GB 7098—2015）、《食品安全国家标准 食品微生物学检验 商业无菌检验》（GB 4789.26—2013）等标准。

（2）包装和贮藏　罐头的包装主要是贴标签、装箱等，目前大中型企业多采用机械进行包装。储藏仓库内应保持通风、防潮、防冻等，相对湿度控制在75%以下。

三、水产罐头加工实例

（一）豆豉鲮鱼罐头

1. 工艺流程

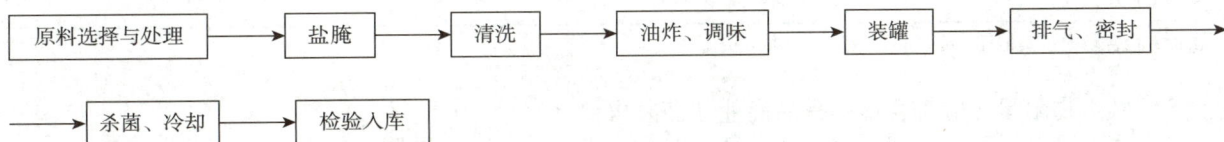

原料选择与处理 → 盐腌 → 清洗 → 油炸、调味 → 装罐 → 排气、密封 →

→ 杀菌、冷却 → 检验入库

2. 加工工艺

（1）原料选择与处理　选择鲜活的鲮鱼，去头、去鳞、去鳍，用刀在鱼体两侧肉层厚处划2~3mm深的线，按大小分成大、中、小三级；大鲮鱼可切成段。

（2）盐腌　采用干腌法腌制，用盐量约为鱼质量的5%，夏季可适量增加，冬季适量减少。将鱼和盐充分拌搓均匀后，装于桶中，上压重石。腌制时间6~12小时，夏季时间短，冬季时间长。

（3）清洗　盐腌完毕的鱼，及时将鱼取出，避免鱼在盐水中浸泡。用清水逐条洗净，刮净腹腔黑膜，沥干。

（4）油炸、调味　将鲮鱼投入170~175℃的油中炸至鱼体呈浅茶褐色，以炸透而不过干为宜，捞出沥油后，将鲮鱼放入65~75℃预先配制好的调味汁中浸泡40秒，捞出沥干。香料水的配制：1.6%丁香、1.2%桂皮、1.2%沙姜、1.2%甘草、1.6%八角茴香、93.2%水，放入夹层锅中，微沸熬煮约4小时，去渣，备用。调味汁的配制：79.5%香料水、7.9%酱油、12.4%蔗糖、0.2%味精，溶解后过滤，备用。

（5）装罐　将罐头容器清洗消毒后，按要求进行装罐，将豆豉去杂质后水洗一次，沥水后装入罐底，然后装入油炸好的鲮鱼。鱼体大小要大致均匀，排列整齐，最后加入精制植物油，罐头净含量为227g的加油5g，净含量为300g的加油7.5g。

（6）排气、密封　采用热排气法时，罐头中心温度达80℃以上，趁热密封。采用真空封罐时，真空度为0.047～0.05MPa。

（7）杀菌、冷却　高温高压杀菌，杀菌公式：10分钟—60分钟—15分钟/115℃。将杀菌后的罐头冷却至40℃左右，取出擦罐入库。

3. 产品质量要求　系引用中华人民共和国国家标准《鲮鱼罐头质量通则》（GB/T 24402—2021）。

（1）感官指标　见表6-1。

表6-1　豆豉鲮鱼罐头感官指标

项目	指标	
	优级品	合格品
色泽	具有豆豉鲮鱼罐头应有的色泽	具有豆豉鲮鱼罐头应有的色泽
滋味、气味	具有豆豉鲮鱼罐头应有的滋味和气味，不得有异味	具有豆豉鲮鱼罐头应有的滋味和气味，不得有异味
组织形态	鱼组织质地紧密，软硬及油炸适度； 条装：鱼体排列整齐，大小较均匀，允许添称小块，添称用碎鱼块不超过净含量的10%； 段装：鱼体各部位搭配、块形大小较均匀，添称用碎鱼块不超过净含量的10%	鱼组织质地紧密，软硬及油炸较适度； 条装：鱼体排列整齐，允许添称小块，添称用碎鱼块不超过净含量的20%； 段装：鱼体各部位搭配、块形大小尚均匀，添称用碎鱼块不超过净含量的20%
杂质	无外来杂质	无外来杂质

（2）理化指标　见表6-2。

表6-2　豆豉鲮鱼罐头理化指标

项目	指标	
	优级品	一级品
净含量	应符合相关标准和规定，每批产品平均净含量不低于标示值	
固形物含量*	≥90%，其中鱼含量≥60%，豆豉含量≥15%	≥90%，其中鱼≥50%，豆豉≥15%
氯化钠含量	≤6.5%	

注：*鱼含量大于其他任一固形物含量。

（3）微生物限量　应符合罐头食品商业无菌要求。

（二）盐水鲭鱼罐头

1. 工艺流程

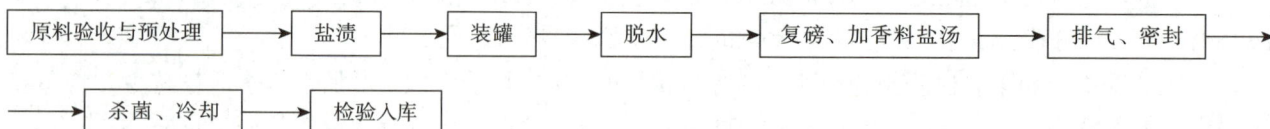

原料验收与预处理 → 盐渍 → 装罐 → 脱水 → 复磅、加香料盐汤 → 排气、密封 → 杀菌、冷却 → 检验入库

2. 加工工艺

（1）原料验收与预处理　选择新鲜或冰冻的鲭鱼作为原材料。鲜鱼用清水冲洗，洗去鱼体表面的污物、黏液等；冻鱼用流水解冻至半冻状态。去头尾、内脏，用流水洗净腹腔黑膜、血污，剔除新鲜度差、有机械损伤及不合格的原料。按罐头尺寸决定切块大小，块装鱼段切成5～5.5cm，尾部直径大于2cm。

（2）盐渍　将配置好的饱和盐水稀释至盐渍所规定的浓度，冻鱼块和盐水之比为1∶1，盐水浓度和盐渍时间按原料不同而有所区别，例如，条装 50 ~ 100g，16°Bé 盐水盐渍 6 ~ 16 分钟；125 ~ 200g，18°Bé 盐水盐渍 18 ~ 30 分钟。原料若是鲜鱼，盐渍时间可增加 2 ~ 3 分钟。盐渍过程要求鱼块全部浸没在盐水中。

（3）装罐　空罐用 80℃ 热水清洗消毒，将前处理好的鲭鱼段按照规定的净重和固形物含量装罐。例如，156g 罐装 140 ~ 150g，200g 罐装 180 ~ 190g，425g 罐装 385 ~ 400g，以上是冻鱼块的装罐量，若是鲜鱼则增加 5 ~ 10g。装罐时加入鱼肉重量 1% 的食盐，根据要求可适当加入汤汁。

（4）脱水　采用 98 ~ 100℃ 蒸汽蒸煮脱水，脱水时间为 156g 罐 7 ~ 14 分钟，200g 罐 7 ~ 14 分钟，425g 罐 16 ~ 22 分钟，以鱼体基本蒸熟、肉骨分离为准。脱水后将罐头取出后倒置控尽水。

（5）复磅、加香料盐汤　净含量 156g 者要求鱼块 125g，加盐汤 35g；净含量 200g 者复磅要求鱼块 160g，加盐汤 45g；净含量 425g 者要求鱼块重 355g，加盐汤 75g。

（6）排气、密封　可使用热力排气法排除罐内空气，也可用真空封罐排气法。

（7）杀菌、冷却　盐水鲭鱼罐头杀菌公式：156g、200g 罐 10 分钟—50 分钟—10 分钟/118℃，425g 罐 10 分钟—55 分钟—10 分钟/118℃。杀菌后及时冷却至 40℃ 左右，取出擦罐入库。

3. 产品质量要求　盐水鲭鱼罐头应符合《食品安全国家标准 罐头食品》（GB 7098—2015）的质量要求，具体质量标准可参考中国罐头工业协会制定的 T/CCFIA 03001—2019《鲭鱼罐头》的质量要求。

第四节　鱼糜及其制品加工技术

鱼糜即鱼肉泥，是将原料鱼经采肉、漂洗、精滤、脱水等工序加工而成的糜状制品。刚加工出来的鱼糜称为新鲜鱼糜，其保存期短。鱼糜制品是以鱼糜为主要原料，添加淀粉、调味料等加工成一定形状后，进行水煮、油炸、烘焙、烘干等一系列处理而制成的，具有一定弹性的水产食品。包括鱼丸、鱼面、鱼糕、烤鱼卷、鱼肉香肠、模拟虾蟹肉等。

一、鱼糜加工工艺

（一）基本工艺流程

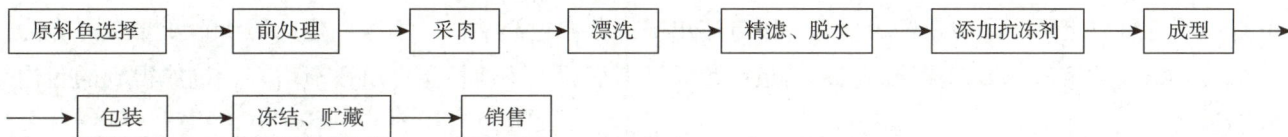

原料鱼选择 → 前处理 → 采肉 → 漂洗 → 精滤、脱水 → 添加抗冻剂 → 成型 →

→ 包装 → 冻结、贮藏 → 销售

（二）工艺要点

1. 原料鱼选择　原则上所有可食鱼类都可以作为生产鱼糜食品的原料，但考虑到产品价格、味道、色泽和制品弹性等问题，原料鱼的品种就会受到限制。鱼类中的白肉鱼类在白度和弹性方面比红肉鱼类更适合加工鱼糜，但红肉鱼类如鲐鱼和沙丁鱼等鱼类的资源比较丰富，使用红肉鱼类制作鱼糜时在工艺上需要稍作改进以提高鱼糜制品的弹性和色泽。鱼类的鲜度也是选择原料时必须考虑的重要因素之一。原料鱼鲜度越好，鱼糜的凝胶形成能力越强，生产的鱼糜制品的弹性就越好。尽可能使用处于僵硬期鲜度的原料鱼，处理前必须用冰或冰水冷却保鲜。

2. 前处理　包括鱼体洗涤、"三去"（去头、去内脏、去鳞和皮）和第二次洗涤等工序。原料鱼按鱼种分类并按鲜度区分开，再用洗鱼机或人工方法冲洗，剖割、去头和内脏，内脏黑膜务必除尽，

173

否则将影响冷冻鱼糜的品质。最后进行第二次洗涤除去腹腔内的残余内脏、血液和黑膜等。鱼内脏残留物含有高活力蛋白酶和脂酶，在冻结中也能作用，造成鱼糜品质下降。所以在生产冷冻鱼糜的过程中，已剖割的鱼体在机械采肉前一般要洗2~3遍，以去除内脏残留物，水温在10℃以下，必须加入碎冰以降温。

3. 采肉 将鱼体皮骨除掉而把鱼肉分离出来。目前在国内，采肉多使用滚筒式采肉机。滚筒式采肉机的工作原理：采肉时，将洗净的鱼体送入带网眼的滚筒与滚筒一起转动的宽平大橡胶皮带圈之间，靠滚筒转动和与橡胶皮带圈之间的挤压作用，鱼肉穿过滚筒的网状孔眼进入滚筒内部，而骨刺和与皮在滚筒表面，从而达到鱼肉与骨刺、鱼皮分离的目的。采肉机滚筒上网眼孔选择范围在3~6mm，根据实际生产需要自由选择。孔径越小，采肉率越低，但采肉中骨刺少。采肉率因鱼种而不同，一般在35%~65%之间。若过于追求采肉率，鱼皮中的暗色肉、脂溶性色素等也会混入鱼肉中，将会影响鱼糜的弹性和色泽，降低产品的商品价值。

4. 漂洗 用水或水溶液对所采的鱼肉进行洗涤，以除去鱼肉中的水溶性蛋白、色素、气味、脂肪、残余的皮及内脏碎屑、血液、无机盐类等杂质，从而获得色白、无腥味、富有弹性的鱼糜，同时通过漂洗可除去鱼肉中含有的促蛋白质变性的成分，提高其抗冻性。它是生产优质冷冻鱼糜的重要工艺技术，对红肉鱼和鲜度差的鱼肉更是必不可少的技术手段，对提高冷冻鱼糜质量及其贮藏性能、拓宽生产冷冻鱼糜的原料鱼品种范围等都起到了很大的作用。漂洗方法有清水漂洗和稀盐碱水漂洗两种，根据鱼的肌肉性质选择。

用水量和次数视原料鱼的新鲜度及产品质量要求而定，鲜度好的原料漂洗用水量和次数可减少，甚至可不漂洗；生产质量要求不高的鱼糜制品，可减少漂洗用水量和次数。一般对鲜度极好的大型白色鱼肉可不漂洗。漂洗用水一般为自来水，水温要求控制在10℃以下。

5. 精滤、脱水 精滤的目的是除去残留在鱼肉中的骨刺、鱼皮、鱼鳞等杂质。根据原料鱼种和产品质量要求的不同，生产上有两种不同的工艺。红肉鱼类，经过漂洗脱水后，再通过精滤机将细碎的鱼皮、鱼骨等杂质去除，过滤网孔1.5mm。由于漂洗脱水之后鱼肉水分减少，肉质变硬，在分离过程中，鱼肉和机械之间会摩擦发热，因此，在使用精滤机时，必须经常在冰槽中加冰，降低机身温度，使鱼肉温度保持在10℃以下。白肉鱼类经过漂洗后先脱水、精滤、分级再脱水。经漂洗后的鱼糜用网筛或滤布预脱水，然后用高速精滤分级机进行分级，网孔直径0.5~0.8mm。使用分级精滤机分级过滤鱼肉，可以得到三种以上的产品质量等级。第一段分离出来的鱼肉色泽洁白，不溶性蛋白质少，质量最好，为一级肉，第二、第三、第四段分离出来的鱼肉色泽逐渐变深，不溶性蛋白质逐渐增多，过滤得到的鱼肉分别为二、三、四级。

冷冻鱼糜和鱼糜制品对水分含量有严格的标准，因此需要对漂洗鱼肉进行脱水。脱水的方式有三种：过滤式旋转筛、螺旋式压榨机和用离心机离心脱水，工业上常采用回转筛预脱水后再经螺旋压榨脱水的方法。鱼糜脱水后含水量控制在要求的范围（76%~80%）内。

6. 添加抗冻剂 为了防止和降低鱼肉蛋白质在冻结、冻藏过程中发生冷冻变性的程度，精滤脱水后的鱼肉需要添加砂糖、山梨醇、聚合磷酸盐等抗冻剂，并搅拌均匀。厂家不同、鱼种不同，抗冻剂种类及添加量也不同，目前应用比较多的标准抗冻剂配方为蔗糖4%、山梨醇4%、三聚磷酸钠0.15%、焦磷酸钠0.15%、蔗糖脂肪酸酯0.5%。

知识链接

复合磷酸盐在鱼糜加工中的作用

复合磷酸盐（三聚磷酸钠、焦磷酸钠、六偏磷酸盐等）对鱼糜具有保水、抗冻等多种功能，其作用机理主要表现在三个方面：①提高鱼糜的 pH 并使其保持在中性。复合磷酸盐溶液基本上都呈碱性，添加磷酸盐能使鱼糜的 pH 提高至 7.1~7.3，在此 pH 范围内鱼肉蛋白质的冷冻变性速度最慢；此外，复合磷酸盐具有一定的缓冲作用，能抵消鱼糜中乳酸对鱼糜蛋白质的不良影响。②离子强度与保水性之间有一定的关系。鱼肉经漂洗后离子强度一般较低，肌原纤维蛋白质表面电荷稳定性变差，加速肌原纤维蛋白质的冷冻变性。添加复合磷酸盐能增加离子强度，提高鱼肉蛋白的保水性。复合磷酸盐还能和 Ca^{2+}、Mg^{2+} 等二价金属离子起螯合作用，形成吸水的溶胶，有利于提高鱼糜的凝胶形成能力。③复合磷酸盐还能促进冷冻鱼糜中肌原纤维蛋白质的解胶。其在鱼糜 pH 提高、弹性增加和降低解冻失水等方面都有明显的作用。

经过上述工艺后，冷冻鱼糜加工还需要经过成型、包装、冻结、贮藏等一系列工艺，才能得到成品的冷冻鱼糜产品。

二、鱼糜制品加工工艺

（一）鱼糜制品的配料

鱼糜制品中常用的配料包括淀粉、植物蛋白质、油脂、蛋清、调味料、食用色素、品质改良剂等。配料的选用和搭配直接关系到鱼糜制品的风味、口感、外观和营养价值。

1. 淀粉 是鱼糜制品的一种重要配料，不仅可以降低生产成本，更可以提高鱼糜制品的黏度和凝胶强度。尤其是对于弹性差的冷冻鱼糜，加入一定量的淀粉后可以有效提高鱼糜制品的凝胶强度。但天然淀粉存在低温下易凝沉、淀粉糊易老化等缺陷。鱼糜制品的物料体系中含水量较高，在冻结过程中形成冰晶，破坏蛋白质网状结构。而淀粉在低温下发生的老化脱水现象更会加剧冰晶的生成，进而使冻融后的鱼糜制品物料体系出现水分游离，鱼糜制品切面出现细微的蜂窝状孔洞，影响鱼糜制品的外观和质量。因此，淀粉的添加量不宜过高，一般控制在 5%~20%。变性淀粉是原淀粉经物理、化学和酶学方法处理，改变原淀粉的理化性质而制得的一类改性淀粉。目前，鱼糜制品中使用较多的变性淀粉包括乙酸酯淀粉、磷酸酯化淀粉和乙酰化二淀粉磷酸酯等。

2. 植物蛋白质 在鱼糜制品中主要作为弹性增强剂使用，可分为大豆蛋白和小麦蛋白两类。大豆蛋白除了本身所具有的营养价值之外，还具有热凝固性、乳化性、纤维形成性等优良性状。大豆分离蛋白豆腥味弱、色泽淡黄，其受热后的凝胶性能可显著增强鱼糜制品的弹性，在鱼糜制品中的添加量一般小于 5%。此外，大豆分离蛋白具有很强的保水能力，也能使水中呈油滴形的脂肪形成稳定的乳化剂。小麦蛋白在中性 pH 附近几乎不溶于水，能形成极有弹性的凝胶，加入含有 2.7%~3.0% 食盐的鱼糜中再加热至 80℃ 以上时，可起到增强鱼糜制品弹性的作用。

3. 蛋清 属于动物蛋白质，在鱼糜制品中可作为弹性增强剂使用。蛋清的受热凝固是一种蛋白质的不可逆变性凝固，一般从 56℃ 开始，80℃ 即达到完全凝固的程度。在鱼糜制品中一般使用全蛋清，添加 10% 全蛋清对鱼糜制品的弹性增强效果最好；但当全蛋清添加量大于 20% 后，对鱼糜制品的弹性增强效果反而下降，且导致鱼糜制品产生异味。考虑到生产成本和价格因素，蛋清的添加量一般为 5% 左右。

4. 油脂 鱼糜制品中添加的油脂，主要是动物脂肪和植物油，其添加方法分为直接作为辅料添加和以油为加热媒介油炸鱼糜制品。在鱼糜制品中添加油脂，可增强和改变鱼糜制品的风味、质地和外观，使鱼糜制品具有爽口、润滑和柔软的特性。从风味、物性、稳定性和价格等方面考虑，国内鱼糜制品生产所用的动物脂肪主要为猪脂，添加量为5%左右。动物脂肪含有较多的饱和脂肪酸，其凝固点较高，一般为30~40℃，在常温下呈固体。大豆油、菜籽油等植物油因其富含不饱和脂肪酸，凝固点较低，在常温下为液体，且其分散性优于动物脂肪，所以作为鱼糜制品的添加油和油炸用油而被广泛使用。

5. 调味料 鱼糜制品中常见的调味料包括食盐、白砂糖、味精、黄酒、香辛料等。

（1）食盐 主要的咸味剂，在鱼糜制品生产中，食盐除调味作用外，还具有使盐溶性蛋白质溶出形成溶胶的作用。因此，鱼糜制品中食盐的添加量一般为1%~1.5%（冷冻鱼糜用量的1.5%~3%）。食盐具有解除腥味的作用，也能抑制部分细菌的生长和繁殖，从而起到抑菌防腐、延长保藏期的作用。

（2）白砂糖 主要的甜味剂，其主要成分为蔗糖。糖能减轻咸味，还能起到调味、防腐、去腥和解腻等作用。此外，糖的添加还具有防止冻结变性和提高保水性的作用。鱼糜制品中糖的添加量还需要考虑到冷冻鱼糜中已有的糖含量和"南甜北咸"的地域口味差异。

（3）味精 主要的鲜味剂，味精的主要成分是谷氨酸钠，在鱼糜制品中的添加量一般为0.2%~0.5%。呈味核苷酸是强烈的增鲜剂，能以几何级数增加食品鲜味，可分为5′-肌苷酸钠（5′-IMP）、5′-鸟苷酸钠（5′-GMP）和IMP+GMP（I+G）。用少量的呈味核苷酸和味精复配使用，有显著的协同增鲜效果，能降低味精用量并提高鲜味剂品味。

（4）黄酒 能除去鱼糜制品中的鱼腥味，并能使鱼糜制品产生鲜美、醇香的味道。黄酒的除腥作用是因为酒精能渗入鱼肉组织内部，溶解具有腥味的胺类物质，而在加热过程中，又可随酒精一起挥发达到去腥的作用。

（5）香辛料 种类繁多，主要来源于植物的根、茎、叶、果实和种子，常用的包括胡椒、大蒜、肉桂、生姜等。香辛料中主要的呈香基团和辛味物质是醛基、酮基、酚基以及一些杂环化合物，除具有增香、调味、矫臭、矫味的效果之外，还含有抗菌和抗氧化性成分。香辛料的使用种类、配比，除了根据原料的鲜度、其他调味料的配比情况以及生产方法等方面的情况考虑外，应重视消费者习惯和地域差异性因素。

（6）食用色素 可分为天然色素和合成色素，在鱼糜制品中一般使用天然色素。色素的使用方法主要分两种：一种是直接添加到鱼糜制品中，另一种是给鱼糜制品表面着色，两种方法分别能增加、改变鱼糜制品的内部、外部色泽，配合鱼糜制品的不同外形能更好地刺激消费欲望。

（7）复合磷酸盐 一般由三聚磷酸钠、焦磷酸钠、六偏磷酸钠等磷酸盐复配而成，作为鱼糜制品的pH调节剂和水分保持剂。复合磷酸盐同时属于一种聚合电介质，具有无机表面活性剂的特性，能使水中难溶物质分散或形成稳定悬浮液，以防止悬浮液的附着、凝聚。因此，复合磷酸盐还能使蛋白质的水溶胶质在脂肪球上形成一种胶膜，使脂肪更有效地分散。

（二）基本工艺流程

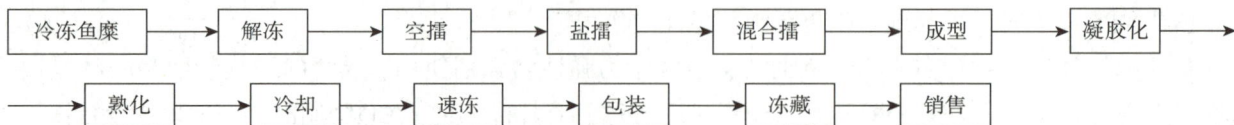

冷冻鱼糜 → 解冻 → 空擂 → 盐擂 → 混合擂 → 成型 → 凝胶化 →

→ 熟化 → 冷却 → 速冻 → 包装 → 冻藏 → 销售

（三）工艺要点

1. 解冻 将冷冻鱼糜从冷库取出，放于原料车间或恒温解冻室进行解冻。为了防止鱼糜蛋白质变性和抑制微生物繁殖，一般采用3~5℃空气解冻法，待鱼糜中心温度达到-3~0℃的半解冻状态后，以切割机或切片机进行切割。

2. 擂溃或斩拌　擂溃就是将鱼糜加上制作所需的各种调味品、添加剂进行搅拌、研磨，使鱼肉纤维进一步破坏。加入食盐能促进盐溶性蛋白质溶出，使鱼糜成为黏性很强的溶胶，这是鱼糜制品生产的关键工序。要求鱼糜不仅要和添加的辅料充分混合均匀，还要产生较强的黏弹性，这样才能使制成的鱼糜有很好的凝胶强度。

擂溃主要使用的机械有擂溃机、斩拌机和打浆机，目前主要使用斩拌机代替擂溃机生产鱼糜制品。擂溃工序的具体操作过程可细分为空擂、盐擂和混合擂三个阶段。

（1）空擂　将切片的冷冻鱼糜放入擂溃机进行擂溃，通过机械的高速斩拌、搅打作用，进一步破坏鱼肉组织，为后续盐溶性蛋白的充分溶出创造良好的条件。空擂的时间根据具体情况而定，一般为3~5分钟，至鱼糜无硬颗粒为宜。

（2）盐擂　空擂之后，加入鱼糜量1.5%~3%的食盐继续擂溃，使鱼糜中的盐溶性蛋白质充分溶出。实际盐擂中，以鱼浆擂溃至浆料细腻、有光泽、亮度好、几乎无小颗粒为宜，浆料温度需控制在3~5℃。盐擂的时间也需要根据机械参数确定，一般斩拌机的擂溃时间仅需5~10分钟。由于高速擂溃过程中，机械摩擦、环境气温等因素会使鱼浆温度升高，蛋白质发生变性，导致鱼糜制品的弹性减弱。为防止擂溃过程中鱼浆温度上升，可以使用带冷却装置的斩拌机、控制车间室温或在擂溃过程中添加冰或冰水。

（3）混合擂　盐擂后，为了呈味、成型等需要，加入油脂、植物蛋白、调味料、淀粉等配料，擂溃使配料和鱼浆混合均匀，实际混合擂中，加入部分冰水保持鱼浆温度在6~10℃，擂溃至鱼浆均匀、黏稠、无块状或颗粒状辅料为宜。

3. 成型　擂溃后的鱼糜混合物成黏稠胶着的糊状体，需立即加工成为所需的各种形状，如搁置时间过长、室温过高，会逐渐失去黏性和塑性，并形成不可逆的凝胶体，无法继续加工。

4. 凝胶化　鱼糜在成型之后加热之前，一般需在较低温度下放置一段时间，以增加鱼糜制品的弹性和保水性，这一过程称为凝胶化。凝胶化的时间因品种而异，可根据具体情况调整产品的凝胶化温度和时间。需在实践中积累经验，以控制最佳时间。

5. 熟化　鱼糜凝胶化后，需要经过加热熟化处理，使产品最终定型、熟化，并起到杀菌和延长保质期的作用。不同的鱼糜制品，根据其不同的要求，加热的方法各异，主要有水煮、蒸煮、焙烤、油炸等方式。目前常用的设备有自动蒸煮机、自动烘烤机、鱼丸鱼糕油炸机、鱼卷加热机、高温高压加热、远红外加热机和微波加热设备等。

6. 冷却　加热完毕的鱼糜制品大部分都需要在冷水中急速冷却，使其吸收加热时失去的水分，防止发生皱皮和褐变等现象，并使制品表面柔软和光滑。急速冷却后制品中心温度仍较高，要放在冷却架上让其自然冷却，也可以空调辅助冷却和通风冷却。冷却室的空气要进行净化处理并控制适当温度，最后用紫外线杀菌灯进行表面杀菌。

三、鱼糜制品加工实例

（一）鱼丸

1. 工艺流程

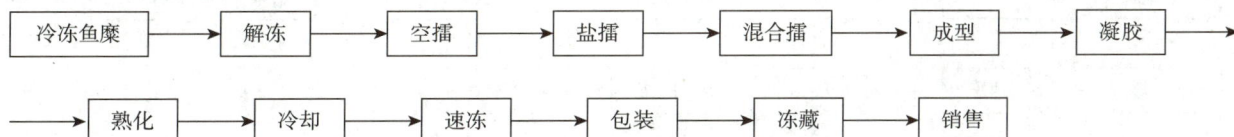

冷冻鱼糜 → 解冻 → 空擂 → 盐擂 → 混合擂 → 成型 → 凝胶 →

→ 熟化 → 冷却 → 速冻 → 包装 → 冻藏 → 销售

2. 原辅材料 冷冻鱼糜100kg，淀粉10~20kg，猪肥膘5~10kg，蛋清5~10kg，食盐2kg，复合磷酸盐0.1~0.2kg，白砂糖、味精等调味料适量，冰水适量。

3. 加工工艺

（1）鱼糜解冻 冷冻鱼糜需自然解冻至半解冻状态，切片备用。

（2）空擂 加入复合磷酸盐，以斩拌机对鱼糜进行擂溃，至鱼糜无硬颗粒。

（3）盐擂 加入食盐擂溃至鱼糜颗粒完全分散、浆料黏稠、有光泽。

（4）混合擂 加入猪肥膘、蛋清、各种调味料和淀粉，擂溃混匀。混合擂过程中分次加入冰水降低浆料温度。擂溃完的浆料细腻黏稠，浆料温度低于10℃。

（5）成型 以鱼丸成型机进行成型，要求鱼丸个体大小相近、外形呈圆形或近似圆球形。

（6）凝胶成型 成型的鱼丸置于30~50℃恒温水槽中凝胶10~30分钟。

（7）熟化 以90~95℃恒温水煮槽对鱼丸进行熟化，熟化时间5~10分钟。

（8）冷却 鱼丸熟化后置于冷却室内冷却。

（9）速冻、包装、冻藏 将鱼丸用速冻机冻至中心温度低于-18℃，包装后入冷库冻藏，库温要求低于-18℃。

4. 产品质量要求 鱼丸属于动物性水产制品，质量应符合《食品安全国家标准 动物性水产制品》（GB 10136—2015）要求。

（1）感官指标 见表6-3。

表6-3 鱼丸感官指标

项目	指标	检验方法
色泽	具有该产品应有的色泽	
滋味、气味	具有该产品正常滋味、气味、无异味、无酸败味	取适量样品置于白色瓷盘上，在自然光下观察色泽和状态，嗅其气味，用温水漱口，品其滋味
状态	具有该产品正常的形态和组织状态，无正常视力可见的外来杂质，无霉变、无虫蛀	

（2）理化指标 见表6-4。

表6-4 鱼丸理化指标

项目	指标
挥发性盐基氮（mg/100g） 预制动物性水产制品（不含干制品和盐渍制品）	≤30

（3）微生物限量 熟制动物性水产制品的致病菌限量应符合GB 29921中熟制水产品规定。

（4）农药残留和兽药残留限量 农药残留限量应符合GB 2763的规定。兽药残留限量应符合国家有关规定和公告。

（二）模拟蟹肉

1. 工艺流程

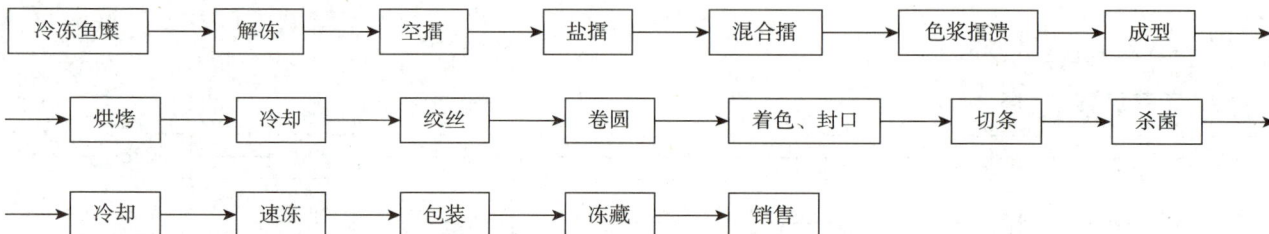

2. 原辅材料　冷冻鱼糜 100kg，淀粉 5～15kg，植物蛋白质（大豆分离蛋白或谷朊粉）3～8kg，蛋清 5～10kg，食盐 2kg，白砂糖、味精等调味料各适量，冰水适量（色浆：冷冻鱼糜 10kg，淀粉 2.5～5kg，食盐 0.2kg，色素 0.05kg，白砂糖、味精等调味料各适量，冰水 5kg）。

3. 加工工艺

（1）冷冻鱼糜解冻　鱼糜需自然解冻至半解冻状态，切片后待用。

（2）空擂　以斩拌机对鱼糜进行擂溃，至鱼糜无硬颗粒。

（3）盐擂　加入食盐擂溃至鱼糜颗粒完全分散、浆料黏稠、有光泽。

（4）混合擂　加入植物蛋白质、蛋清、调味料和淀粉，擂溃至淀粉混匀，混合擂过程中加入适量冰水保证浆料温度低于 10℃。

（5）鱼糜擂溃　鱼糜需自然解冻至半解冻状态，切片后待用；以斩拌机对鱼糜进行擂溃，至鱼糜不存在硬颗粒；加入食盐擂溃至鱼糜颗粒完全分散；加入色素后擂溃混匀；加入调味料和淀粉，擂溃均匀。

（6）成型　以模拟蟹肉烘烤线，注浆机涂布成型。

（7）烘烤　烘烤后的模拟蟹肉涂布两边微微翘起，无烤焦、烤煳。

（8）冷却　经过冷却输送带，自然冷却。

（9）绞丝　以绞丝机绞至丝状，绞丝程度以不能完全绞断为宜。

（10）卷圆　以传送带将绞丝后的涂布卷成圆形，要求结实、无空心。

（11）着色、封口　色浆均匀涂抹在低压卷膜中线上。

（12）杀菌　以高温蒸汽加热杀菌。

（13）冷却　模拟蟹肉杀菌后置于冷室内冷却。

（14）速冻、包装、冻藏　将模拟蟹肉以速冻机冻至中心温度低于 -18℃，包装后入冷库冻藏，库温要求低于 -18℃。

练 习 题

答案解析

一、单选题

1. 下列属于鱼类鲜度化学测定方法的是（　）。
   A. 测定 K 值　　　　　　　　　　　B. 测定细菌总数
   C. 测定汁液损失　　　　　　　　　D. 测定肌肉弹性

2. 温熏法的温度控制在（　）。
   A. 15～23℃　　　B. 30～80℃　　　C. 80～100℃　　　D. 100～120℃

3. 调味烟熏乌贼丝加工工作过程经过的调味次数是（　）。
   A.1 次　　　B.2 次　　　C.3 次　　　D.4 次

4. 形成鱼糜制品弹性的鱼肉蛋白质是（　）。
   A. 肌原纤维蛋白质　　　　　　　　B. 肌浆蛋白质
   C. 肌基质蛋白质　　　　　　　　　D. 胶原蛋白质

二、简答题

1. 水产罐头装罐要注意哪些事项？

2. 简述水产冷冻制品生产常见的质量问题及控制措施。

（林娇芬）

书网融合……

本章小结 微课 题库

酒类加工技术

情境导入

情境 《美国国家科学院学报》报道，中美考古学家联合进行的一项研究发现，中国古人在 8600 年前就已经能酿出美味的酒，所用原料包括稻米、蜂蜜、水果等。它将中国酿酒史往前推了近 4000 年，并使中国成为世界上最早学会酿酒的国家。

思考 1. 什么叫作酒？酒度有哪几种表示方法？

2. 市场上销售的干红葡萄酒和甜红葡萄酒有什么区别？

3. 麦芽制备的目的是什么？

第一节　白酒加工技术

PPT

白酒是指以粮谷为主要原料，用大曲、小曲或麸曲及酵母等为产酒生香剂，经蒸煮、糖化、发酵、蒸馏而制成的含乙醇饮料酒。按照白酒的香型分类，主要分为浓香型白酒、酱香型白酒、清香型白酒和米香型白酒等。浓香型白酒以浓香甘爽为特点，以泸州老窖和五粮液为代表。酱香型白酒以酱香柔润为特点，以茅台酒为代表。清香型白酒以清香纯正为特点，以汾酒为代表。米香型白酒以米香纯正为特点，以桂林三花酒为代表。

一、白酒酿造的原料及要求

（一）原料

高粱、玉米、大米等是酿造白酒的主要原料，有的还搭配一些其他粮谷类，如五粮液、剑南春就是用高粱、玉米、小麦、糯米、大米搭配而成。各地酿造原料虽有多种搭配，但多以高粱为主。实践证明，高粱产酒香，玉米产酒甜，大麦产酒糙辣，大米产酒干净，荞麦产酒带苦涩。除了粮谷原料，还包括薯类原料和代用原料。所有白酒酿造原料应新鲜无霉变，无杂质；淀粉含量高，蛋白质适量，脂肪量少；单宁量少，果胶量少；含有一定维生素，无机盐元素；不得有过多的有害物质；无农药污染；粮谷类原料颗粒饱满，水分少。

（二）辅料

我国固态发酵白酒生产中，常在配料时加入一定的填充剂，以调节酒醅淀粉浓度，冲淡酸度，吸收乙醇成分，保持一定的浆水，维持酒醅的疏松，保证发酵和蒸馏顺利进行。常用填充料有稻壳、高粱壳、玉米心、花生壳、麸皮、谷糠、稻草、麦秸等。一般情况，稻壳用量常为投料量的20%~22%。

（三）水

酿酒需对原料进行浸泡、蒸煮等，制曲拌料、酵母培养、白酒加浆等都需要用水，水质好坏直接关系出酒率高低和白酒风味。酿酒用水一般要求无色透明，无臭无味，清爽适口，无悬浮浑浊，其化学成分能适合微生物生长繁殖，且呈微酸性，有利于糖化和发酵；硬度适中，能促进酵母菌生长繁殖；各项指标符合国家规定的生活用水标准，有机物、重金属宜少。

二、白酒加工工艺

（一）基本工艺流程

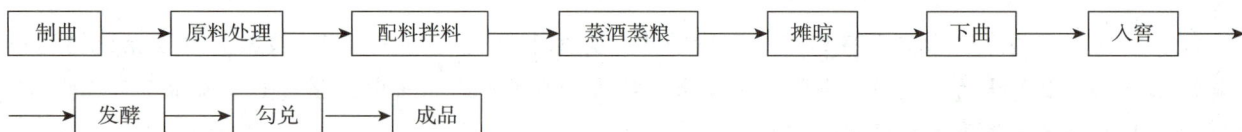

制曲 → 原料处理 → 配料拌料 → 蒸酒蒸粮 → 摊晾 → 下曲 → 入窖 →

→ 发酵 → 勾兑 → 成品

（二）工艺要点

1. 制曲　曲是白酒生产中不可缺少的原料，既是糖化剂、发酵剂，又是产生不同香味物质的酯化剂。

酒曲是以含淀粉和蛋白质为主的原料为培养基，培养多种霉菌和贮积大量的淀粉酶，将淀粉分解成可发酵的糖。酒曲主要有大曲、小曲、麸曲，其次有红曲、麦曲等。制曲的主要过程：曲料的润料粉碎、曲料加水、装箱制曲、入室安曲保温培菌、培菌与发酵管理、入库储存。曲料加水可使曲坯成形，并可使曲坯中有足够的水分，以供给微生物生长繁殖时的需要，用水量为投料量的37%~40%。低温培菌期在曲坯入室后，前24小时温度控制在25~30℃，后24小时温度控制在34~45℃，使曲坯表面大部分长出菌丝，随时观察调整温度、湿度。培曲结束28~30天，曲块出房，储曲时曲块放在四面通风干燥处，防止曲块受潮返火，储曲时间达到3个月后，用于生产酿酒。

2. 配料拌料　入窖条件除温度外，主要通过配料控制入窖淀粉、水分、酸度来维持正常发酵。入窖前的配料随季节的不同而有所变化。以甑容积为例，一般每甑下粮食120~140kg，母糟为粮食原料重量的4.8~5.8倍，稻壳为粮食重量的17%~22%。老窖母糟是经过长期反复发酵而培制出来的所谓

"万年糟"，含有大量呈香呈味物质及香味前体物质，它能赋予成品酒浓郁的香味。此外，配糟中加母糟还可以调节酸度，既抑制杂菌繁殖，又满足发酵所需的 pH。加母糟的另一作用是调节淀粉浓度，从而控制发酵温度，使酵母菌在一定限度的乙醇含量和较低的温度下发酵。

在蒸酒上甑前，用耙梳在堆糟坝耙出约一甑母糟，刮平，倒入粮粉，随即拌和一次，拌毕再倒入稻壳，并连续拌两次，要求低翻快拌，拌散，拌匀，无疙瘩包块，拌好后撒盖一层稻壳。配料时，除母糟过湿外，不可将粮粉与稻壳同时拌和，以免粮粉装入稻壳内不利于糊化。翻拌次数不可过多，时间不可过长，以减少乙醇挥发，拌和时间也不可过早或过晚。过早会使乙醇挥发损失大，过晚则粮食吸水不够，不利于糊化，以拌好后堆置 30 分钟为宜。

3. 蒸酒蒸粮 "生香靠发酵，提香靠蒸馏"。蒸馏之目的，一方面要使成熟酒醅中的乙醇成分、香味物质等挥发、浓缩、提取出来；同时，通过蒸馏把杂质排除出去，得到所需成品酒。将底锅水舀干净，加够底锅水并倒入黄水，换用专门蒸粮糟的甑箅、甑桥，随即装入粮糟，边穿气边装，少少地装，轻轻地装，切记重倒多上，以免起堆踏气。装满后安圆边，用手将糟子扒平，中间略低，待蒸汽高甑面 1~2cm 时踩扣云盘（甑盖），安过气筒接酒。每甑出酒一般 38~48kg。在流酒过程中要量质摘酒，截头去尾。截取酒头 0.5kg，可截去醛类等有害物质。断花去尾，以去掉含苦的糠醛等物质，流酒温度一般在 30℃ 以下，时间约 20 分钟，冷凝地面水温可达到 70℃ 左右。断花后接酒尾约 28 分钟才断尾。断尾后继续加大火力，蒸粮时间共约 70 分钟，要求粮食颗粒无生心，不粘连，既要熟透又不起疙瘩。因此火力均匀，不能忽大忽小。酒头回窖发酵或做调味酒，酒尾可转入下甑重蒸，也可培养窖泥及作调味酒用。中间分流的酒，酒度要求在 60 度以上。

4. 摊晾 也称扬冷。摊晾的目的是使出甑的糟子迅速冷至适合酿酒微生物发酵的入窖温度，并尽可能使糟子的酸分和表面水分大量挥发。但摊晾时间不可过长，否则感染杂菌太多。现多改用摊晾机或排风扇强制降温，可缩短摊晾时间和减轻劳动强度。将糟子用木掀拉入晾堂甩散、甩平，一定厚度，拉完后用木掀打一次冷铲，即铲成一个掀板宽的行子。铲完后即破埂，随后用竹耙反复拉 3~6 次。

5. 下曲 根据气温高低适当增减曲粉的添加量，曲粉过少会发酵不完全，过多则使糟化发酵快，升温高而猛，给杂菌生长繁殖造成有利条件，对酒的产量质量均有不利影响。下曲温度根据气温变化灵活掌握。比如浓香型白酒下曲的要求：气温低的冬季撒曲温度比入窖温度（13~18℃）高 3~6℃；夏季要求低于地面温度 1~3℃。撒曲后要翻拌均匀，才能入窖发酵。

6. 入窖 根据不同季节决定入窖温度、水分、酸度、淀粉浓度等。一般根据气温决定下曲温度，春冬季地温 5~10℃，入窖温度 16~18℃；夏秋季温度 20~28℃，入窖温度 18~25℃，或低于地温 2~3℃。比如浓香型曲酒质量主要依赖于窖泥中的厌氧菌，增大糟子与窖泥的接触面十分必要。在同等情况下，采用长方形小窖的产品质量优于大窖正方形窖，且窖容积以 7~8m² 为宜，不应超过 10m²。装粮食 110~120kg/m³。

当糟子品温达到入窖要求时，用车将糟转移到窖内。先沿窖边踩两转，踩得略紧，再将窖心轻踩一遍。踩窖可将窖内空气减少，抑制需氧性生酸菌繁殖，促进缓慢的正常发酵，但也不可踩得太紧。装完粮糟后，将糟面刮平、踩紧、拍光，在粮糟上撒稻壳少许。作为填充剂，稻壳可避免蒸粮蒸酒时踏气和发酵时糟子发黏。

7. 封窖发酵 目的在于杜绝空气与杂菌进入窖内，抑制需氧性细菌、霉菌的繁殖。同时，酵母是兼性微生物，窖内空气充分，就会大量消耗糖分进行生长繁殖而不发酵，当空气缺乏时，才能进行正常发酵。如果清窖封窖不严密，窖皮泥裂口让空气进入窖内就会出现大量酒糟霉烂，既浪费粮食又影响酒质。封窖方法通常是装完糟子后，撒一层稻壳，将已踩揉的窖皮泥置于糟子上，用泥掌刮平抹光。窖皮泥厚度为 4~6cm，以后每隔 24 小时清窖一次，直到窖皮泥表面不粘手，然后用塑料薄膜盖上，防止窖皮泥干裂。

封窖后几天内，在清窖的同时轻吹一次，即把窖皮泥清严以后，用竹签向窖内穿小孔1~2个，排除发酵所产生的CO_2。同时根据吹气体的强弱、高短和气味等，检查发酵情况是否正常。在整个发酵期间，注意保持窖面窖边密封。

8. 勾兑 经过储存老熟的每坛酒都各具独特香气和口味，在香味和风格上仍存在差异，为了酒达到一定品质指标，需要勾兑调味。勾兑的一般方法：①用工艺要求达到储藏期的酒，逐一品尝，对无怪味杂味和香气正的酒，按照各坛酒的香味特点，充分发挥各自优势，合理分组；②按大批量勾兑容量比例缩小进行勾兑小样，一般小样勾兑量控制在500mL以下，作为标记，写好小样勾兑记录，按适当的调配比例先勾兑基础酒（形成酒体，初具酒体）。完成基础酒的勾兑后，摇匀，认真品尝，再进一步加工，利用精华酒或各种不同酒质的酒来弥补其缺陷；③坚持小样勾兑好后摇匀，放置过夜，与标准样对照，编号品尝，符合要求后再进行大批量勾兑；④大批量勾兑要严格按小样勾兑比例进行，决不能随意增减，同时也要注意兑入时各种酒先后次序与小样一致。勾兑后与小样对照编号品尝，品尝合格的大样酒，储存3个月后包装出厂，保证产品质量的稳定。

三、白酒加工实例

（一）浓香型白酒

浓香型白酒是指以粮谷为原料，经传统固态法发酵、蒸馏、陈酿、勾兑而成，未添加食用乙醇及非白酒发酵产生的呈香呈味物质，具有乙酸乙酯为主体复合香的白酒。特点是窖香浓郁、香味协调、尾净余长，适合国内大部分饮者口味。

1. 工艺流程

原料处理 → 配料拌和 → 蒸酒蒸粮 → 摊晾 → 下曲 → 入窖 → 装甑蒸馏 →

→ 成品酒 → 贮存 → 勾兑 → 出厂

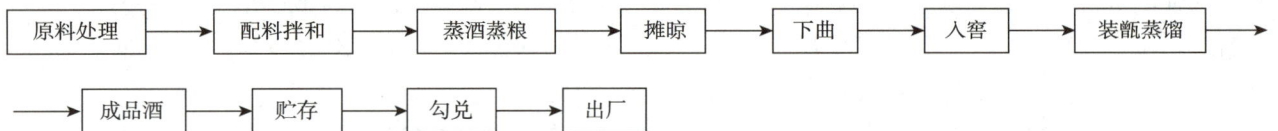

2. 原料辅料 高粱、大米、小米、麦曲、稻壳、水。

3. 加工工艺

（1）原料处理 酿酒原料高粱、大米、小麦等使用前必须磨碎，既破坏淀粉粒结构，利于蒸煮糊化，又增加淀粉酶对淀粉的接触面，使糖化充分，提高出酒率。但不可磨太细，一般以通过20号孔筛的占85%左右为宜。麦曲也需粉碎。

（2）配料拌和 配料要做到"稳、准、细、净"。原粮经过粉碎，稻壳经清蒸后，进行配料、拌料；先将粮粉与母糟充分拌合、拢堆，覆以稻壳。拌料要求均匀，无疙瘩、灰包；上甑要求轻倒匀撒，不压汽，不跑汽；上盖蒸料要求熟透又不起疙瘩。甑容1.25m³，每甑投入原料120~130kg，粮醅比为1:4~1:5，稻壳用量为原料量的17%~22%，冬少夏多。配料时要加入较多的母糟（酒醅），使酸度控制在1.2~1.7，淀粉浓度在16%~22%左右，为下排的糖化发酵创造适宜的条件。

（3）蒸酒蒸粮 要控制流酒温度和速度，一般要求流酒温度35℃左右，流酒速度控制在3~4kg/min。接酒时掐头去尾，先接取酒头0.5kg，酒尾一般接40~50kg。蒸粮糊化后，出锅打量水。量水的用量视季节而定，一般出甑的粮糟含水量在50%左右，打量水后，使入窖水分在53%~55%之间。依据经验，每100kg高粱粉原料，打量水70~80kg，便可达到入窖水分的要求。

（4）摊晾 将打完量水的糟子撒在晾堂上，散匀铺平，厚3~4cm，进行人工翻拌，吹风冷却，要求迅速、细致，尽量避免杂菌污染，防止淀粉老化。一般夏季需要40~60分钟，冬季20分钟左右。要

184

注意摊晾场地和设备的清洁卫生，尤其夏季气温高时，乳酸菌等更易感染，影响正常的发酵。

（5）下曲　加入原料量18%～20%的大曲粉，根据季节而调整用量，一般夏季少而冬季多。用曲太少，造成发酵困难，而用曲过多，糖化发酵加快，升温太猛，容易生酸，并使酒的口味变粗带苦。

（6）入窖　入窖后糟醅适当踩紧和挂平；封窖发酵，用窖泥和塑料布将窖子封好，以保持封窖窖泥湿润，不开裂。

（7）发酵　粮糟、面糟入窖踩紧后，可在面糟表面覆盖4～6cm的封窖泥。封窖泥是用优质黄泥及其窖皮泥踩柔和熟而成的。将泥抹平、抹光，以后每天清窖一次，直到定型不裂为止，再在泥上盖层塑料薄膜。膜上覆盖泥沙，以便隔热保温，并防止窖泥干裂。经过20～60天的发酵，开窖、起糟、上甑蒸酒，量质摘酒。

（8）成品酒　原酒入半成品酒库，分级贮存，分类贮存，贮存期满后，精选调味酒、基础酒，科学勾兑、检验、包装、出厂销售。

4. 产品质量要求　系引用中华人民共和国国家标准《白酒质量要求 第1部分：浓香型白酒》（GB/T 10781.1—2021）。

（1）感官指标　见表7-1。

表7-1　浓香型白酒（高度酒）感官指标

项目	优级	一级
色泽和外观	无色或微黄，清亮透明，无悬浮物，无沉淀[a]	
香气	具有以浓郁窖香为主的、舒适的复合香气	具有以较浓郁窖香为主的，舒适的复合香气
口味口感	绵甜醇厚，谐调爽净，余味悠长	较绵甜醇厚，谐调爽净，余味悠长
风格	具有本品典型的风格	具有本品明显的风格

注：[a] 当酒的温度低于10℃时，允许出现白色絮状沉淀物质或失光。10℃以上时应逐渐恢复正常。

（2）理化指标　见表7-2。

表7-2　浓香型白酒（高度酒）理化指标

项目			优级	一级
酒精度（%vol）		≤	40[a]～68	
固形物（g/L）			0.40[b]	
总酸（g/L）	产品自生产日期≤一年的执行的指标	≥	0.40	0.30
总酯（g/L）		≥	2.00	1.50
己酸乙酯（g/L）		≥	1.20	0.60
酸酯总量/（mmol/L）	产品自生产日期＞一年的执行的指标	≥	35.0	30.0
己酸＋己酸乙酯/（g/L）		≥	1.50	1.00

注：[a] 不含40%vol；
　　[b] 酒精度在40%vol～49%vol的酒，固形物可小于或等于0.50g/L。

（二）酱香型白酒

酱香型白酒是以高粱、小麦、水等为原料，经传统固态法发酵、蒸馏、贮存、勾兑而成，未添加食用乙醇及非白酒发酵产生的呈香呈味呈色物质，具有酱香风格的白酒。特点是酱香突出、优雅细腻、丰满醇厚、软绵浓郁，国内大部分饮者喜爱。

酱香型白酒工艺的特点为"三高三长"，季节性是酱香型白酒工艺区别于中国其他白酒工艺的地方。"三高"是指生产工艺的高温制曲、高温堆积发酵、高温馏酒。"三长"主要是指基酒的生产周期长、大曲贮存时间长、基酒酒龄长。

空杯留香的关键被发现

国际食品期刊 *Food Chemistry* 一篇有关酱香型白酒香气的研究性论文表示：通过 GC – O 嗅闻，在酱香型白酒中鉴定出 53 种香气活性化合物，在空杯香气中鉴定出 27 种。其中具有汤药香气的葫芦巴内酯首次被鉴定为空杯留香的关键香气化合物。

1. 工艺流程

原料粉碎 → 大曲粉碎 → 拌料 → 蒸粮蒸酒 → 摊凉 → 堆集 → 入窖发酵 →

→ 原酒 → 入窖发酵 → 勾兑调味 → 检验包装

2. 原料辅料　高粱、小麦、水。

3. 加工工艺

（1）原料粉碎　酱香型白酒生产把高粱原料称为沙。以茅台酒为代表，一年一个周期，在每年大生产周期中，只投两次料。第一次投料称下沙（原料用量占投料量的50%），一般在每年9月重阳时进行。第二次投料称糙沙（原料用量占投料量的50%）。投料后需经过8次发酵，每次发酵1个月左右，一个大周期为10个月左右。由于原料要经过反复发酵，所以原料粉碎得比较粗，要求整粒与碎粒之比，下沙为8∶2，糙沙为7∶3。

（2）大曲粉碎　酱香型白酒是采用高温大曲产酒生香的，由于高温大曲的糖化发酵力较低，原料粉碎又较粗，故大曲粉碎越细越好，有利糖化发酵。

（3）拌料　每甑投高粱350kg，下沙的投料量占总投料量的50%。下沙时先将粉碎后的高粱泼上原料量51%～52%的90℃以上的热水（称发粮水），泼水时边泼边拌，使原料吸水均匀。也可将水分成两次泼入，每泼一次，翻拌三次。注意防止水的流失，以免原料吸水不足，然后加入5%～7%的母糟拌匀。母糟是上年最后一轮发酵出窖后不蒸酒的优质酒醅，经测定，其淀粉浓度11%～14%，糖分0.7%～2.6%，酸度3～3.5，酒度4.8%～7%（V/V）。发水后堆积润料10小时左右。

（4）蒸粮　先在甑篦上撒上一层稻壳，上甑采用见汽撒料，在1小时内完成上甑任务，圆汽后蒸料2～3小时，约有70%的原料蒸熟，即可出甑，不应过熟。出甑后再泼上35℃的热水补足水分损失（称凉水）。发粮水和凉水的总用量占投料量的56%～60%。其中，发粮水占51%～52%，凉水占8%～9%。

（5）摊凉　泼水后的生沙，经摊凉、散冷，并适量补充因蒸发而散失的水分。当品温降低到32℃左右时，加入酒度为30%（V/V）的尾酒7.5kg（约为下沙投料量的2%），拌匀。所加尾酒是由上一年生产的丢糟酒和每甑蒸得的酒头经过稀释而成的。

（6）堆集　当生沙料的品温降到32℃左右时，加入大曲粉，加曲量控制在投料量的10%左右，加曲粉时应低撒扬匀。拌和后收堆，品温为30℃左右，堆要圆、匀，冬季较高，夏季堆矮，堆集时间为4～5天，待品温上升到45～50℃时，可用手插入堆内，当取出的酒醅具有香甜酒味时，即可入窖发酵。

（7）入窖发酵　堆集后的生沙酒醅经拌匀，并在翻拌时加入次品酒2.6%左右。然后入窖，待发酵窖加满后，用木板轻轻压平醅面，并撒上一薄层稻壳，最后用泥封窖4cm左右，发酵30～33天，发酵品温变化在35～48℃之间。

（8）原酒、入库储存　将酒醅取出蒸馏，经接酒即得一次原酒，入库储存，此酒叫糙沙酒，甜味好，但味冲，生涩味和酸味重，其酒头单独存放，以备以后勾兑用，而酒尾则泼回，醅子再加入曲入窖发酵，这叫"回沙"。以后的几个轮次均同"回沙操作"，分别接取不同次数的原酒经品尝鉴定合格后，分型分等级入库储存。

（9）勾兑　装瓶出厂分型分等级严密封装于陶质容器中的各轮次原酒，经3年以上的储存后，勾兑调配，再储存半年以上，品尝合格后灌装出厂。

4. 产品质量要求　系引用中华人民共和国国家标准《酱香型白酒》（GB/T 26760—2011）。

（1）酱香型白酒（高度酒）感官指标　见表7-3。

表7-3　酱香型白酒（高度酒）感官指标

项目	优级	一级	二级
色泽和外观		无色或微黄，清亮透明，无悬浮物，无沉淀[a]	
香气	酱香突出，香气幽雅，空杯留香持久	酱香较突出，香气舒适，空杯留香较长	酱香明显，有空杯香
口味	酒体醇厚，丰满，诸味协调，回味悠长	酒体醇和，协调，回味长	酒体较醇和协调，回味较长
风格	具有本品典型风格	具有本品明显风格	具有本品风格

注：[a]当酒的温度低于10℃时，允许出现白色絮状沉淀物质或失光。10℃以上时应逐渐恢复正常。

（2）酱香型白酒（高度酒）理化指标　见表7-4。

表7-4　酱香型白酒（高度酒）理化指标

项目	优级	一级	二级
酒精度（20℃）（% vol）		45~58[a]	
总酸（以乙酸计）（g/L）	≥1.40	≥1.40	≥1.20
总酯（以乙酸乙酯计）（g/L）	≥2.20	≥2.00	≥1.80
己酸乙酯（g/L）	≤0.30	≤0.40	≤0.40
固形物（g/L）		≤0.70	

注：[a]酒精度实测值与标签标示值允许差为±1.0% vol。

（三）清香型白酒

清香型白酒是指以粮谷为原料，经传统固态法发酵、蒸馏、陈酿、勾兑而成，未添加食用乙醇及非白酒发酵产生的呈香呈味物质，具有乙酸乙酯为主体复合香的白酒。具有清香纯正、醇甜柔和、自然协调、余味爽净的特点，适合北方饮者的口味。

1. 工艺流程

原料选择 → 粉碎 → 配料 → 蒸糁 → 加浆冷散下曲 → 入缸、发酵 → 出缸 →

→ 拌辅料 → 装甑蒸馏 → 成品

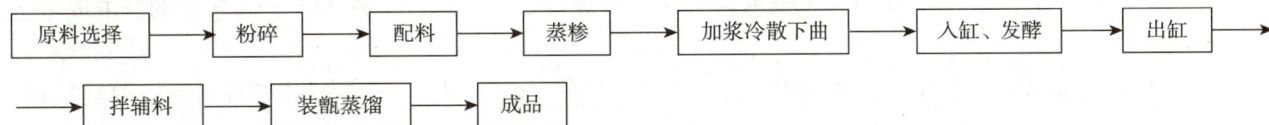

2. 原料辅料　高粱、大曲（大麦和豌豆）、水。

知识链接

酿酒产业的重要性

酿酒业作为中国工业产业中的重要部分，是贯穿一、二、三产业的传统食品制造业，其自身和自然生态以及酿酒微生态的关系息息相关，特别是和自然生态之间达到了相融共生的关系。保护自然生态，就是保护酿酒产业发展生态的根基。同时，在世界高度一体化的今天，打造世界级中国酒文化IP，建设"世界酒文化中心"，使中国酒文化的国际影响力得到提升，是弘扬中华优秀传统文化的重要举措。

3. 加工工艺

（1）原料选择　酿酒采用的原料为北方出产的优质高粱，要求颗粒饱满、无虫蛀、无霉烂变质、无农药污染，大曲采用大麦和豌豆。

（2）粉碎　每粒原料高粱粉碎成4、6、8瓣大小的占65%～70%，能通过1.2mm筛孔的细粉占20%～30%，整粒在0.2%以下，含壳量在0.5%以下。大曲为大米查用曲时，大者如豌豆，小者如绿豆，能通过1.2mm筛孔的细粉不超过50%；大曲为二米查用曲时，大者如绿豆，小者如小米，能通过1.2mm筛孔的细粉为65%～70%。

（3）配料　配料前把酿造场地、设备、工具等清理干净。做到配料准确，水分、温度、大曲、材料均匀一致。

1）用水量（以原粮计）：润料水量为原粮的65%左右，闷头浆为原粮的3%左右，后量为原粮的30%左右。大米查入缸水分为53%～55%，二米查入缸水分为58%～61%。

2）用曲量（以原粮计）：大米查用曲量9月、10月、4月、5月为9%，11月、12月、1月、2月、3月为10%，二米查用曲量为10%。

3）用辅料量（以原粮计）：大米查用辅料为谷糠和稻壳，二者比例为3∶7，用量为18%左右，二米查用稻壳为8%左右。辅料使用前大汽清蒸40分钟以上。

4）润糁和倒糁：润糁是提前使原料吸水膨胀，便于糊化。润糁必须根据季节气温变化来调整润糁操作。润糁水温为90℃左右，要求润透、不落浆、无干糁、无异味、无疙瘩、手搓成面。堆积时间为20小时左右，在堆积过程中，倒糁2～3次，要倒彻底，放掉"窝气"，擦拦疙瘩，做到外倒里、里倒外、上倒下、下倒上。

（4）蒸糁　是清香型酒生产的一道重要工序，是整个工艺过程的基础。蒸糁要求熟而不黏、内无生心、有糁香味、无异杂味。蒸糁操作要求撒得薄，装得匀。圆汽后加闷头浆30kg左右，上面撒7cm厚的谷糠，在压力0.01～0.02MPa下，蒸80分钟即可出甑。

（5）加浆冷散下曲　将蒸熟的红糁一边挖出、一边加新鲜冷水，经扬米查机倒成锥形，开启鼓风机降温至要求温度后下曲，注意冬季多翻拌少鼓风，夏季多鼓风少翻拌。要求入缸材料做到温度、水分、大曲、材料均匀一致，无疙瘩。

（6）入缸、发酵　入缸前，必须将发酵缸和石板盖先用清水洗刷干净，再用0.4%花椒水洗一次（每天用花椒20g，5kg开水浸泡后备用），在红糁发酵缸底撒0.2kg曲面。大米查入缸温度为13～17℃，二米查入缸温度为17～22℃。夏季大米查入缸温度尽可能低，然后进行封缸。大、二米查的发酵周期一般为28～35天。

（7）出缸　把当日出的大、二米查酒缸上盖的保温材料揭开，打扫干净，揭开石板盖、保温棉被、塑料布，将缸四周打扫干净，不得把保温材料混入酒醅内，用铁锹把出缸的大、二米查挖入平车内，推到酿造场的指定位置。

（8）拌辅料　大米查酒醅用谷糠和稻壳翻拌后，再缓慢加入酒醅搅拌机搅拌均匀，要求无疙瘩，成锥形，上盖清蒸辅料，等待装甑。

（9）装甑蒸馏　装甑前，先检查底锅水量，然后在甑箅上撒一层谷糠作为填充剂。在整个装甑蒸馏过程中，见潮就撒，要撒得准，要撒得匀，撒得松，不压汽，不跑汽，上汽匀；并要遵循"蒸汽二小一大，材料二干一湿，缓气蒸酒，大汽追尾，中温流酒"的原则。通常情况下，控制流酒温度为25～30℃，流酒速度为3～4kg/min。在流酒结束后抬起排盖，敞口排酸10分钟。

（10）储存勾兑　一般规定贮藏期为3年，然后经过勾兑、包装后方可出厂。

4. 产品质量要求
系引用中华人民共和国国家标准《白酒质量要求 第2部分：清香型白酒》（GB/T 10781.2—2022）。

（1）感官指标　见表7－5。

表7－5　清香型白酒感官指标

项目	特级	优级	一级
色泽和外观	无色或微黄，清亮透明，无悬浮物，无沉淀，无杂质[a]		
香气	清香纯正，具有陈香、粮香、曲香、果香、花香、坚果香、芳草香、蜜香、醇香、焙烤香、糟香等多种香气形成的幽雅、舒适、和谐的自然复合香，空杯留香持久	清香纯正，具有粮香、曲香、果香、花香、坚果香、芳草香、蜜香、醇香、糟香等多种香气形成的清雅、和谐的自然复合香，空杯留香长	清香正，具有粮香、曲香、果香、花香、芳草香、醇香、糟香等多种香气形成的复合香，空杯有余香
口味口感	醇厚绵甜，丰满细腻，协调爽净，回味绵延悠长	醇厚绵甜，协调爽净，回味悠长	醇和柔甜，协调爽净，回味长
风格	具有本品的独特风格	具有本品的典型风格	具有本品的明显风格

注：[a]当酒的温度低于10℃时，允许出现白色絮状沉淀物质或失光。10℃以上时应逐渐恢复正常。

（2）理化指标　见表7－6。

表7－6　清香型白酒理化指标

项目		特级	优级	一级
酒精度（%vol）		21.0～69.0		
固形物（g/L）		≤0.50		
总酸（g/L）		≥0.50	≥0.40	≥0.30
总酯（g/L）	产品自生产日期≤一年执行的指标	≥1.10	≥0.80	≥0.50
乙酸乙酯（g/L）		≥0.65	≥0.40	≥0.20
总酸＋乙酸乙酯＋乳酸乙酯[a]/（g/L）	产品自生产日期＞一年执行的指标	≥1.60	≥0.60	≥0.40

注：[a]按45.0%vol酒精度折算。

四、白酒生产常见的质量问题及控制措施

（一）甲醇

甲醇来自植物细胞和细胞间质的果胶，在酸、酶和加热的条件下，果胶水解生成甲氧基，甲氧基还原可生成甲醇。因此以薯干、糠或其他含果胶量高的水果等作为原料时，成品酒中甲醇含量要比普通原料要高，故国家标准规定以薯干为原料的，甲醇限量≤0.12g/100mL，比谷类原料的高3倍。此外，蒸煮料温度过高、时间过长以及某些含果胶多的糖化剂（如黑曲霉）都能增加成品中甲醇含量。

控制措施如下。

（1）选用新鲜、未变质的原料和含果胶质少的原料。

（2）选用含果胶酶少的菌种及菌株作糖化剂。

（3）对含有较多果胶质的原辅料进行预处理时，可采用蒸汽焖料；如谷壳汽蒸30分钟，可去掉谷壳中的甲醇。

（4）在蒸馏过程中，合理地掐头酒。因为甲醇沸点为64.7℃，低于乙醇沸点78.3℃，所以酒头中的甲醇含量较高，在蒸酒时采用缓慢蒸酒，增加去酒头的工艺或设置甲醇分留塔，可减少成品酒中甲醇的含量。

（5）降低原料的蒸汽压力，增加排汽量，原料经浸泡处理可除去一部分可溶性果胶。

（6）采用能吸附甲醇的天然沸石或分子筛处理，可减少成品酒中的甲醇含量。

（7）对成品白酒中甲醇含量超标，应延长存放期，促使甲醇在存放的过程中进行挥发和氧化，以降低甲醇的含量。

（二）杂醇油

杂醇油是在酿酒过程中由蛋白质、氨基酸和糖类分解而成的有强烈气味的高级醇类。它们是酒中芳香气味的组成成分，但其毒性和麻醉力比乙醇强，易使中枢神经系统充血。杂醇油在体内氧化速度慢，在体内停留时间长，杂醇油含量高的酒可使饮酒者头痛和大醉。

控制措施：使用含蛋白质少的原料；掌握好蒸酒温度进行去酒尾。

（三）氰化物

使用木薯和果核为原料酿酒时，酒中会产生氰化物。氰化物为剧毒物，即使很少的量也可使中毒者流涎、呕吐、气促，直至呼吸困难，抽搐昏迷，甚至死亡。

控制措施：生产中可采取对原料浸泡、蒸煮的方法降低其含量。如用木薯制酒时，可先将原料粉碎、堆积，其发酵升温至40℃，使氢氰酸游离挥发后再进行糖化发酵。

（四）杂臭物质

生产过程中为除去酒基中杂臭物质，有时使用高锰酸钾为氧化剂，活性炭为吸附剂脱臭，致使酒中残留较多的锰，所以用高锰酸钾处理过的白酒必须进行蒸馏精制。

（五）醛类

酒中醛类是相应醇类的氧化产物，主要有甲醛、乙醛、糠醛、丁醛等，毒性比相应的醇强，10g即可致人死亡。成品白酒中总醛量不能超过0.02g/100mL（以乙醛计）。

控制措施：醛类沸点较低，因此在蒸馏过程中，可采取低温排醛法去除大部分醛类；也可去掉含甲醇、醛类及杂醇油较多的"酒头"和"酒尾"，以减少甲醇及杂醇油含量。

（六）氨基甲酸乙酯

氨基甲酸乙酯（ethyl carbamate，EC）又称尿烷（urethane），它是食物在发酵或贮存过程中天然产生的物质，普遍存在于发酵食品和酒类产品中。

控制措施：使用合适的容器贮存酒，避免光线照射；应尽量避免产品长时间暴露在高温和强光下，注意保持合适的低温环境，尽量控制温度在20℃或以下，切勿超过38℃。

（七）塑化剂

食品中"塑化剂"来源比较复杂，且这种物质本身具有易迁移的特性。其主要来源于两个方面：①接触食品的塑料容器、管道、包装材料和密封材料等迁移入食品；②环境中"塑化剂"对食品的影响，如土壤、水中存在的"塑化剂"可能进入食品链影响食品。

控制措施：与酒体接触食品的塑料容器、管道、包装材料和密封材料不含塑化剂；生产用水与加浆水的控制；发酵过程中控制。

第二节　葡萄酒加工技术 🅔 微课

PPT

葡萄酒是指以鲜葡萄或葡萄汁为原料，经全部或部分发酵酿制而成，含有一定酒精度的发酵酒。葡萄酒除含有一定量的乙醇外，还含有其他醇类、糖类、酯类、矿物质、有机酸、20多种氨基酸及多种维生素等成分。

葡萄酒种类繁多，分类方法各异：按酒的色泽，分为白葡萄酒、桃红葡萄酒和红葡萄酒；按含糖量，分为干葡萄酒、半干葡萄酒、半甜葡萄酒、甜葡萄酒；按二氧化碳含量，分为平静葡萄酒、起泡葡萄酒、高泡葡萄酒、低泡葡萄酒。

葡萄酒酿造技术

随着葡萄酒产业的蓬勃发展，不断涌现的新技术和新工艺为行业注入了活力。目前，国内外正在推广应用或拟采用的葡萄酒酿造技术主要有以下几种。

1. 低温发酵法　采用低温发酵，葡萄的香气和风味物质损失少，葡萄酒的氧化程度低，成品酒品质好。

2. 冷榨过滤法　先将葡萄冷冻，然后压榨挤出果汁，进行发酵，再用极细的网眼过滤葡萄酒并除去酵母，使酒液更加澄清。

3. 果汁酿造法　先将葡萄制成果汁，然后用离心机离心分离，去除残渣和杂质，用清果汁进行发酵酿制，生产出的酒澄清透亮，色佳味醇。

4. 碳酸气密封法　在酿造原料破碎前数日，整批葡萄密封在碳酸气中，能减少导致葡萄酒酸味的主要成分苹果酸及涩味成分多酚，生产出的酒醇香爽口。

5. 逆渗透膜浓缩葡萄汁　逆渗透膜的微孔直径只有 $0.1\sim0.3\mu m$，可分离出酒液中的水分，使酒浓缩而达到所需的甜度，生产出优质天然葡萄酒。

一、葡萄酒酿造的原料及要求

生产白葡萄酒、香槟酒和白兰地的葡萄品种含糖量为 15%～22%，含酸量 6～12g/L，出汁率高，有清香味；对生产红葡萄酒的品种则要求色泽浓艳。例如，酿造白葡萄酒的优良品种包括龙眼、雷司令、贵人香、白羽、李将军等；酿造红葡萄酒的优良品种包括法国兰、佳丽酿、汉堡麝香、赤霞珠、黑品乐等；酿造山葡萄酒的包括公酿一号、双庆、左山一等。

二、葡萄酒加工工艺

（一）基本工艺流程

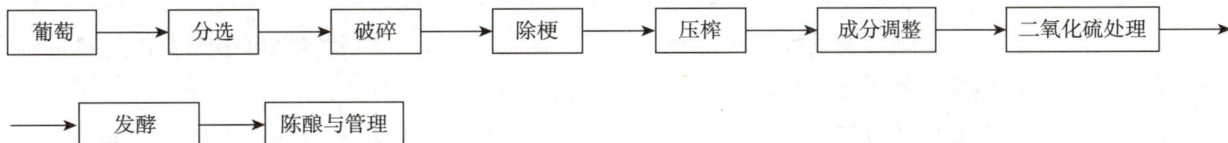

葡萄 → 分选 → 破碎 → 除梗 → 压榨 → 成分调整 → 二氧化硫处理 →

→ 发酵 → 陈酿与管理

（二）工艺要点

1. 分选　将不同品种、不同质量的葡萄分别存放。目的是提高葡萄的平均含糖量，减轻或消除成酒的异味，增加酒的香味，减少杂菌，保证发酵与贮酒的正常进行，以达到酒味纯正，酒的风格突出，少生病害或不生病害的要求。分选工作最好在田间采收时进行，即采收时便分品种、分质量存放。分选后应立即送往破碎机进行破碎。

2. 破碎与除梗　不论酿制红葡萄酒还是白葡萄酒，都需先将葡萄除梗。新式葡萄破碎机都附有除梗设置，有先破碎后除梗，或先除梗后破碎两种形式。破碎要求每粒葡萄都要破碎；籽粒不能压破，梗不能压碎，皮不能压扁；破碎过程中，葡萄及汁不得与铁铜等金属接触。

3. 压榨和渣汁的分离　在白葡萄酒生产中，破碎后的葡萄浆提取自流汁后，还必须经过压榨操作。

在破碎过程中自流出来的葡萄汁叫自流汁。加压之后流出来的葡萄汁叫压榨汁。为了增加出汁率，压榨时一般采用2~3次压榨。第一次压榨后，将残渣疏松，再做二次压榨。当压榨汁的口味明显变劣时，为压榨终点。

4. 成分调整　优良品种的葡萄，在合适栽培季节生长常常可以得到满意的葡萄汁。但如果气候失调，葡萄未能充分成熟，果汁中含酸高而糖分低，对这样的葡萄汁应在发酵之前调整糖分与酸度，称为葡萄汁的改良。通过葡萄汁改良可以使酿成的酒成分接近，便于管理；防止发酵不正常；且酿成的酒质量较好。

（1）糖分调整　葡萄汁必须含17%的糖，才能生成体积分数10%乙醇的葡萄酒，也就是说，1.7g糖每毫升可生成1°乙醇，据此计算，一般干红的酒精度在11°左右。若葡萄汁中含糖量低于应生成的乙醇含量时，必须改良提高糖度，发酵后才能达到所需的乙醇含量。通常的做法是添加白砂糖或添加浓缩葡萄汁。

1）添加白砂糖操作：准确计量葡萄汁体积，将糖用葡萄汁溶解制成糖浆，加糖后要充分搅拌，使其完全溶解并记录溶解后的体积。最好在乙醇发酵刚开始一次加入所需的糖。

2）添加浓缩汁操作：先对浓缩汁的含糖量进行分析，求出浓缩汁的添加量。添加时要注意浓缩汁的酸度，若酸度太高，需在浓缩汁中加入适量碳酸钙中和，降酸后使用。

（2）酸度调整　如果葡萄醪液的酸度不足，各种有害细菌就会发育，对酵母发生危害。特别是在发酵完毕后，制成的酒口味淡泊，颜色不清，保存性差，尤其当酸度降低，酒精度中等或偏低时，成品葡萄酒可能不符合葡萄酒法定标准。葡萄汁在发酵前一般酸度调整到4~4.5g/L，pH 3.3~3.5才合适。在炎热地区出产的葡萄往往酸度低于4g/L。常用的方法有添加酒石酸和柠檬酸、添加未成熟的葡萄压榨汁来提高酸度或可添加碳酸钙等降酸剂来降低酸度。

5. 二氧化硫处理　二氧化硫能抑制各种微生物的作用，其中细菌最为敏感；添加适量的二氧化硫，有利于葡萄汁中悬浮物的沉降，使葡萄汁很快获得澄清；还能防止葡萄汁过早褐变，有利于果皮中色素、无机盐等成分的溶解，在某种程度上增加了葡萄酒的颜色。

6. 发酵

（1）葡萄酒酵母培养　葡萄酒酵母可发酵葡萄糖、果糖、蔗糖、麦芽糖、半乳糖，不发酵乳糖、蜜二糖。葡萄成熟时，如果将葡萄破碎，不久就会出现发酵现象，这说明葡萄果皮、果梗上都有大量的酵母菌存在。为了保证正常顺利的发酵，获得质量优等的葡萄酒，往往从天然酵母中选育出优良的纯种酵母。葡萄酒厂从菌种保管单位获得的菌株，大都是琼脂斜面培养。

目前葡萄酒活性干酵母的应用较多，此种酵母具有潜在的活性，故被称为活性干酵母。活性干酵母解决了葡萄酒厂扩大培养酵母的麻烦和鲜酵母容易变质和不好保存等问题，为葡萄酒厂提供了很大方便。正确的用法是复水活化后直接使用或活化后扩大培养制成酒母使用。

（2）前发酵　葡萄酒前发酵的目的是乙醇发酵，浸提色素物质及芳香物质。只有利用质量优良的原料，并使之在良好的条件下顺利地进行乙醇发酵，才能充分保证葡萄酒的质量。葡萄皮、汁进入发酵池，发酵产生二氧化碳，葡萄皮密度比葡萄汁小，葡萄皮、渣浮于葡萄汁表面，形成很厚的"酒盖"或"皮盖"。"酒盖"与空气直接接触，容易感染有害杂菌，败坏葡萄酒的质量。在生产中需将皮盖压入醪中，以便充分浸渍皮渣上的色素及香气物质，这一过程叫作压盖。压盖有两种方式：人工压盖和制作压板。

（3）后发酵　正常后发酵时间为3~5天，但可持续1个月左右。

1）后发酵的主要目的：①残糖的继续发酵，前发酵结束后，原酒中还残留3~5g/L的糖分，糖分在酵母的作用下继续转化成乙醇和二氧化碳；②澄清作用，前发酵原酒中的酵母，在后发酵结束后，自溶或随温度降低形成沉淀，残留在原酒中的果肉、果渣随时间的延长自行沉降，形成酒脚；③陈酿作用，原酒在后发酵过程中进行缓慢的氧化还原作用，促使醇酸酯化，使酒的口味变得柔和，风味更加趋于完善；④降酸作用，某些红葡萄酒在压榨分离后，诱发苹果酸－乳酸发酵，可降酸和改善口味。

2）后发酵的工艺管理要点：前发酵结束后压榨得到的原酒需补加二氧化硫，添加量（以游离 SO_2 计）为 30～50mg/L，控制温度，隔绝空气。

7. 陈酿 刚发酵结束后的葡萄原酒，酒体多粗糙、酸涩，酒液浑浊暗淡、稳定性差，需经过一定的贮藏期进行氧化还原、酯化、缩合、聚合等反应来达到最佳饮用质量，该质量变化过程称为葡萄酒的陈酿。传统的陈酿方法也叫自然陈酿法，是将发酵后的新酒贮存在橡木桶中，在酒窖中经过几个月至几年不等的存放期。虽然自然陈酿通过橡木桶最终有效获得高品质葡萄酒，但自然陈酿所需生产周期长、成本高，严重影响了企业的生产能力和经济效益。

人工催陈技术，即采用人工方法加速葡萄酒的陈化，缩短陈酿时间，使其品质在较短时间内得到改善。目前国内外已报道的葡萄酒人工催陈技术主要有微氧催陈、橡木制品催陈、高压脉冲电场催陈、超声波催陈、超高压催陈、辐射催陈以及复合催陈技术等。

8. 储存管理 新鲜葡萄汁经发酵而制得的原酒需经过一定时间的储存和适当的工艺处理，使酒质逐渐完善。储酒一般需在低温、地下酒窖（传统）中进行。贮存容器通常有三种形式，即橡木桶、水泥池和金属罐。贮存室的条件：温度一般以 8～18℃为佳，湿度 85%～90%为宜，室内保持清洁，有通风设施，保持室内空气新鲜。一般白葡萄原酒贮存期为 1～3 年。红葡萄酒由于乙醇含量较高，同时单宁和色素物质含量也较多，色泽较深，适合较长时间贮存，一般为 2～4 年。其他生产工艺不同的特色酒，更适宜长期贮存，一般为 5～10 年。

三、葡萄酒加工实例

（一）红葡萄酒

酿制红葡萄酒一般采用红皮白肉或皮肉皆红的葡萄。我国酿造红葡萄酒主要以干红葡萄酒为原酒，然后按标准调配、勾兑成半干、半甜、甜型葡萄酒。

1. 工艺流程

红葡萄 → 分选、除梗、破碎 → 葡萄浆 → 前发酵 → 压榨 → 调整成分 → 后发酵 →

→ 陈酿 → 调配 → 澄清 → 包装、杀菌 → 干红葡萄酒

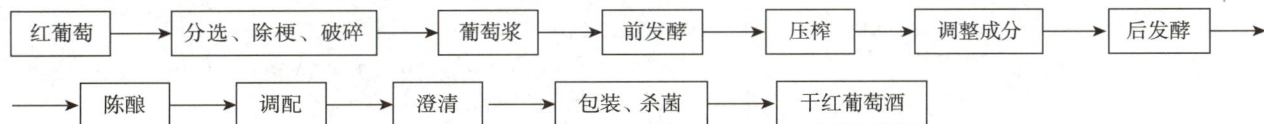

2. 原料辅料 无病果、烂果并充分成熟的深色品种葡萄，白砂糖，食用乙醇，鸡蛋。

3. 加工工艺

（1）分选、除梗、破碎 红葡萄酒要求原料色泽深、果粒小、风味浓郁。糖分要求达到 21 以上。分选好的葡萄经除梗破碎机除去葡萄梗，制成葡萄浆，葡萄梗作为饲料外销，要求除梗≥95%。除梗目的是除去单宁、苦味树脂及鞣酸等物质，避免使酒产生过重的涩味。破碎时葡萄及汁不能与铁、铜等金属接触。

（2）调整葡萄汁 酿制乙醇酒度稍高的酒，可用 1L 的葡萄汁中添加 1°乙醇的方法解决。具体操作：先将白砂糖溶解在少量的果汁，再倒入全部果汁。若制高度酒，加糖量要多，应分多次加糖。

（3）前发酵 红葡萄采用带皮发酵，主要是浸提出皮中的色素及香味成分。将调整后的果浆放入

已消毒的发酵缸中，充满容积的80%，防发酵旺盛时汁液溢出容器。发酵时每天用木棍搅拌4次（白天两次、晚上两次），将酒帽（果皮、果柄等浮于缸中表面中央）压下，各部分发酵均匀。在26～30℃下，前发酵（有明显的气泡冒出）经过7～10天能基本完成。若温度过低可能延长到15天左右。

（4）压榨 初发酵结束后，必须立即进行皮渣与酒液的分离，分离过迟会使过多的单宁物侵入酒中，造成原酒味过分苦涩。初发酵后发酵槽中的自流酒汁直接送入后发酵罐，自流酒汁剩下的皮渣通过压榨机进行压榨，压榨后的皮渣利用收集桶集中收集，以便统一处理。

（5）后发酵 分离后的红酒液添加干酵母进行苹果酸－乳酸发酵，发酵温度控制在18～20℃，每天测品温和酒度2～3次，定时检查液面情况。经发酵后，可以将酒中的苹果酸全部转换为乳酸，改善葡萄酒口味和香味的复杂性，并提高酒的细菌稳定性。当苹果酸含量为0时，加入一定量的亚硫酸添加剂，以终止发酵，发酵结束后分离转罐。

（6）陈酿 经过后发酵将残糖转化为乙醇，酒中的酸与乙醇发生反应产生清香的酯，加强酒的稳定性。新葡萄酒中由于各种变化尚未达到平衡、协调，经过一段时间的贮存，使幼龄酒中的各种风味物质达到和谐平衡。陈酿期大约6个月，也可根据产品要求延长陈酿时间，陈酿后的葡萄酒酸甜协调，酒体丰满。

（7）调配 葡萄酒发酵结束后，往往酒精度不够，味也不甜。根据口感习惯，调配成适口的红葡萄酒。加糖时，先将糖用葡萄酒溶解。

（8）澄清 红葡萄酒除应具有色、香、味品质外，还必须澄清、透明。自然澄清时间长，人工澄清可采用添加鸡蛋清的方法，每100升酒加2～3个鸡蛋清，先将蛋清打成沫状，再加少量酒搅均匀后加入酒中并充分搅拌均匀，静置8～10天后即可。

（9）成品酒 原酒入半成品酒库，分级贮存、分类贮存，贮存期满后，精选调味酒、基础酒，科学勾兑、检验、包装、检验、出厂销售。

4. 产品质量要求 系引用中华人民共和国国家标准《葡萄酒》（GB 15037—2006）。

（1）感官指标 见表7-7。

表7-7 葡萄酒感官指标

项目			指标
外观	色泽	白葡萄酒	近似无色、微黄带绿、浅黄、禾秆黄、金黄色
		红葡萄酒	紫红、深红、宝石红、红微带棕色、棕红色
		桃红葡萄酒	桃红、淡玫瑰红、浅红色
	澄清程度		澄清，有光泽，无明显悬浮物（使用软木塞封口的酒允许有少量软木渣，装瓶超过1年的葡萄酒允许有少量沉淀）
	起泡程度		起泡葡萄酒注入杯中时，应有细微的串珠状气泡升起，并有一定的持续性
香气与滋味	香气		具有纯正、优雅、怡悦、和谐的果香与酒香，陈酿型的葡萄酒还应具有陈酿香或橡木香
	滋味	干、半干葡萄酒	具有纯正、优雅、爽怡的口味和悦人的果香味，酒体完整
		半甜、甜葡萄酒	具有甘甜醇厚的口味和陈酿的酒香味，酸甜协调，酒体丰满
		起泡葡萄酒	具有优美醇正、和谐悦人的口味和发酵起泡酒的特有香味，有杀口力
典型性			具有标示的葡萄品种及产品类型应有的特征和风格

（2）理化指标 见表 7-8。

表 7-8 葡萄酒理化指标

项目			指标
酒精度（20℃）（体积分数）（%）			≥7.0
总糖（以葡萄糖计）（g/L）	平静葡萄酒	干葡萄酒	≤4.0
		半干葡萄酒	4.1~12.0
		半甜葡萄酒	12.1~45.0
		甜葡萄酒	≥45.1
	高泡葡萄酒	天然型高泡葡萄酒	≤12.0（允许差为3.0）
		绝干型高泡葡萄酒	12.1~17.0（允许差为3.0）
		干型高泡葡萄酒	17.1~32.0（允许差为3.0）
		半干型高泡葡萄酒	32.1~50.0
		甜型高泡葡萄酒	≥50.1
干浸出物（g/L）	白葡萄酒		≥16.0
	桃红葡萄酒		≥17.0
	红葡萄酒		≥18.0
挥发酸（以乙酸计）（g/L）			≤1.2
柠檬酸（g/L）	干、半干、半甜葡萄酒		≤1.0
	甜葡萄酒		≤2.0
二氧化碳（20℃）（MPa）	低泡葡萄酒	<250mL/瓶	0.05~0.29
		≥250mL/瓶	0.05~0.34
	高泡葡萄酒	<250mL/瓶	≥0.30
		≥250mL/瓶	≥0.35
铁（mg/L）			≤8.0
铜（mg/L）			≤1.0
甲醇（mg/L）	白、桃红葡萄酒		≤250
	红葡萄酒		≤400
苯甲酸或苯甲酸钠（以苯甲酸计）（mg/L）			≤50
山梨酸或山梨酸钾（以山梨酸计）（mg/L）			≤200

注：总酸不作要求，以实测值表示（以酒石酸计，g/L）。

（二）白葡萄酒

白葡萄酒以酿造白葡萄酒的葡萄品种为原料，经果汁分离、果汁澄清、控温发酵、陈酿及后加工处理而成。

1. 工艺流程

白葡萄或红皮白肉葡萄 → 分选 → 破碎（果汁分离）→ 压榨 → 白葡萄汁 → 低温澄清 →

→ 发酵 → 陈酿 → 过滤、除菌 → 包装杀菌

2. 原料辅料

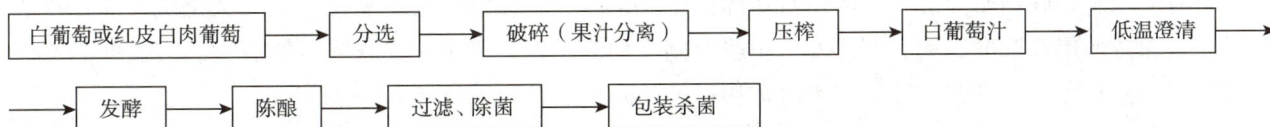

无病果、烂果并充分成熟的白葡萄，白砂糖，二氧化硫等。

3. 加工工艺

（1）分选 白葡萄品种对温度敏感，因为高温可破坏白葡萄的雅致香气，增加白葡萄被氧化和微生物感染的危险，所以采摘多在凌晨、太阳还没完全升起之前完成，采收时必须尽量保证果粒完整，以

免影响品质。葡萄全部采用手工采摘，采摘葡萄选用成熟无腐败、无破裂果实，控制入厂葡萄品质。

（2）果汁分离　榨汁前为了保持白葡萄酒的清新，必须除去葡萄梗。榨汁前可以先进行低温浸皮，目的是为了尽可能多地萃取葡萄的香气和皮内的有效成分，增进葡萄品种原有的新鲜果香，使葡萄酒的口感更加浓郁圆润。白葡萄酒与红葡萄酒前加工工艺不同。白葡萄经破碎（压榨）或果汁分离，果汁单独进行发酵。也就是说白葡萄酒压榨在发酵之前，而红葡萄酒压榨在发酵之后。果汁分离的原则是速度要快，轻柔，尽量减少与 O_2 接触时间，减少氧化和变色；分离后立即进行 SO_2 处理，以防果汁氧化。压力不能过大，否则会造成葡萄皮破裂，释放单宁等物质造成葡萄酒的苦涩感觉。

（3）澄清　在发酵前将果汁中的杂质尽量减少到最低含量，以避免葡萄汁中的杂质因参与发酵而产生不良成分，给酒带来异味。目前常用的方法有 SO_2 澄清法、果胶酶法、膨润土澄清法、机械澄清法。

（4）发酵　白葡萄酒发酵必须缓慢以保留葡萄原有的香味，而且可使发酵后的香味更细腻。为了让发酵缓慢进行，白葡萄酒初发酵的温度在 16～22℃ 之间，时间 15 天左右，初发酵结束后残糖降至 5g/L 以下，即可转入后发酵；后发酵的温度一般控制在 15℃ 以下，时间持续 1 个月左右，通过缓慢的后发酵葡萄酒香和味的形成更为完善，残糖降至 2g/L 以下。

传统白葡萄酒发酵是在橡木桶中进行，容量小散热快，控温效果很好。发酵过程中橡木桶的木香、香草香等气味会融入葡萄酒中使酒香更为丰富。但此法不太适合酿制清淡的白葡萄酒。现在的酒庄大部分采用大型不锈钢桶酿制白葡萄酒，冷却设备先进，控温效果也非常好，且成本较低。

（5）陈酿　对于白葡萄酒来说，陈酿时间较短，一般在 1 年左右，但有些品种除外，如赛美蓉、霞多丽、琼瑶浆等，一般在 2 年以上。但总的来说，陈酿时间的长短最终依据酒的整体风味而定，在酒体将达到其最佳品质时即为陈酿阶段的终结。常用的陈酿容器有水泥池、不锈钢罐、橡木桶。陈酿温度一般要求恒定，在 18℃ 左右。陈酿期间应做到满容贮存，陈酿环境要保持通风，墙壁、地面不得染霉。

4. 产品质量要求　系引用中华人民共和国国家标准《葡萄酒》（GB 15037—2006）（表 7 – 7、表 7 – 8）。与上一小节红葡萄酒相同。

四、葡萄酒生产常见的质量问题及控制措施

（一）生膜

生膜又名生花，是由酒花菌类繁殖形成的。葡萄酒暴露在空气中，就会在表面生长一层灰白色或暗黄色、光滑而又薄的膜，随后逐渐增厚、变硬，膜面起皱纹，此膜将酒面全部盖满。一旦受振动后膜即破碎成小块（颗粒）下沉，并充满酒中，使酒浑浊，产生不愉快气味。酒花菌类的种类很多，主要是膜酸酵母菌，该菌在酒度低、空气充足 24～26℃ 时最适宜繁殖。当温度低于 4℃ 或高于 34℃ 时停止繁殖。

控制措施：不使酒液表面与空气过多接触，贮酒盛器需经常添满密闭贮存，要保持周围环境及容器内外的清洁卫生；在酒面上加一层液体石蜡隔绝空气，或经常充满一层二氧化碳或二氧化硫气体；在酒面上经常保持一层高浓度酒精。若已发生生膜，则需用漏斗插入酒中，加入同类的酒充满盛器使酒花溢出以除之。注意不可将酒花冲散。严重时需用过滤法除去酒花再行保存。

（二）变味

1. 酸味　葡萄酒变酸主要是由于醋酸菌发酵引起的。醋酸菌繁殖时先在酒面上生出一层淡灰色薄膜，最初是透明的，以后逐渐变暗，有时变成一种玫瑰色薄膜，出现皱纹，并沿器壁生长而高出酒的液面。以后薄膜部分下沉，形成一种黏性的稠密的物质，称之为醋母。但有时醋酸菌的繁殖并不生膜。醋酸菌可以使乙醇氧化成乙酸，使其产生刺舌感。若乙酸含量超过 0.2%，就会感觉有明显的刺舌，不宜饮用。

控制措施：对已感染上醋酸菌的葡萄酒，只能采取加热灭菌的方法。凡已贮存过病酒的容器要用碱水洗泡，刷洗干净后用硫黄杀菌。

2. 霉味　用生过霉的盛器、清洗除霉不严、霉烂的原料未能除尽等原因，都会使酒产生霉味。

控制措施：可用活性炭处理过滤而减轻或去除。

3. 苦味　多由种子或果梗中的糖苷物质的浸出而引起。可通过加糖苷酶加以分解，或提高酸度使其结晶过滤去除。有些病菌（如苦味杆菌）的侵染也可以产生苦味，主要发生在红葡萄酒的酿制中，白葡萄酒发生较少，老酒中发生最多。

控制措施：主要是采用二氧化硫杀菌，一旦感染了苦味菌的酒，应马上进行加热杀菌，然后采用下述方法处理。

（1）进行下胶处理 1~2 次。

（2）可通过加入病酒量 3%~5% 的新鲜酒脚（酒脚洗后使用）并搅拌，经沉淀分离之后苦味即去除。

（3）将一部分新鲜酒脚同酒石酸 1kg 溶化的砂糖 10kg 进行混合，一起放入 1000L 的病酒中，同时接纯酵母培养发酵，发酵完毕再在隔绝空气下过滤。

（4）将病酒与新鲜葡萄皮渣浸渍 1~2 天也可获得较好的效果，得了苦味菌的病酒在换桶时，一定注意不要与空气接触，否则会加重葡萄酒的苦味。

4. 硫化氢味和乙硫醇味　硫化氢味（臭皮蛋味）和乙硫醇味（大蒜味）是酒中的固体硫被酵母菌所还原而产生硫化氢和乙硫醇而引起的。

控制措施：硫处理时切勿将固体硫混入果汁中。利用加入过氧化氢的方法可以去除该异味。

5. 其他异味　酒中的木臭味、水泥味和果梗味等，可经加入精制的棉籽油、橄榄油和液体石蜡等，与酒混合使之被吸附。这些油与酒互不相容而上浮，分离之后即去除异味。

（三）变色

在葡萄酒生产过程中，如果铁制的机具与葡萄酒或果汁相接触，使酒中的铁含量偏高（超过810mg/L）就会导致酒液变黑。铁与单宁化合生成单宁酸铁，呈蓝色或黑色（称为蓝色或黑色败坏）。铁与磷酸盐化合则会生成白色沉淀（称为白色败坏）。此外，葡萄酒生产过程中果汁或果酒与空气接触过多时，由于过氧化物酶在有氧的情况下会将酚类化合物氧化而成褐色（称为褐色败坏）。

控制措施：在生产实践中需避免铁质机具与果汁和葡萄酒接触，减少铁的来源。如果铁污染已经发生，则可以加明胶与单宁沉淀后消除；用二氧化硫处理可以抑制过氧化物酶的活性，加入单宁和维生素C 等抗氧化剂，都可有效地防止葡萄酒的褐变。

（四）浑浊

果酒在发酵完成后以及澄清后，若分离不及时，由于酵母菌体的自溶或被腐败性细菌所分解而产生浑浊；由于下胶不适当也会引起浑浊；有机酸盐的结晶析出、色素单宁物质析出以及蛋白质沉淀等，均可能会导致酒液浑浊。

控制措施：可采用下胶过滤法去除。如果是由于再发酵或醋酸菌等的繁殖而引起浑浊，则需先行巴氏杀菌，再用下胶处理。

第三节　啤酒加工技术

PPT

啤酒是历史最悠久的谷类酿造酒，啤酒起源于 9000 年前的中东和古埃及地区，后传入欧洲，19 世纪传入亚洲，20 世纪传入中国，是一种外来酒。其名称是英语 beer，译成中文"啤"，故称其为"啤酒"，沿用至今。啤酒是以麦芽、水为主要原料，加啤酒花（包括酒花制品），经酵母发酵作用配制而成的，是含有 CO_2、起泡的、低酒精度的发酵酒。

一、啤酒的分类

（一）按颜色划分

1. 淡色啤酒　色度为 2～14EBC 的啤酒。

2. 浓色啤酒　色度为 15～40EBC 的啤酒。

3. 黑色啤酒　色度≥41EBC 的啤酒。

（二）按麦汁浓度划分

1. 低浓度啤酒　原麦汁浓度<7°P。

2. 中浓度啤酒　原麦汁浓度 7～11°P。

3. 高浓度啤酒　原麦汁浓度 11～22°P。

（三）按是否经过杀菌处理划分

1. 鲜啤酒　又称生啤，是指在生产中未经杀菌的新鲜啤酒。此种酒味鲜美、营养价值高，但稳定性差、保质期短，多为桶装啤酒。

2. 熟啤酒　是经过杀菌的啤酒。稳定性好、不易发生浑浊、易保管和运输，保质期长，多用瓶装或听装。

3. 纯生啤酒　不经过杀菌，而是采用无菌膜过滤技术除去酵母菌、杂菌，以达到一定稳定性的啤酒。此种酒口味新鲜、淡爽、纯正，保质期更长，多为瓶装或听装。

二、啤酒酿造的原料及要求

1. 啤酒大麦　质量应符合国家标准《啤酒大麦》（GB/T 7416—2008）的要求，卫生要求应符合《食品安全国家标准 粮食》（GB 2715—2016）的要求。

2. 啤酒麦芽　质量应符合轻工行业标准《啤酒麦芽》（QB/T 1686—2008）的要求。

3. 酿造用水　大都直接参与工艺反应，又是啤酒的主要原料。因此，酿造用水必须符合饮用水和啤酒特殊要求。

三、麦芽制备工艺

1. 工艺流程

大麦选择及处理 → 浸麦 → 发芽 → 绿麦芽干燥 → 除根 → 贮藏 → 成品

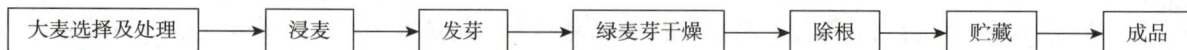

2. 原辅材料　大麦、水。

3. 加工工艺

（1）大麦选择及处理　酿造大麦应选用色泽光亮，皮薄、有细密纹道，粒型饱满、整齐、无病斑的麦粒，要求水分含量不能高于13%，蛋白质含量一般为9%～12%。质量标准应符合《啤酒大麦》（GB/T 7416—2008）的规定。

（2）浸麦

1）浸麦目的：使大麦吸水充分，达到发芽要求，麦芽所需含水量一般为43%～48%；通过洗涤，除去麦粒表面的灰尘、杂质和微生物；在浸麦水中适当添加一些化学药剂，加速麦皮中有害物质（如酚类等）的浸出。

2）浸麦方法：常用的方法有间歇浸麦法、快速法、喷淋浸麦法等。

3）浸麦度：浸渍后的大麦含水率称为浸麦度，一般为43%～48%。如果浸麦不足，大麦发芽率低；浸麦过头，大麦胚芽遭到破坏。浸麦度是制麦工艺的一个关键工艺控制点。浸麦度多用朋氏测定器测定，即在测定容器内装入100g大麦样品，放入浸麦槽中，与生产大麦一起浸渍。浸渍结束后，取出大麦，拭去表面水分，称其质量，按下式计算：

$$浸麦度（\%）=\frac{（浸麦后质量-原大麦质量）+原大麦含水质量}{浸麦后质量}\times100\%$$

生产中检查浸麦度的方法：手握大麦感受其是否软有弹性，中心有无白点，皮壳是否容易脱离，观察露点率。

（3）发芽

1）发芽目的：经过发芽的麦粒会生成大量的各种酶类，并使麦粒中一部分非活化酶得到活化增长。随着酶系统的形成，胚乳中的淀粉、蛋白质、半纤维素等高分子物质得以逐步分解，可溶性的低分子糖类和含氮物质不断增加，使麦粒达到一定的溶解度，以满足糖化时的需要。

2）发芽方法：可分为地板式发芽和通风式发芽两大类。当前普遍采用通风式发芽。通风式发芽是厚层发芽，以机械通风的方式强制向麦层通入调温、调湿的空气，以控制发芽的温度、湿度、氧气和CO_2的比例，达到发芽的目的。

3）发芽工艺技术条件：发芽温度为13～18℃，一般不超过20℃，最高不超过25℃。大麦浸渍以后水分质量分数为43%～48%，制造深色麦芽宜提高至45%～48%，而制造浅色麦芽一般控制在43%～46%。在通风式发芽过程中，室内的空气相对温度一般要求在95%以上。发芽初期麦粒呼吸旺盛，品温上升，CO_2浓度增大，这时需通入大量新鲜空气，以利于麦芽生长和酶的形成。在发芽后期，应减少通风，使CO_2在麦层中适度积存，以抑制麦粒的呼吸，控制根芽生长，促进麦芽溶解，减少制麦损失。发芽过程中必须避免光线直射，以防止叶绿素的形成，叶绿素的形成会有损啤酒的风味。发芽室的窗户宜安装蓝色玻璃。浅色麦芽发芽时间一般控制在6天左右，深色麦芽为8天左右。如浸麦时添加赤霉素，以及改进浸麦方法等，发芽时间还可缩短。

（4）绿麦芽干燥

1）干燥目的：终止绿麦芽的生长和酶的分解作用；除去绿麦芽多余的水分，使其降至5%以下，防止腐败变质，便于贮藏；除去绿麦芽的生腥味，使麦芽产生特有的色、香、味；便于干燥后除去麦根，避免麦根的不良苦味带入啤酒中，影响啤酒风味。

2）干燥阶段及工艺技术条件

A. 低温脱水阶段：将麦芽水分从43%～48%降至20%～25%，排出麦粒表面的水分，即自由水。控制空气温度在50～60℃，并适当调节空气流量，使排放空气的相对湿度稳定在90%～95%。此阶段约4小时翻拌一次，不要过勤。

B. 中温干燥阶段：当麦芽水分降至20%～25%后，麦粒内部水分扩散至表面的速度开始落后于麦粒表面水分的蒸发速度，使水分的排出速度下降，排放空气的相对湿度也随之降低，此时适当降低空气流量和提高干燥温度，直至麦芽水分降至10%左右。此阶段每2小时翻拌一次，升温不能过急，以免影响麦芽质量。

C. 高温焙焦阶段：当麦芽水分降至10%以后，麦粒中水分全部为结合水，此时要进一步提高空气温度，降低空气流量，且适当回风。淡色麦芽层温度升至82～85℃，深色麦芽层温度升到95～105℃，并在此阶段焙焦2～2.5小时，使淡色麦芽水分降低至3.5%～5%，深色麦芽水分降至1.5%～2.5%。

此阶段翻拌要连续进行。

（5）麦芽除根

1）除根目的：麦根中含有43%左右的蛋白质，具有不良苦味，而且色泽很深，如带入啤酒，会影响啤酒的口味、色泽以及非生物稳定性。另外，出炉后的麦根吸湿性很强，不便于后序的贮藏。

2）除根工艺技术条件：出炉后的干麦芽要在24小时内完成除根，否则，麦根将很容易吸水而难以除去。除根后的麦芽中不得含有麦根，麦根中碎麦粒和整粒麦芽不得超过0.5%。

（6）麦芽贮藏　除根后的麦芽，一般都要经过6~8周（最短1个月，最长半年）的贮藏，再投入使用。对于溶解不足和用高温焙焦的麦芽，贮藏期要长；溶解正常以及低温焙焦的麦芽，贮藏期宜短。

四、麦芽汁制备工艺

1. 工艺流程

原料、辅料的粉碎 → 糖化 → 麦汁过滤 → 麦汁煮沸 → 酒花添加 → 麦汁后处理 → 麦汁

2. 原料辅料　麦芽、非发芽谷物、酒花和水等。

3. 加工工艺

（1）麦芽及其辅料的粉碎

1）粉碎目的：原、辅材料粉碎后，增加了物料的比表面积，糖化时可溶性物质容易析出，有利于酶的作用。要求麦芽谷皮破而不碎。辅助原料粉碎得越细越好，以增加浸出物的得率。

2）粉碎方法：麦芽粉碎的方法有干法粉碎、湿法粉碎、回潮法粉碎三种。

3）粉碎度的调节：粉碎度是指麦芽或辅助原料的粉碎程度。常以谷皮、粗粒、细粒及细粉的各部分所占料粉质量的质量分数表示。一般要求粗粒与细粒的比例为1:2.5以上。麦芽的粉碎度应视投产麦芽的性质、糖化方法、麦汁过滤设备的具体情况来调节。

（2）糖化　指利用麦芽本身所含有的各种水解酶，在适宜的温度、pH、时间等条件下，将麦芽和辅助原料中的不溶性高分子物质分解成可溶性的低分子物质的过程。糖化的方法有煮出糖化法、浸出糖化法。糖化工艺技术条件如下。

1）糖化温度：糖化时温度的变化通常是由低温逐步升至高温，以防止麦芽中各种酶因高温而被破坏。浸渍阶段温度通常控制在35~40℃；蛋白质分解阶段温度通常控制在45~55℃；糖化阶段通常温度控制在62~70℃；糊精化阶段温度通常控制在75~78℃。

2）糖化时间：广义的糖化时间，是指从投料至麦芽汁过滤前的时间，与糖化方法密切相关；狭义的糖化时间，是指麦芽醪温度达到糖化温度起至糖化完全，即碘试反应完全的这段时间。添加辅料的糖化时间较全麦芽的糖化时间相对延长。

3）pH：糖化过程中酶反应的一项重要条件，为了改善酶的作用，有时需要调节糖化醪的pH。对残留碱度较高的酿造用水进行处理，方法有加石膏、乳酸、磷酸及其他水处理方法，以使醪液的pH有所下降。也可以添加1%~5%的乳酸麦芽。

4）糖化用水：指直接用于糖化锅和糊化锅，使原辅料溶解，并进行化学和生物转化所需要的水。水的质量必须符合饮用水和啤酒特殊要求。水的用量决定醪液的浓度，并直接影响酶的作用效果。

5）洗糟用水：第一批麦汁滤出后，用水将残留在麦糟中的糖液洗出所用的水称为洗糟用水。洗糟用水量主要根据糖化用水量来确定，这部分水约为煮沸前麦汁量与头号麦芽汁量之差，它对麦汁收得率有较大的影响。

（3）麦汁过滤

1）过滤目的：把糖化醪中的水溶性物质与非水溶性物质进行分离。在分离的过程中，要在不影响麦芽汁质量的前提下，尽最大可能获得浸出物，尽量缩短麦芽汁过滤时间，以提高糖化设备利用率。

2）过滤方法：有过滤槽法、压滤机法和快速渗出槽法。

（4）麦汁煮沸　目前国内大多中小企业广泛使用的是间歇常压煮沸法。除此煮沸法外，还有内加热式煮沸法和外加热煮沸法等。麦芽汁煮沸的工艺技术条件如下。

1）煮沸时间：指将混合麦汁蒸发、浓缩到要求的定型麦汁浓度所需的时间。煮沸时间短，不利于蛋白质的凝固以及啤酒的稳定性。合理延长煮沸时间，对蛋白质凝固、还原物质的形成等均有利。但过长的煮沸时间会使麦芽汁质量下降，啤酒泡沫性能变差。

2）煮沸强度：麦汁在煮沸时，每小时蒸发水分的百分率。煮沸强度是影响蛋白质变性絮凝的决定因素，对麦芽汁的澄清度和热凝固氮有显著影响。煮沸强度越大，越有利于蛋白质的变性絮凝，越能获得澄清透明、热凝固氮含量少的麦芽汁。一般煮沸强度控制在每小时 8% ~ 10%，可凝固性氮的质量浓度达 1.5 ~ 2.0mg/100mL，即可满足工艺要求。

3）pH：通常混合麦芽汁的 pH 为 5.2 ~ 5.6，最理想的 pH 为 5.2。此值恰好是蛋白质的等电点，有利于蛋白质及其多酚物质的凝结，从而降低麦芽汁色度，改善品味，提高啤酒的非生物稳定性。

（5）酒花添加　啤酒酒花可以赋予啤酒爽口的苦味和特有的香味；促进蛋白质凝固，提高啤酒的非生物稳定性；此外，酒花中的 α - 酸、异 α - 酸和 β - 酸都具有一定的防腐作用，可增加啤酒的防腐能力。酒花的添加量可参考表 7 - 9。近年来，消费者饮酒喜欢淡爽型、超爽型、干啤、超干啤及纯生啤酒，所以酒花添加量有所下降。

表 7 - 9　不同类型啤酒的酒花添加量

啤酒类型	1000L 麦汁的酒花添加量（g）	1000L 啤酒的酒花添加量（g）
淡色啤酒（11 ~ 14°P）	170 ~ 340	190 ~ 380
浓色啤酒（11 ~ 14°P）	120 ~ 180	130 ~ 200
比尔森淡色啤酒（12°P）	300 ~ 500	350 ~ 550
慕尼黑浓色啤酒（14°P）	160 ~ 200	180 ~ 220
国产淡色啤酒（11 ~ 12°P）	160 ~ 240	180 ~ 260

（6）麦汁后处理　煮沸后，要尽快降低麦芽汁的温度，将麦汁中的酒花糟和冷、热凝固物分离出去，使之达到酵母发酵的温度和提高啤酒质量，并通入无菌空气以提供酵母生长繁殖所需的氧。

五、啤酒发酵工艺

1. 工艺流程

充氧冷麦汁 → 主发酵 → 后发酵 → 贮酒 → 鲜啤酒

麦汁 → 主发酵

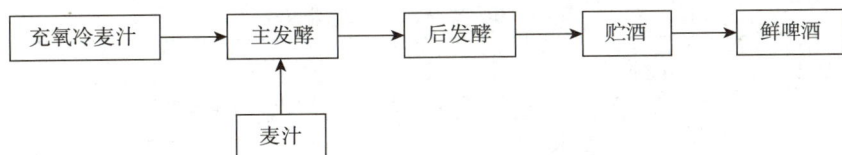

2. 原辅材料　酵母、麦芽汁等。

3. 加工工艺　传统的啤酒发酵，分为主发酵和后发酵两个阶段：主发酵又称前酵，一般在密闭或敞口的主发酵池（槽）中进行；后发酵在密闭的卧式发酵罐内进行。

（1）主发酵　为发酵的主要阶段，分为酵母繁殖期、起泡期（低泡期）、高泡期、落泡期、泡盖形成期。

1）酵母繁殖期：添加酵母 8 ~ 16 小时后，麦芽汁汁液面上出现 CO_2 小气泡，逐渐形成白色、乳脂状的泡沫，酵母繁殖20小时以后立即进入主发酵池，与增殖槽底部沉淀的杂质分离。

2）起泡期：发酵4~5小时后，在麦汁表面逐渐出现更多的泡沫，由四周渐渐向中间渗透，泡沫洁白细腻，厚而紧密，如花菜状，发酵液中有CO_2小气泡上涌，并将一些析出物带至液面。此时发酵液温度每天上升0.5~0.8℃，每天降糖0.3~0.5°P，维持时间1~2天，不需人工降温。

3）高泡期：发酵2~3天后，泡沫增高，开成隆起，高达25~30cm，并因发酵液内酒花树脂和蛋白质-单宁复合物开始析出而逐渐变为棕黄色，此时为发酵旺盛期，需要人工降温，但是不能太剧烈，以免酵母过早沉淀，影响发酵。高泡期一般维持2~3天，每天降糖1.5°P左右。

4）落泡期：发酵5天以后，发酵力逐渐减弱，CO_2气泡减少，泡沫回缩，酒内析出物增加，泡沫变为棕褐色。此时应控制液温每天下降0.5℃左右，每天降糖0.5~0.8°P，落泡期维持2天左右。

5）泡盖形成期。发酵7~8天后，泡沫回缩，形成泡盖，应及时撇去泡盖，以防沉入发酵液内。此时应大幅度降温，使酵母沉淀。此阶段可发酵性糖已大部分分解，每天降糖0.2~0.4°P。

（2）后发酵 主发酵结束后的发酵液称嫩啤酒，要转入密封的后发酵罐（也称贮酒罐）进行后发酵。后发酵的目的是残糖继续发酵，促进啤酒风味成熟，增加CO_2的溶解量，促进啤酒的澄清。

1）下酒：将嫩啤酒输送到贮酒罐的操作称为下酒。下酒方法多用以下下酒法，即发酵液由已灭菌的贮酒罐下部出口处送入。贮酒罐可一次装满，也可分2~3次装满。如是分装，应在1~3天内装满。入罐后，液面上应留出10~15cm空隙，以利于排除液面上的空气，尽量减少与氧的接触。如果嫩啤酒含糖过低，不足以进行后发酵，可添加发酵度为20%的起泡酒，促进发酵。

2）密封升压：下酒满桶后，正常情况下敞口发酵2~3天，以排除啤酒中的生青味物质。之后封罐，罐内CO_2气压逐步上升，压力达到50~80kPa时保压，让酒中的CO_2逐步饱和。

3）温度控制：后发酵多控制先高后低的贮酒温度。前期控制3~5℃，而后逐步降温至-1~1℃，降温速度视啤酒的不同类型而定。有些新工艺，前期温度控制范围很大（3~13℃），以保持一定的高温尽快还原双乙酰，促进啤酒成熟。

4）后发酵时间：淡色啤酒一般贮酒时间较长，浓色啤酒贮酒时间较短；原麦汁浓度高的啤酒较浓度低的啤酒贮酒期长；低温贮酒较高温贮酒的贮酒时间长。

5）加入添加剂：为了改善啤酒的泡沫、风味和非生物稳定性，可在食品安全国家标准允许的范围内，加入适量的添加剂。这些添加剂多在贮酒、滤酒过程中或清酒罐内添加。

4. 产品质量标准 系引用中华人民共和国国家标准《啤酒》（GB 4927—2008），适用于以麦芽、水为主要原料，加啤酒花（包括酒花制品），经酵母发酵酿制而成的、含有CO_2的、起泡的、低酒精度的发酵酒，包括无醇啤酒（脱醇啤酒）。

（1）感官指标 见表7-10和7-11。

表7-10 淡色啤酒感官指标

项目			优级	一级
外观[a]	透明度		清亮，允许有肉眼可见的微细悬浮物和沉淀物（非外来异物）	
	浊度（EBC）≤		0.9	1.2
泡沫	形态		泡沫洁白细腻，持久挂杯	泡沫洁白细腻，较持久挂杯
	泡持性[b]（s）≥	瓶装	180	130
		听装	150	110
香气和口味			有明显的酒花香气，口味纯正，爽口，酒体协调，柔和，无异香、异味	有较明显的酒花香气，口味纯正，较爽口，协调，无异香、异味

注：[a]对非瓶装的"鲜啤酒"无要求；
[b]对桶装（鲜、生、熟）啤酒无要求。

表 7-11　浓色啤酒、黑色啤酒感官指标

项目		优级	一级
外观[a]	透明度	酒体有光泽，允许有肉眼可见的微细悬浮物和沉淀物（非外来异物）	
泡沫	形态	泡沫细腻挂杯	泡沫较细腻挂杯
	泡持性[b]（s）≥　瓶装	180	130
	听装	150	110
香气和口味		有明显的麦芽香气，口味纯正，酒体醇厚，杀口，柔和，无异味	有较明显的麦芽香气，口味纯正，较爽口，杀口，无异味

注：[a]对非包装的"鲜啤酒"无要求；[b]对桶装（鲜、生、熟）对啤酒无要求。

（2）理化指标　见表 7-12 和表 7-13。

表 7-12　淡色啤酒理化指标

项目		优级	一级
酒精度[a]（%vol）	≥14.1°P	≥5.2	
	12.1~14.0°P	≥4.5	
	11.1~12.0°P	≥4.1	
	10.1~11.0°P	≥3.7	
	8.1~10.0°P	≥3.3	
	≤8.0°P	≥2.5	
原麦芽汁浓度[b]（°P）		X	
总酸（mL/100mL）	≥14.1°P	≤3.0	
	10.1~14.0°P	≤2.6	
	≤10.0°P	≤2.2	
CO_2[c]（%）（质量分数）		0.35~0.65	
双乙酰（mg/L）		≤0.10	≤0.15
蔗糖转化酶活性[d]		呈阳性	

注：[a]不包括低醇啤酒、无醇啤酒；[b]"X"为标签上标注的原麦汁浓度，≥10.0°P 允许的负偏差为"-0.3"；<10.0°P 允许的负偏差为"-0.2"；[c]桶装（鲜、生、熟）啤酒 CO_2 不得小于 0.25%（质量分数）；[d]仅对"生啤酒"和"鲜啤酒"有要求。

表 7-13　浓色啤酒、黑色啤酒理化指标

项目		优级	一级
酒精度[a]（%vol）	≥14.1°P	≥5.2	
	12.1~14.0°P	≥4.5	
	11.1~12.0°P	≥4.1	
	10.1~11.0°P	≥3.7	
	8.1~10.0°P	≥3.3	
	≤8.0°P	≥2.5	
原麦芽汁浓度[b]（°P）		X	
总酸（mL/100mL）		≤4.0	
CO_2[c]（%）（质量分数）		0.35~0.65	
蔗糖转化酶活性[d]		呈阳性	

注：[a]不包括低醇啤酒、脱醇啤酒；[b]"X"为标签上标注的原麦汁浓度，≥10.0°P 允许的负偏差为"-0.3"；<10.0°P 允许的负偏差为"-0.2"；[c]桶装（鲜、生、熟）酒 CO_2 不得小于 0.25%（质量分数）；[d]仅对"生啤酒"和"鲜啤酒"有要求。

六、啤酒生产常见的质量问题及控制措施

(一) 浑浊

1. 生物性浑浊　过滤后的啤酒中仍含有少量的酵母等微生物。这些微生物的数量很少，并不影响啤酒清亮透明的外观，但放置一定时间后微生物重新繁殖，会使啤酒出现浑浊沉淀，这就是生物浑浊。由于微生物的原因而造成啤酒稳定性变化的现象，称为生物稳定性。经过杀菌的啤酒生物稳定性高，啤酒保存期长，便于长期贮存和运输，但杀菌后容易造成啤酒风味的损害，从而影响啤酒质量。未经过无菌处理的包装啤酒的生物稳定性仅有 7~30 天。

控制措施：要提高啤酒的生物稳定性，可以采用巴氏杀菌法或无菌过滤法。无菌过滤法即采用无菌膜过滤技术，将啤酒中的酵母细菌等滤除，经过无菌灌装得到生物稳定性很高的纯生啤酒。此技术是啤酒未来发展的一个重要方向。

2. 非生物性浑浊　啤酒在贮存过程中，由于化学成分的变化对啤酒稳定性产生的影响，称为啤酒的非生物稳定性。啤酒是一种成分复杂、稳定性不强的胶体溶液，贮存过程中易产生失光、浑浊、沉淀等现象。其原因是啤酒中的蛋白质、多酚物质、酒花树脂、糊精等高分子物质，受光线、氧化、振荡等因素的影响而凝聚析出，造成啤酒胶体稳定性的破坏。最常见的非生物浑浊是蛋白质浑浊。

控制措施如下。

（1）一般认为，冷浑浊是氧化浑浊的前体物质。生产上一般采用减少高分子蛋白质含量的方法来提高啤酒的非生物稳定性，如大麦发芽时加强蛋白质的分解，麦芽汁煮沸时促进蛋白质的凝聚沉淀，啤酒发酵结束后低温贮存，加强啤酒过滤，在啤酒中添加蛋白酶、沉淀剂、吸附剂和抗氧化剂等。

（2）多酚物质是造成啤酒非生物浑浊的另一种影响物质。在啤酒的浑浊沉淀中主要成分是蛋白质和多酚物质的复合物。实验证明，尽量除去麦芽中的多酚物质，啤酒的非生物稳定性会有所提高，啤酒的保存期可大大延长。当然，多酚物质也是啤酒的风味物质之一，一般啤酒成品中总多酚物质的浓度宜控制在 100mg/L 以内，花色苷控制在 30~50mg/L。

(二) 风味异常

啤酒风味稳定性受各种工艺因素影响，因此工艺过程控制极其重要。大麦的种类、发芽和焙焦过程、贮存条件、大米的新鲜度、糖化和煮沸条件，以及发酵和贮存期间的主要条件，对啤酒风味稳定性都有很大影响。

控制措施如下。

（1）生产过程中防止氧的进入。

（2）进行低温发酵减少醇类物质的过量生成。

（3）控制糖化醪 pH 在 5.5 左右，麦汁 pH 在 5.2 左右；冷热凝固物彻底分离；麦汁煮沸强度不低于 8%~10%。

（4）啤酒杀菌的 Pu 值不宜过高，控制在 15~20 为宜。

（5）减少运输中的振荡、贮藏中的高温及日光照射。

（6）保证生产过程中容器、管道的卫生等。

（7）使用抗氧化剂，最常用的就是维生素 C。

(三) 喷泡

不正常的成品啤酒，开盖瞬间会产生大量的二氧化碳小气泡，使瓶内啤酒连同泡沫一起迅速上升外逸，严重者形成爆发性的啤酒泡沫溢出，甚至造成半瓶啤酒喷出，有时高度到 100~200mm，这种现象

在几秒钟内结束，称为喷涌（喷泡）。

控制措施如下。

（1）选择好大麦和麦芽。选择大麦和麦芽是解决啤酒喷涌最关键的问题，严禁使用生霉的大麦和麦芽，这是防止喷涌现象的最有效措施。

（2）避免过高的金属离子。避免金属污染，如酒内有过高的金属离子，可采用金属螯合剂抑制其作用。

（3）使草酸钙沉淀。麦芽汁制备过程中添加过量钙离子，使草酸钙早期沉淀出来，防止其在啤酒中形成晶体粒子。

（4）尽量不使用异构化酒花浸膏。如果使用异构化酒花浸膏，应选用只含少量氧化产物或去葎草酸的浸膏。

（5）避免不适当振动和冷却。

（6）溶解氧不要超标。灌酒后采取审沫排氧措施，或采用抗氧化剂，以减轻酒内溶解氧的问题。

（7）采用尼龙过滤，滤除造成喷涌的前体物质。

（8）瓶酒应直立存放。

练 习 题

答案解析

一、单选题

1. 在处理原料时，对于主要原料高粱的粉碎有一定的要求，高粱被粉碎后以通过 20 目筛孔的量占（　）左右为宜。

　　A. 70%　　　　　　　B. 76%　　　　　　　C. 80%　　　　　　　D. 85%

2. 啤酒按产品浓度分类，其中生产啤酒原麦汁浓度为 7～11°P 的是（　）。

　　A. 低浓度啤酒　　　B. 中浓度啤酒　　　C. 高浓度啤酒　　　D. 生啤酒

3. 发酵过程中最先被酵母利用的糖是（　）。

　　A. 葡萄糖　　　　　B. 麦芽三糖　　　　C. 蜜二糖　　　　　D. 乳糖

二、简答题

1. 二氧化硫在葡萄酒酿造过程中有哪些作用？

2. 啤酒酿造对大麦的要求有哪些？

（李　晶）

书网融合……

本章小结　　　　　　微课　　　　　　题库

第八章

技能训练

实训项目一　青梅蜜饯的加工

一、实训目标

掌握青梅蜜饯的加工工艺与技术要点；熟悉蜜饯糖制前的预处理工序；了解食品糖制技术的应用意义；培养认真负责的态度和团队协作的基本素质。

二、实训准备

（一）原辅材料

青梅、小苏打、白砂糖。

（二）仪器设备

刺孔机、鼓风干燥箱、包装机、烘盘、台秤。

三、实训内容

（一）工艺流程

原料选择 → 刺孔 → 清洗 → 热烫 → 除酸 → 糖制 → 干制 → 包装

（二）操作要点

1. 原料选择　选择七成成熟度的青梅作为原料，并且无病虫害、无机械损伤。

2. 刺孔　采用专用的刺孔设备进行刺孔，刺孔要均匀到位。

3. 清洗、热烫　将刺孔好的青梅清洗干净，并用 90～100℃ 的水进行热烫 10～15 分钟。

4. 除酸　热烫后的青梅置于 0.5%～1% 的小苏打溶液中浸泡 2～4 小时，中和一部分青梅的酸。

5. 糖制　配置 20% 浓度的糖水进行糖制，糖水量为青梅重量的 70%，并每天加入白糖 10%，连续加入白糖 5 天，第 7 天糖水先抽出来煮开，加入青梅煮 1～5 分钟，再糖制 3 天。

6. 干制　糖制结束后，捞起沥干糖水，再放入干燥箱中干燥。干燥温度 50～60℃，最终水分控制在 25%～35%。干制过程要经常翻动，使之干燥均匀。

7. 包装　可采用罐装或用 PE 袋按需要的量进行包装。

（三）成品评价

参考中华人民共和国国家标准《食品安全国家标准 蜜饯》（GB/T 14884—2016）的规定，进行成品评价。青梅蜜饯饱满、色泽均匀、酸甜适中。

四、实训讨论

1. 青梅预处理时为何要进行刺孔？
2. 糖制过程应注意哪些事项？
3. 青梅干制过程的温度应如何控制？

（郑秀丽）

实训项目二　葡萄干的加工

一、实训目标

掌握葡萄干的加工工艺与技术要点；熟悉干燥箱、真空包装机等设备的使用规程；了解食品干制技术的应用意义；培养科学严谨的态度和分析问题、解决问题的能力。

二、实训准备

（一）原辅材料

葡萄、氢氧化钠、亚硫酸氢钠等。

（二）仪器设备

鼓风干燥箱、真空包装机、烘盘、台秤。

三、实训内容

（一）工艺流程

原料选择 → 剪串 → 浸碱处理 → 冲洗 → 护色处理 → 干制 → 回软 → 包装

（二）操作要点

1. 原料选择　选择果粒完整、皮薄、果肉丰满柔软、含糖量高、成熟适度的葡萄品种作为原料。

2. 剪串　果串太大的要剪为几小串，剪去太小、有病虫害、破损、霉烂变色、过生或过熟的果粒。

3. 浸碱处理　将选好的果穗浸于1%～3%的氢氧化钠溶液中10～30秒，皮薄品种可在0.5%的碳酸钠或碳酸氢钠与氢氧化钠的混合液中处理3～6秒，使果皮外层蜡质破坏并呈现皱纹，这样可以加速干燥，缩短水分蒸发时间。

4. 冲洗　将原料浸碱处理过的果穗，立即用清水冲洗3～4次，直至洗液无碱性反应，再沥干水分。

5. 护色处理　果干加工的护色处理主要采用硫处理，分为熏硫法和浸硫法。熏硫法为每吨葡萄用1.5～2kg硫黄在密闭室内进行熏蒸，要求果肉内SO_2浓度不低于0.08%～0.01%。浸硫法是用亚硫酸及其盐类配成一定浓度的水溶液浸渍果实，1000kg果蔬原料中加入亚硫酸溶液400kg，要求SO_2浓度不低于0.15%。

6. 干制　将硫处理后的葡萄装入晒盘，在阳光下摊晒至七成干后，转入阴干至所要求的干燥度。或采用初温45～50℃，终温70～75℃的人工干制。干制过程要经常翻动，使之干燥均匀。

7. 回软　将果串堆积在一起进行回软均湿，使水分含量均匀一致，同时除去果梗，即成制品。如果制品含水量未达到要求，再次进行复晒或复烘，直至干燥程度达到要求为止。

8. 包装　可采用真空小包装，或用 PE 袋每 250g 或 500g 进行包装。

（三）成品评价

参考国家农业行业标准《葡萄干》（NY/T 705—2023）的规定，进行成品评价。以粒大、饱满、色泽均匀为上品，口味甜蜜鲜醇，不酸不涩。干燥度掌握为手握紧后放开，颗粒迅速散开即可。

四、实训讨论

1. 葡萄干制前为什么要进行护色处理？
2. 在葡萄干制过程中，有哪些因素会影响干燥速率及产品品质？
3. 干制品对包装有何要求？

（康彬彬）

实训项目三　复合果蔬汁饮料的加工

一、实训目标

掌握复合果蔬汁饮料的加工工艺与技术要点；熟悉榨汁机、灌装机等设备的使用规程；培养严谨求实的科学态度和爱岗敬业的职业道德。

二、实训准备

（一）原辅材料

胡萝卜、番茄、菠萝、绵白糖、菠萝香精、柠檬酸、CMC（羧甲基纤维素）、黄原胶、抗坏血酸。

参考配方：胡萝卜浆 60g、番茄原汁 60g、菠萝原汁 90g、绵白糖 24g、菠萝香精 0.05%、柠檬酸 0.6%、CMC 0.1%、黄原胶 0.1%、抗坏血酸 0.1%。

（二）仪器设备

榨汁机、灌装机、电子天平、灭菌器、筛网、台秤。

三、实训内容

（一）工艺流程

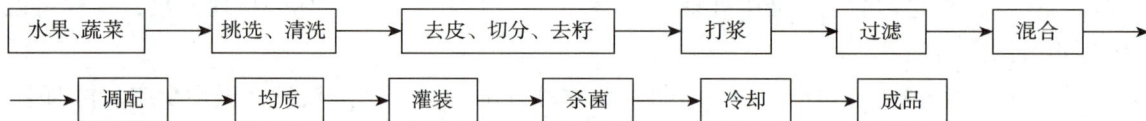

水果、蔬菜 → 挑选、清洗 → 去皮、切分、去籽 → 打浆 → 过滤 → 混合 →
→ 调配 → 均质 → 灌装 → 杀菌 → 冷却 → 成品

（二）操作要点

1. 原料挑选、清洗　精选果蔬汁液多、香味浓郁、色泽鲜艳、充分成熟的新鲜原料，在清水中洗两遍以上，清水洗净后，用不锈钢水果刀将菠萝去皮切块备用。

2. 果蔬汁制备

（1）胡萝卜汁的制备　选择大小均匀、成熟、无腐烂及损伤的优质原料，用清水洗净。先将胡萝卜去皮去蒂，切成 0.5cm 的薄片，再在水中加入 0.5% 的抗坏血酸（护色）、0.5% 的柠檬酸 80℃预煮 4 分钟。去皮的目的是减少胡萝卜汁的苦味及其色变程度。去除不宜加工的头部和尾梢。将原料按料水比

2∶1加入榨汁机中（注意是温水）过滤，制得的胡萝卜汁备用。

（2）番茄汁的制备　选取色泽鲜红、香味浓郁、新鲜成熟的番茄，并用清水洗去表皮的污垢。番茄放入85℃热水中预煮，能提高出汁率。番茄果实经预煮后组织已松软，迅速手工去皮去籽。将处理后的番茄切成块，料水比1∶1.5（注意是温水）放入打浆机中打浆。番茄汁用滤布过滤，得澄清、透明汁液。

（3）菠萝汁的制备　将菠萝果实去皮切块，放入食盐水中浸泡片刻；将菠萝切块，按料水比1∶1.5放入打浆机中，将菠萝块打浆，形成浆汁；把浆汁过滤，取滤液；再将滤液离心，所得到的上清液为澄清菠萝汁。

3. 果蔬汁的混合　将准备好的汁液按配比倒在一个大的干净的容器中。

4. 混合果蔬汁的调配　将黄原胶、CMC、绵白糖称量好后加入烧杯中，充分搅拌均匀混合后，再加入凉水搅拌，然后加热融化，待完全溶解至澄清的黏稠液，停止加热，过滤冷却备用。得到的较澄清液体加入刚才配好的黏稠液，再加入菠萝香精0.1mL、柠檬酸1.4g、抗坏血酸0.3g，搅拌均匀。

5. 灌装、封盖　将混合后的复合汁趁热灌装于已清洗的瓶内，盖上盖子。

6. 杀菌及冷却　采用巴氏杀菌法，在80℃恒温下加热处理30分钟后再自然冷却至室温，将成品放于0～5℃条件下保存。

（三）成品评价

参考中华人民共和国国家标准《果蔬汁类及其饮料》（GB/T 31121—2014）的规定，进行成品评价。应具有与所标示水果、蔬菜制成的汁液（浆）相符的色泽，或具有与添加成分相符的色泽；具有所标示水果、蔬菜制成的汁液（浆）应有的滋味和气味，或具有与添加成分相符的滋味和气味，无异味；无外来杂质。

四、实训讨论

1. 供制汁的果蔬应具备哪些品质？
2. 如何解决果蔬汁饮料的稳定性问题？

（倪志华）

实训项目四　碳酸饮料的加工

一、实训目标

掌握碳酸饮料的加工工艺与技术要点；熟悉糖度计、碳酸化仪器、等压灌装机等设备的使用规程；培养在生产过程中的质量安全意识和责任心。

二、实训准备

（一）原辅材料

白砂糖、柑橘原汁粉、苯甲酸钠、柠檬酸、糖精钠、橘子香精、日落黄色素、胭脂红色素、二氧化碳。

参考配方：白砂糖10%、柠檬酸0.13%、柑橘原汁粉2%、苯甲酸钠0.02%、日落黄色素0.002%、胭脂红色素0.0001%、橘子香精0.15%、二氧化碳6g/L。

（二）仪器设备

天平、糖度计、锥形厚绒布滤袋、碳酸化仪器、等压灌装机、压盖机等。

三、实训内容

（一）工艺流程（二次灌装法）

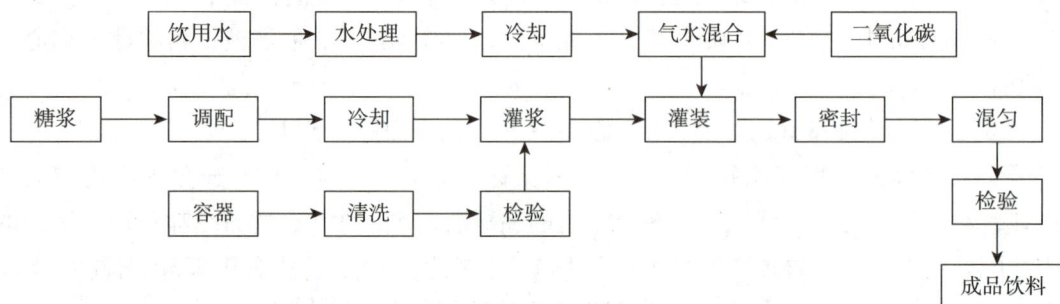

```
饮用水 → 水处理 → 冷却 → 气水混合 ← 二氧化碳

糖浆 → 调配 → 冷却 → 灌浆 → 灌装 → 密封 → 混匀

容器 → 清洗 → 检验 ↑                      ↓
                                      检验
                                        ↓
                                    成品饮料
```

（二）操作要点

1. 洗瓶　将空瓶浸泡入 30~40℃清水内，然后放入 2%~3.5%氢氧化钠溶液，在 55~65℃条件下保持 10~20 分钟浸泡处理，再放入 20~30℃清水内进行刷瓶、冲瓶、控水处理。

2. 原糖浆的制备

（1）糖的溶解和糖液的配制　按照配方的要求精确称取白砂糖 500g，加水 409mL，搅拌使其充分溶解，制成 55°Bx 浓度的糖液（温度为 20℃）。

（2）糖浆浓度的测定——糖度计或折光仪测定　用糖度计测定糖浆的浓度，同时需要检测糖液温度，若糖液温度在 20℃以上，则加上校正系数；若在 20℃以下，则应减去校正系数。

（3）糖液的过滤　将配制的糖液通过锥形厚绒布滤袋（内加纸浆滤层）过滤澄清后备用。

3. 调味糖浆的制备　调味糖浆是指已经调配有各种添加剂、可供装瓶的糖浆（又称加香糖浆）。调配过程：将所需的已过滤的原糖浆投入配料容器中（容器应为不锈钢材料，内装有搅拌器，并有体积刻度），当原糖浆加到一定体积刻度时，在不断搅拌下，将各种所需添加剂逐一加入。如果是固体添加剂，则需经加水溶解后再加入。其加入顺序如下。

（1）原糖浆　测定其浓度为 55°Bx，量取原糖浆 200mL。

（2）苯甲酸钠　量取 4mL 浓度为 25%的苯甲酸钠溶液，加入原糖浆中。

（3）柠檬酸　量取 13mL 浓度为 50%的柠檬酸溶液，加入原糖浆中。

（4）柑橘原汁粉　加入 10g。

（5）香精　按说明书要求使用。

（6）色素　量取 1mL 的 10%日落黄溶液和 1mL 的 0.5%胭脂红色素溶液，加入原糖浆中。

4. 灌浆　量取 50mL 调味糖浆加入洗净的饮料瓶中备用。

5. 碳酸化及调和灌装　制作碳酸水，并且进行调和灌装。将调味糖浆与碳酸水按照 1∶4 的比例进行灌装，加入 200mL 的碳酸水。

6. 密封　用手工压盖机压盖密封，应封闭密封保证内容物的质量。

（三）成品评价

参考中华人民共和国国家标准《碳酸饮料（汽水）》（GB/T 10792—2008）的规定，进行成品评价。应具有反映该产品特点的外观、滋味，不得有异味、异臭和外来杂质。

四、实训讨论

1. 为什么糖浆需要过滤？
2. 在配制过程中，为什么要在加柠檬酸之前将防腐剂苯甲酸钠加入原糖浆？
3. 二次灌装法制作碳酸饮料的特点是什么？

（倪志华）

实训项目五 凝固型酸乳的加工

一、实训目标

掌握酸乳的加工工艺与技术要点；熟悉高压均质机、高压灭菌器等设备的使用规程；了解发酵时间对酸乳品质的影响；培养独立思考和团队协作的基本素质。

二、实训准备

（一）原辅材料

鲜牛乳（或全脂奶粉）、脱脂乳粉、白砂糖、乳酸菌等。

（二）仪器设备

恒温箱、冰箱、电炉、高压均质机、电子秤、杀菌锅等。

三、实训内容

（一）工艺流程

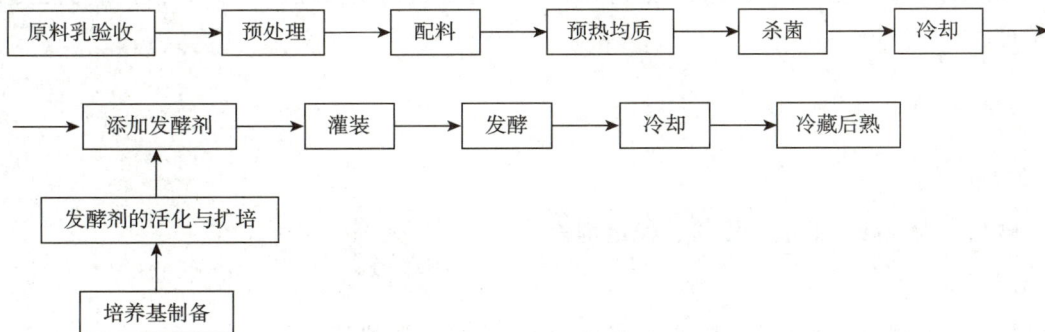

（二）操作要点

1. 培养基制备 用脱脂乳粉制备 10% ~12% 的复原脱脂乳，用试管或三角瓶分装，置于高压灭菌器中，121℃ 15 分钟灭菌。

2. 发酵剂的活化与扩培 将灭菌后的脱脂乳冷却到43℃，按照无菌操作的要求按2% ~4%比例在脱脂乳中加入母发酵剂（或中间发酵剂），在恒温培养箱中42℃培养至脱脂乳凝固，取出后置于4℃冰箱中保存。

3. 配料 用鲜乳或用乳粉制作10% ~12%的复原乳，鲜乳或乳粉要求质量高、无抗生素和防腐剂。将原料乳（或复原乳）加热到50 ~60℃，加入5% ~8%的糖和0.1% ~0.5%的稳定剂，混合均匀。

4. 均质　用均质机在 16 ~ 18MPa 压力下对原料乳进行均质。

5. 杀菌　均质后的乳在 90 ~ 95℃ 5 分钟条件下杀菌。

6. 添加发酵剂　杀菌乳冷却至 43 ~ 45℃，按 2% ~ 4% 接种发酵剂，发酵剂需搅拌均匀后再加入，加入发酵剂的同时进行充分搅拌，使之混合均匀。

7. 发酵　将接种后的乳装入销售容器后封口，在 42℃ 发酵 3 ~ 4 小时。

8. 冷藏后熟　乳凝固后将酸乳瓶置于 4℃ 左右冰箱中保存 24 小时。

（三）成品评价

参考中华人民共和国国家标准《食品安全国家标准 发酵乳》（GB 19302—2010），进行成品评价。

1. 组织状态　凝块均匀细腻，无气泡，允许有少量乳清析出。

2. 滋味和气味　具有纯乳酸发酵剂制成的酸牛乳特有的滋味和气味，无酒精发酵味、霉味和其他外来的不良气味。

3. 色泽　色泽均匀一致，呈乳白色或稍带微黄色。

四、实训讨论

1. 凝固型酸乳制作过程中应注意哪些方面？
2. 对发酵剂的品质及酸乳的质量应从哪些方面加以控制？

（胡梦红）

实训项目六　冰淇淋的加工

一、实训目标

掌握冰淇淋的加工工艺与技术要点；熟悉冰淇淋机等设备的使用规程；培养自主学习能力、创新能力和合作精神。

二、实训准备

（一）原辅材料

乳粉、砂糖、海藻酸、奶油、淀粉、稳定剂等。

（二）仪器设备

冰淇淋机、加热槽（或奶桶）、高压均质机、电子天平、电炉等。

三、实训内容

（一）工艺流程

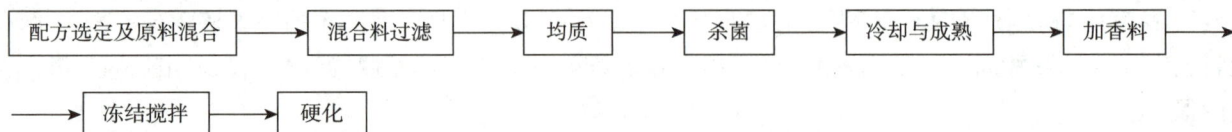

配方选定及原料混合 → 混合料过滤 → 均质 → 杀菌 → 冷却与成熟 → 加香料 →

→ 冻结搅拌 → 硬化

（二）操作要点

1. 配方选定及原料混合 不同种类的冰淇淋其各种成分要求不一，因此，制作前必须先确定配方，再按配方选择混合原料种类并计算其用量，冰淇淋的成分及配方可参考以下配方或其他资料中的配方。

参考配方：脱脂乳 58.7%、稀奶油 20%、脱脂乳粉 5.8%、蔗糖 15%、稳定剂 0.50%。

选定配方后，按配方将原料混合，首先将稳定剂与砂糖干料混合后加入部分温水溶开，再将牛乳、稀奶油等液体原料在另一桶内或加热槽内混合并加热至 65～70℃，然后在搅拌下加入固体原料和砂糖稳定剂溶液，乳化剂先用水浸泡或先用油脂混合后加入。鸡蛋可在杀菌前或杀菌后加入，杀菌前加入，先将鸡蛋打破，搅成均匀蛋液，在混合料加热至 50～60℃ 时加入，杀菌后加入时即将生蛋液加入混匀即可。

2. 混合料过滤 原料混合溶解后，再经充分混合搅拌，然后用 80～100 目筛过滤或四层纱布过滤。

3. 均质 用均质机在 16～18MPa 压力下对原料乳进行均质，无此条件也可以不用均质，只是成熟时间长些。

4. 杀菌 可用间歇式杀菌，即 68～70℃，30 分钟（片式 HTST 法 80～85℃，20 秒；UHT 法 100～130℃，2～3 秒）。

5. 冷却与成熟 杀菌后将混合料迅速冷却至 5℃ 以下（2～4℃，一般不得低于 1℃）并保持 4～12 小时，使其成熟（老化）。

6. 加香料 成熟之后加入适量的香兰素或其他香料。

7. 冻结搅拌 将成熟好的混合料倒入冰淇淋机内，进行搅拌冻结，如果是软质冰淇淋则在冻结之后便可出产品。

8. 硬化 搅拌好的冰淇淋可直接送往冷藏室（－18℃ 以下）进行硬化，或先包装成各种形状再进行硬化。一般硬化 12 小时即可为成品。

（三）成品评价

参考中华人民共和国国家标准《冷冻饮品 冰淇淋》（GB/T 31114—2014）的规定，进行成品评价。

四、实训讨论

1. 实验过程中有哪些注意事项？
2. 冰淇淋制作过程为何要进行成熟？

（胡梦红）

实训项目七 面包的加工

一、实训目标

掌握甜面包配方平衡；了解甜面包制作基本工艺；初步掌握基本整形方式及表面装饰、馅料配制；培养精益求精的态度和团结协作的精神。

二、实训准备

（一）原辅材料

高筋面粉 2000g，水 950g，干酵母 40g，食盐 10g，蔗糖 300g，油脂 80g，鸡蛋 200g，改良剂 12g，

香精少许。

（二）仪器设备

打蛋器、和面机、醒发箱、烤箱等。

三、实训内容

（一）工艺流程

（二）操作要点

1. 原料处理

（1）称取 950g 水。

（2）将鲜鸡蛋打于容器中，加入少许蔗糖和水，用打蛋器搅打起泡（体积约增加 2 倍）。

（3）取出 600g 水，加入蔗糖并搅拌均匀。取出 50~80g 水，加入食盐搅匀。

2. 和面
将面粉、干酵母、改良剂加入和面缸内，搅匀后加入水、糖液、蛋液，中速搅拌 3 分钟。加入盐水、油脂，中速搅拌 5 分钟，再高速搅拌 1 分钟，面团温度应在 28~30℃。

3. 静置
将面团静置 15~25 分钟。

4. 中间醒发
将面团放于温度 27~29℃、相对湿度 70%~75% 的醒发箱内醒发 15 分钟，使面团发酵产气，恢复其柔软性。

5. 整形
将面块分成 50g 每块的面块，搓圆。

6. 最后醒发
将面包坯装盘后放入 35~38℃、相对湿度 80%~85% 的醒发箱中，醒发约 60 分钟。

7. 烘烤
将醒发好的面包坯表面刷少许蛋液或糖液，放入 190~230℃ 的烤箱中烤 12~25 分钟，使表皮金黄，内部成熟。

8. 冷却
取出面包，自然冷却至室温即可。

（三）成品评价

参考中华人民共和国国家标准《食品安全国家标准 糕点、面包》（GB 7099—2015）的规定，进行成品评价。此法生产的面包可以包入豆沙或加入其他配料，产品表皮金黄，口感较淡，切面空隙较大。

四、实训讨论

1. 如何判断面团的发酵终点？
2. 如何正确使用醒发箱？
3. 阐述搓圆技术要点。

（沈　娟）

☑ 实训项目八　甜薄饼的制作

一、实训目标

掌握甜薄饼的制作工艺；掌握韧性饼干的面团调制方法；培养逻辑思维以及动手能力。

二、实训准备

（一）原辅材料

面粉10kg，白砂糖2.4～3.0kg，转化糖浆0.2～0.3kg，全脂奶粉0.2～0.4kg，油脂1.2～1.6kg，鸡蛋0.2～0.4kg，食盐0.08～0.1kg，小苏打0.06～0.08kg，碳酸氢铵0.1～0.15kg，焦亚硫酸钠适量，酵母0.003～0.004kg，饼干松化剂0.003～0.004kg，香精少许。

（二）仪器设备

调粉机、轧辊机、隧道式网带炉等。

三、实训内容

（一）工艺流程

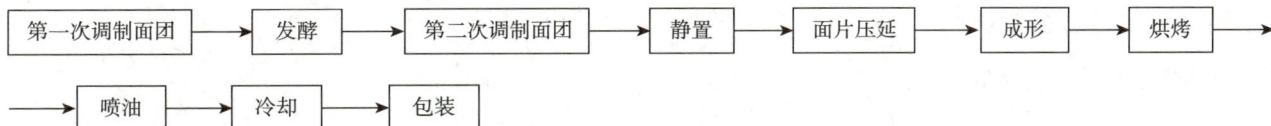

（二）操作要点

1. 第一次调制面团、发酵 第一次调制面团和发酵按中种法生产面包的方法进行。第一次面粉用量为1/3～1/2，面团温度30～32℃，发酵时间6～10小时。

2. 第二次调制面团、静置 第二次调制面团和静置投料顺序：将种子面团、余下的面粉、油脂、奶粉、糖投入调粉机，开动搅拌，再加入事先溶解的碳酸氢铵、香精、小苏打。当快要形成面团时，加入配好的焦亚硫酸钠和饼干松化剂溶液。继续搅拌到面团手感柔软、弹性明显降低、手拉可成薄膜时调制完毕，时间25～30分钟，面团温度34～36℃。出料后，面团在面槽中静置15～20分钟，进入下道工序。

3. 压延、成形 面团通过3对轧辊，逐渐轧薄至厚度为1～1.2mm，再进行轧切成形。印模以有针眼、无花纹或少有凹形花纹、圆形有花边的为好。

4. 烘烤 采用隧道式网带炉，烤炉末端应设缓冷区，炉温200～250℃，烘烤时间6～7分钟，水分≤4.5%。

5. 喷油 一般喷棕榈油，油温50～60℃。双面喷油，油耗12%～15%，可使用阻油剂降低油耗。油中应添加抗氧化剂。

6. 冷却、包装 在冷却带上自然冷却，然后即时包装。

（三）成品评价

参考中华人民共和国国家标准《饼干质量通则》（GB/T 20980—2021）的规定，进行成品评价。韧性面团的调制十分重要，它直接影响饼干的质量。后期饼干的冷却不能过快，方法要恰当。

四、实训讨论

1. 如何判断面团的搅拌终点？
2. 如何正确使用轧辊机？
3. 饼干的冷却方法有哪些？

（沈 娟）

实训项目九 广式月饼的制作

一、实训目标

了解广式月饼面团的工艺原理和面团调制的方法；熟悉生产广式月饼的主要原料及其工艺作用；掌握广式月饼制作的工艺流程和操作要点；培养科学严谨的态度和团队协作的基本素质。

二、实训准备

（一）原辅材料

1. 皮料　低筋面粉1kg、糖浆0.8kg、花生油0.22kg、碱水适量、小苏打0.0015kg。

2. 馅料　莲蓉8kg。

（二）仪器设备

烤箱、天平或台秤等。

三、实训内容

（一）工艺流程

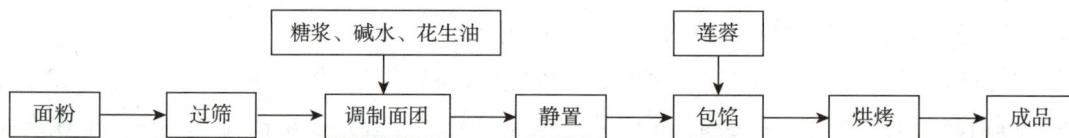

（二）操作要点

1. 调制面团　先将面粉过筛，然后在面粉中间开成一个窝，在窝中间放入糖浆、碱水，将糖浆、碱水拌匀，再加入花生油，混合均匀，最后才能与面粉拌匀揉搓，静置30~60分钟。

2. 包馅　取面皮，将其压平，包入莲蓉。皮：馅为2：8。包好馅，成型。

3. 烘烤　炉温200~210℃，时间5分钟左右，取出刷蛋液（一个蛋黄和一个全蛋混合），待饼面呈金黄色，进行第二次刷蛋液，再进炉，继续烘烤，直至烤熟。

（三）成品评价

参考中华人民共和国国家标准《月饼质量通则》（GB/T 19855—2023）的规定，进行成品评价。广式月饼饼面棕黄色，底部棕黄而不焦黑，皮馅厚薄均匀，软硬适度，皮馅紧贴，甜度适当，爽口不腻。

四、实训讨论

1. 阐述面团调制好后静置的作用。
2. 包馅最关键的操作是什么？

（沈　娟）

实训项目十　中式火腿的加工

一、实训目标

掌握中式火腿的加工工艺与操作要点；熟悉中式火腿腌制技术及发酵技术；了解中式火腿加工的意义；培养认真负责的态度和创新意识。

二、实训准备

（一）原辅材料

鲜猪后腿 100kg、盐 9～10kg、硝酸钠、硝酸钾 20～25g。

（二）仪器设备

冷藏柜、发酵间、台秤、天平等。

三、实训内容

（一）工艺流程

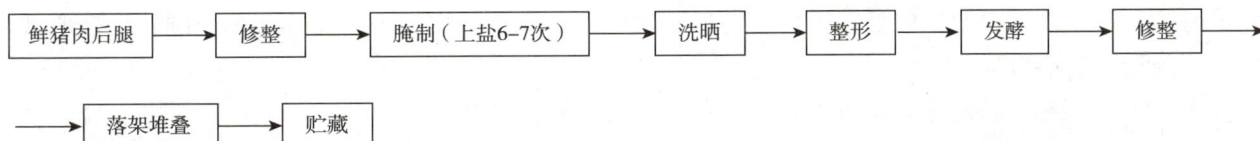

（二）操作要点

1. 原料的选择　最好是饲养一年以上的成年猪后腿，无伤残和病灶；鲜腿的质量一般为 5～7.5kg，不能过重或过轻，过重时不易腌透；过轻时，失水量过大不易发酵，导致肉质过硬；一般腌制火腿选择的鲜腿皮越薄越好，易于食盐的渗透，厚薄在 3mm 以下为最佳；肥膘不宜过多，一般肥膘厚度在 2.5cm 左右，且要洁白。

2. 修整　将腿面上的残毛、污血刮去，去除蹄壳，削平耻骨，除去尾椎，把表面和边缘修割整齐，挤出血管中淤血，腿边修成弧形，成"琵琶"形，腿面平整。修整时注意不要损伤肌肉面，仅露出肌肉表面为限。在耻骨下面沿脊椎延长方向的肌肉内部有两条粗大的动脉血管，内有淤血，修整时必须将其排出，以免发生腌制时的腐败。

3. 腌制　修整好的腿肉用食盐和硝酸盐进行腌制，这是加工火腿最重要的工艺环节。根据不同气温，适当地控制时间、加盐数量、翻倒次数是加工火腿的技术关键。

腌制的适宜温度为 3～8℃，腌制时间 30～40 天（根据腿坯重量而定）。总用盐量占腿重的 9%～10%，分 6～7 次上盐。上盐主要是前三次，其余四次根据火腿大小、气温差异和不同部位控制上盐量。

（1）第一次上盐（上小盐）　在肉面上撒上一层薄盐，用盐量占总用盐量的 15%～20%。上盐后将火腿呈直角堆叠 12～14 层。上盐后若气温超过 20℃，需在 12 小时后再撒盐一次，这次用盐要少，面均匀，因为这时腿肉含水分较多，盐撒得多，难停留，会被水分冲流而落盐，起不到深入渗透的作用。

（2）第二次上盐（上大盐）　第一次上盐 24 小时后，进行第二次上盐，用盐量最大，占总用盐量的 50%～60%，先翻腿，用手挤出淤血，再上盐。腿面的不同部位，敷盐层的厚度不同。在腰荐骨和耻骨关节处加重敷盐，其次是大腿上部的肌肉较厚处，三个部位多撒盐，上盐后将腿整齐摆放。

第二次上盐腌制一般约3天。3天后肌肉变化比较严重，肌肉组织呈暗红色，其次由于肌肉脱水收缩变得紧实，腿呈扁平状，中间厚处肌肉凹下，四周因脂肪多凸起而丰满。

（3）第三次上盐　上大盐后4～5天进行，这次用盐按腿的大小和肉质软硬程度及三签处的余盐情况决定用盐量，一般在15%左右，腌制约7天。每次上盐后应重新倒堆，将原来的上下层互相调换。

（4）第四次上盐　第三次上盐后经过5～6天，进行第四次上盐，用盐量少，一般占总用盐量的5%左右，主要观察不同部位腌透程度，大部分部位已经腌好，主要是三签处尚未腌透，要继续腌制三签处。

检验火腿是否腌制好的方法：用手指按压肉面，若有充实坚硬的感觉，说明已经腌透。否则虽然表面发硬但内部空而发软，表明尚未腌透，需要再补盐，并抹去腿皮上黏附的盐，以防腿的皮色不光亮。此时堆叠层数可适当增高，以加大压力，促进盐的渗透。

（5）第五、六次上盐　这两次上盐分别间隔7天左右，目的是检查盐分是否全部渗透，当第五次、第六次上盐时，上盐部位更明显地集中在三签处，主要是对大型火腿及肌肉尚未腌透仍较松软的部位适当补盐，用量为0.5%～1%。在腌制的过程中，撒盐要均匀，堆放时皮面朝下，最上一层皮面朝上。

火腿肌肉经六次上盐后，大约30天，小腿肌肉可以进入洗腿工序，大腿肌肉可进行第七次上盐腌制，在翻倒几次后，即可结束腌制。

4. 洗晒和整形　腌好的火腿要经过浸泡、洗刷、挂晒、印商标、整形等过程。

（1）洗晒

1）第一次浸泡：将腌好的火腿放在清水中浸泡，肉面向下，全部浸没，水温在5℃左右，浸泡时间12小时。要求皮面浸软，肉面浸透。浸泡后，用竹刷将脚爪、皮面、肉面等部位，顺纹轻轻刷洗、冲净，使肌肉表面露出红色。

2）第二次浸泡：将冲净的火腿放入清水中第二次浸泡，水温5～10℃，时间4小时左右。浸泡的时间也不是固定不变的，要根据火腿浸泡后肌肉颜色判断，若肉发暗，则火腿含盐量较小，应缩短浸泡时间；若肉发白而且坚实，则火腿含盐量较高，应延长浸泡时间。

3）吊挂晾晒：将洗净的火腿每两只用绳连在一起，吊挂在晒腿架上，晾晒至皮面黄亮、肉面铺油，约需5天。

（2）整形　把火腿放在矫形凳上，矫直脚骨，锤平关节，捏拢小蹄，矫弯脚爪，捧拢腿心，使之呈丰满状。整形之后继续晾晒，并不断修割整形，直到形状基本固定、美观为止。气温在10℃左右时，晾晒3～4天。在平均气温10～15℃条件下，晾晒80小时后减重26%达到最好的晾晒程度。

5. 发酵　火腿达到成熟，经过发酵过程，使水分进一步蒸发，并使肌肉中蛋白质发酵分解，产生特殊的风味物质，使肉色、肉味、香气更好，形成火腿独特的颜色和芳香气味。发酵季节常在3～8月。

晾挂时，火腿要挂放整齐，晾晒好的火腿分层吊挂在宽敞通风的库房发酵3～4个月，腿间留有空隙（5～7cm）。晾挂后腿身干缩，腿骨外露，所以还要进行一次整形，使其成为"竹叶形"。经过3～4个月的晾挂发酵，表面呈橘黄色，肉面油润。常见肌肉表面逐渐生成绿色霉菌，称为"油花"，属于正常现象，即完成发酵，表明火腿干燥适度，咸淡适中。

如毛霉生长较少，则表示时间不够。发酵时间与温度有很大关系，一般温度越高所需时间越短。发酵期应注意调节温度、湿度，保证通风。

6. 落架堆叠　经过发酵、修整的火腿，根据干燥程度分批落架。按照大小分别堆叠在木床上，肉面向上，皮面向下，每隔5～7天翻堆一次，使之渗油均匀。经过半个月的后熟过程，即为成品。

7. 贮藏　火腿用真空包装，于20℃可保存3～6个月。

（三）成品评价

火腿皮色光亮，肉面紫红，腿心饱满，形似竹叶，肌肉细密，咸淡适口，香气浓郁。成品可烹调后直接食用，也可加工糕点、罐头或配味。

四、实训讨论

1. 中式火腿加工时修整腿坯有何要求？
2. 中式火腿腌制工序如何控制？
3. 中式火腿发酵结束的标志一般是什么？

（黄海英）

实训项目十一　鱼糕的加工

一、实训目标

掌握鱼糕的加工工艺与技术要点；熟悉成型机、擂溃机、真空包装机等设备的使用规程；了解鱼糜制品加工制作过程；培养科学严谨、实事求是和精益求精的职业素养。

二、实训准备

（一）原辅材料

鲜鱼、淀粉、鸡蛋、姜、香葱、料酒、白糖、味精、食盐等。

（二）仪器设备

绞肉机、擂溃机、成型机、真空包装机等。

三、实训内容

（一）工艺流程

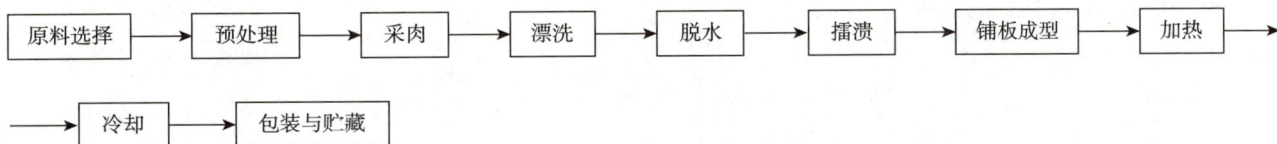

（二）操作要点

1. 原料选择　选择原料新鲜、含脂肪较少、肉质鲜美、弹性强的白色鱼肉。鱼规格最好达 0.5kg 以上，肉质厚实，鲜度较好，不能用变质鱼生产鱼糕。

2. 预处理　刮除鳞片，切去鱼体上的胸鳍、背鳍、腹鳍、尾鳍，沿胸鳍基部切去头部，剖开腹部，去除内脏，洗去血污和腹内黑膜。

3. 采肉　考虑到是学生实验，不是工厂生产，采用人工先去除鱼皮。用刀沿脊骨切下左、右两片背部肌肉，不能带有骨刺、黑膜。若有采肉机，则用采肉机采肉，事前将采肉机清洗干净，采肉时注意调节皮带与滚桶之间的松紧程度，以保证采肉的质量。采肉时，剖开的鱼肉部分朝向滚桶，鱼皮朝向皮带，以增加采肉得率，并减少鱼皮被采进鱼糜的量。如有必要可进行两次采肉。第一次先使皮带与滚桶之间保持放松，这种方法采得的肉质量较好，做出的鱼糜制品的质量也较高。第二次采肉时，使皮带与滚桶之间绷紧，采得的肉质量稍次。采肉结束将鱼糜和骨渣分别称重。

4. 漂洗　将脱腥后的鱼肉放在 5 倍的清水中，慢慢搅动 2 分钟，静置 5 分钟，倾倒去漂洗液，然后用清水反复冲洗两遍，清除鱼肉中含有的血液，保持鱼肉洁白有光，肉质良好。在最后一次漂洗时（第三遍），添加相当于肉和水总量的0.2%~0.5%的食盐，这样比较容易脱水。在整个漂洗过程中控制温度在10℃以下（漂洗的水面还有冰块）。

5. 脱水 采用纱布过滤脱水。手工挤压即可，要求水分含量控制在80%~85%。

6. 擂溃 利用擂溃机对鱼肉进行擂溃。擂溃分为空擂、盐擂和调味擂溃三个阶段。空擂是将鱼肉放入擂溃机内粗绞一次成糜，起到破坏鱼肉细胞纤维的作用。随后盐擂，将3%食盐溶于水，加入鱼糜中，加盐擂溃10分钟，促使盐溶性蛋白质溶出，使鱼肉变成黏性很强的溶胶。最后是调味擂溃，加其他辅料进行搅磨20~30分钟即可。

7. 铺板成型 鱼糕的成型，小规模生产时往往用手工成型，现在逐渐采用机械化成型。

8. 加热 采用焙烤或蒸煮。焙烤是将鱼糕放在传送带上，以20~30秒的时间通过隧道式红外线焙烤机，使表面着色有光泽，然后再烘烤熟制。一般以蒸煮较为普遍，将成型后的鱼糕先在45~50℃保温20~30分钟，再迅速升温至90~100℃蒸煮20~30分钟。这样蒸煮的鱼糕，其弹性将会大大提高。

9. 冷却 鱼糕蒸煮后必须立即在冷水（10~15℃）中急速冷却，使鱼糕吸收加热时失去的水分，防止干燥而发生皱皮和褐变等。急速冷却后鱼糕的中心温度仍然较高。通常还要放在凉架上自然冷却。冷却室的空气要进行净化处理并控制适当的温度，最后用紫外线杀菌灯进行鱼糕表面的杀菌。

10. 包装与贮藏 完全冷却后的鱼糕，可用自动包装机包装。包装好的鱼糕装入木箱，放在冷库（0℃±1℃）中贮藏待运。一般制造好的鱼糕在常温下（15~20℃）可放3~5日，在冷库中可放20~30天。

（三）成品评价

参考国家农业行业标准NY/T 1327—2018《绿色食品 鱼糜制品》的规定，进行成品评价。鱼糕成品要求外形整齐美观，肉质细嫩，富有弹性，并具有鱼糕制品的特有风味，咸淡适中。

四、实训讨论

1. 盐擂的目的是什么？
2. 鱼糕加工过程要注意哪些事项？

（林娇芬）

实训项目十二 蓝莓果酒制品的加工

一、实训目标

掌握蓝莓果酒制品的加工工艺与技术要点；熟悉榨汁机、离心分离机等设备的使用规程；培养食品生产安全意识和创新意识。

二、实训准备

（一）原辅材料

蓝莓、酵母、白砂糖、柠檬酸、亚硫酸盐等。

（二）仪器设备

榨汁机、过滤器、离心分离机、自动控温发酵罐、无菌贮罐、配料罐、手持折光仪等。

三、实训内容

（一）工艺流程

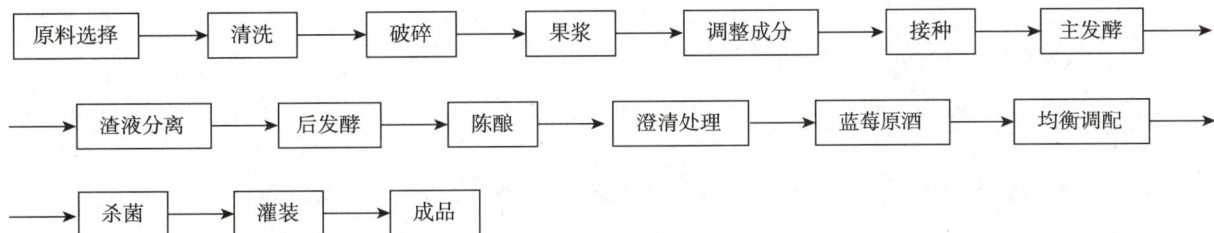

（二）操作要点

1. 原料选择　选择果形完整、充分成熟、无霉烂变质的蓝莓作为原料。

2. 取汁　将蓝莓果进行清洗除去表面泥沙后，经榨汁机进行榨汁破碎，在此期间加入果胶酶和亚硫酸。果胶酶用量为 0.25%，亚硫酸添加量为 5mg/L。

3. 调整成分　蓝莓果汁中的含糖量偏低，不利于乙醇发酵，需另外添加白砂糖使其含糖量提高到 18°Bx。

4. 接种　在蓝莓汁中加入 2%～4% 的活性酵母液。活性酵母液可用 2% 的蔗糖溶液在 35℃ 下加入 10% 干酵母，复水活化 30 分钟。

5. 主发酵　接种后的蓝莓汁于 25℃ 下进行发酵，持续 7 天左右，主发酵结束后进行渣液分离。

6. 后发酵　主发酵完的蓝莓汁于 20℃ 下继续发酵 14 天，发酵结束后即时换桶，进行陈酿。

7. 陈酿　新发酵完的果酒口感不醇和，需要进行后续的陈酿使其品质进一步提高。一般温度控制在 15～18℃，时间 3 个月，陈酿时酒罐要贮满，防止酒的氧化。

8. 澄清、调配　通过明胶单宁法进行澄清处理，明胶加量为 20～100mg/L，之后进行过滤处理，即得蓝莓原酒，测定原酒的酒精度、酸度，并根据原酒的色、香、味和监测数据进行调配。

9. 杀菌、灌装　采用瞬时杀菌法进行杀菌处理，无菌灌装后即得成品。

（三）成品评价

参考中华人民共和国国家标准《蓝莓酒》（GB/T 32783—2016）的规定，进行成品评价。以澄清无沉淀与杂质、有光泽、口味纯正、具有蓝莓品种的香气和酒香为上品。

四、实训讨论

1. 蓝莓果酒有什么特色？
2. 果酒加工过程中容易出现什么问题？该如何解决？

（李　晶）

参考文献

[1] 王建华, 程力, 纪剑, 等. 食品工业高质量发展战略研究 [J]. 中国工程科学, 2021, 23 (5): 139~147.

[2] 陈娟, 陆安静. 食品工业数字化转型实现高质量发展的对策 [J]. 中国国情国力, 2023, (7): 16~19.

[3] 孙宝国, 刘慧琳. 健康食品产业现状与食品工业转型发展 [J]. 食品科学技术报, 2023, 41 (2): 1~6.

[4] 戴小枫, 张德权, 武桐, 等. 中国食品工业发展回顾与展望 [J]. 农学学报, 2018, 8 (1): 133~142.

[5] 陈宇, 张春辉, 崔正, 等. 复合塑料软包装材料健康发展的机遇和挑战 [J]. 中国塑料, 2023, 37 (2): 56~61.

[6] 魏强华. 食品加工技术 [M]. 重庆: 重庆大学出版社, 2014.

[7] 李秀娟. 食品加工技术 [M]. 北京: 化学工业出版社, 2018.

[8] 黄国平. 食品加工技术 [M]. 北京: 人民卫生出版社, 2018.

[9] 罗红霞. 乳制品加工技术 [M]. 北京: 中国轻工业出版社, 2021.

[10] 胡会萍, 张志强. 乳制品加工技术 [M]. 北京: 中国轻工业出版社, 2021.

[11] 顾瑜萍. 乳制品加工技术 [M]. 上海: 复旦大学出版社, 2022.

[12] 空保华, 陈倩. 肉制品科学与技术 [M]. 3版. 北京: 中国轻工业出版社, 2022.

[13] 高翔, 王蕊. 肉制品生产技术 [M]. 2版. 北京: 中国轻工业出版社, 2015.

[14] 浮吟梅, 赵象忠. 肉制品加工技术 [M]. 2版. 北京: 化学工业出版社, 2016.

[15] 葛长荣, 马美湖. 肉与肉制品工艺学 [M]. 北京: 中国轻工业出版社, 2018.

[16] 吴云辉. 水产品加工技术 [M]. 2版. 北京: 化学工业出版社, 2016.

[17] 李玉环. 水产品加工技术 [M]. 北京: 中国劳动保障出版社, 2014.

[18] 杨宏. 水产品加工新技术 [M]. 北京: 中国农业出版社, 2013.

[19] 梁宗余. 白酒酿造技术 [M]. 北京: 中国轻工业出版社, 2015.